"十四五"职业教育国家规划教材

"十四五"职业教育
河南省规划教材

全国水利行业"十三五"
规划教材（职业技术教育）

高等职业教育
水利类新形态一体化教材

河南省职业教育优质教材

水利工程制图

主　编　张圣敏　赵　婷　张亚坤　邢广君
副主编　关莉莉　李　颖　侯礼婷
主　审　陶　杰

中国水利水电出版社
www.waterpub.com.cn
·北京·

内 容 提 要

本书是根据高职高专对培养人才的规格及对制图教学的基本要求编写而成的，全书共分为二十一章，内容包括：制图基本知识、投影的基本知识、柱体三视图、锥体三视图、简单叠加体、简单切割体、平面体的轴测图、曲面体轴测图、点线面的投影、立体表面取点、立体的表面交线、叠加类组合体、切割类组合体、综合类组合体、剖视图、工程常用剖视图、断面图、标高投影、水工建筑物中常见的曲面、水利工程图、水利工程图的识读与绘制等内容。

本书可作为高职水利类专业教学使用，也可供水利行业从业者参考使用。

图书在版编目（CIP）数据

水利工程制图 / 张圣敏等主编. -- 北京：中国水利水电出版社，2020.8(2024.9重印).
全国水利行业"十三五"规划教材. 职业技术教育
高等职业教育水利类新形态一体化教材
ISBN 978-7-5170-8624-6

Ⅰ. ①水… Ⅱ. ①张… Ⅲ. ①水利工程－工程制图－高等职业教育－教材 Ⅳ. ①TV222.1

中国版本图书馆CIP数据核字(2020)第102427号

书　名	全国水利行业"十三五"规划教材（职业技术教育） 高等职业教育水利类新形态一体化教材 **水利工程制图** SHUILI GONGCHENG ZHITU
作　者	主　编　张圣敏　赵　婷　张亚坤　邢广君 副主编　关莉莉　李　颖　侯礼婷 主　审　陶　杰
出版发行	中国水利水电出版社 （北京市海淀区玉渊潭南路1号D座　100038） 网址：www.waterpub.com.cn E - mail：sales@mwr.gov.cn 电话：（010）68545888（营销中心）
经　售	北京科水图书销售有限公司 电话：（010）68545874、63202643 全国各地新华书店和相关出版物销售网点
排　版	中国水利水电出版社微机排版中心
印　刷	天津嘉恒印务有限公司
规　格	184mm×260mm　16开本　13.5印张　347千字　3插页
版　次	2020年8月第1版　2024年9月修订　2024年9月第5次印刷
印　数	11001—14000册
定　价	49.50元

凡购买我社图书，如有缺页、倒页、脱页的，本社营销中心负责调换

版权所有·侵权必究

修订说明

为贯彻落实党的二十大精神，落实立德树人根本任务，按照教育部教材局和职业教育与成人教育司要求，教材是人才培养的重要支撑、引领创新发展的重要基础，必须紧密对接国家职业教育发展需求，不断更新升级，更好服务于技术技能人才培养。本教材是2022年河南省职业教育与继续教育课程思政示范课程"水利工程制图"主讲教材；是2018年国家精品在线开放课程"工程制图"主讲教材；是2022年职业教育国家在线精品课程"工程制图"主讲教材。本教材2022年列入"十四五"首批职业教育河南省规划教材，2023年被评为河南省职业教育优质教材，2023年入选"十四五"职业教育国家规划教材。

党的二十大报告强调"办好人民满意的教育"，人民满意的教育必定是高质量的教育。教材作为教育目标、理念、内容、方法、规律的集中体现，是教育教学的基本载体和关键支撑，是教育核心竞争力的重要体现。教材修订落实党的二十大精神，并按照教育部关于"十四五"职业教育国家规划教材编写基本要求及相关行业课程标准编写完成。教材经过多轮使用，编者对教材中的所有插图进一步标准化、规范化、清晰化等，进一步凸显工程制图教材插图的高质量，更有助于使用者学习使用。

本书由张圣敏、赵婷、张亚坤、邢广君主编，关莉莉、李颖、侯礼婷副主编，孙天星、秦净净、李瑞参编，陶杰主审。第一章、第十五章、第十六章、第二十章由黄河水利职业技术学院邢广君修订，第二章由黄河水利职业技术学院张圣敏修订，第三章由黄河水利职业技术学院侯礼婷修订，第四章、第五章、第六章、第十八章由黄河水利职业技术学院张亚坤修订，第七章、第八章、第九章由黄河水利职业技术学院李颖修订，第十章、第十一章、第十七章、第十九章、第二十一章由黄河水利职业技术学院赵婷修订，第十二章、第十三章、第十四章由黄河水利职业技术学院关莉莉修订。孙天星、秦净净、李瑞参与教材编写辅助工作。

本书在编写过程中参考并引用了国内同行的著作、教材和有关资料，在此对所有文献的作者深表谢意。由于作者水平有限，书中错误之处在所难免，恳请广大读者批评指正。

编者

2024年9月

前言

本书是根据高职高专对培养人才的规格及对制图教学的基本要求编写而成的,是 2018 年国家精品在线开放课程"工程制图"主讲教材。采用了最新的技术制图国家标准和水利水电工程制图行业标准,内容贴近实际,以读图为主线,注重实训。

本书内容精炼,概念准确,图形规范,便于阅读。遵循高职高专学生的认知规律,从画和读基本体、简单体的三视图入手,讲述正投影的基本原理,让学生先从感性上学会形体分析的画图和读图方法,然后再通过学习点、线、面的投影规律,掌握正投影的基本理论,从理论上进一步掌握形体分析的方法,学会线面分析的画图和读图方法。重点、难点都有配套的视频,学习者通过扫描教材中的二维码可以观看学习。

本书由张圣敏、赵婷、张亚坤、邢广君主编,关莉莉、李颖、侯礼婷副主编,陶杰主审。第一章、第十五章、第十六章、第二十章由黄河水利职业技术学院邢广君编写,第二章由黄河水利职业技术学院张圣敏编写,第三章由黄河水利职业技术学院侯礼婷编写,第四章、第五章、第六章、第十八章由黄河水利职业技术学院张亚坤编写,第七章、第八章、第九章由黄河水利职业技术学院李颖编写,第十章、第十一章、第十七章、第十九章、第二十一章由黄河水利职业技术学院赵婷编写,第十二章、第十三章、第十四章由黄河水利职业技术学院关莉莉编写。

与本书配套使用的还有《水利工程制图习题集》。《水利工程制图习题集》中有习题难点提示视频,可以通过扫描二维码获得答疑指导,其实用性强,可使教与学变得生动,提高教学效果。

书中的疏漏和不妥之处,恳请读者批评指正。

编者
2019 年 10 月

目录

修订说明
前言

绪论 …………………………………………………………………………………………… 1

第一章　制图基本知识 ……………………………………………………………………… 3
 第一节　常用的绘图工具和仪器 ………………………………………………………… 3
 第二节　基本制图标准 …………………………………………………………………… 7
 第三节　几何作图 ………………………………………………………………………… 18
 第四节　平面图形的画法 ………………………………………………………………… 19

第二章　投影的基本知识 …………………………………………………………………… 24
 第一节　投影法概念 ……………………………………………………………………… 24
 第二节　正投影法的基本性质 …………………………………………………………… 25
 第三节　三视图的形成 …………………………………………………………………… 26
 第四节　三视图的画法 …………………………………………………………………… 30
 第五节　第一角投影与第三角投影 ……………………………………………………… 33

第三章　柱体三视图 ………………………………………………………………………… 35
 第一节　棱柱三视图的画法与识读 ……………………………………………………… 35
 第二节　圆柱三视图的画法与识读 ……………………………………………………… 37
 第三节　组合柱体 ………………………………………………………………………… 40

第四章　锥体三视图 ………………………………………………………………………… 41
 第一节　基础知识 ………………………………………………………………………… 41
 第二节　锥体三视图的画法 ……………………………………………………………… 42
 第三节　锥体三视图的识读 ……………………………………………………………… 44

第五章　简单叠加体 ………………………………………………………………………… 47
 第一节　基础知识 ………………………………………………………………………… 47
 第二节　简单叠加体三视图的绘制 ……………………………………………………… 48
 第三节　简单叠加体三视图的识读 ……………………………………………………… 49

第六章　简单切割体 ………………………………………………………………………… 51
 第一节　基础知识 ………………………………………………………………………… 51
 第二节　简单切割体三视图的绘制 ……………………………………………………… 52

第三节　简单切割体三视图的识读 ··· 53

第七章　平面体的轴测图 ··· 57
　　第一节　轴测图的基本知识 ·· 58
　　第二节　平面体轴测图的画法 ··· 59

第八章　曲面体轴测图 ·· 68

第九章　点线面的投影 ·· 78
　　第一节　点的投影 ··· 78
　　第二节　直线的投影 ·· 82
　　第三节　平面的投影 ·· 88

第十章　立体表面取点 ·· 93
　　第一节　平面体表面取点 ·· 93
　　第二节　曲面体表面取点 ·· 96

第十一章　立体的表面交线 ·· 98
　　第一节　平面体的截交线 ·· 98
　　第二节　曲面体的截交线 ·· 101
　　第三节　平面体与曲面体的相贯线 ··· 106

第十二章　叠加类组合体 ··· 110
　　第一节　组合体的组合形式 ·· 110
　　第二节　叠加类组合体的画法 ··· 113
　　第三节　叠加体的识读 ··· 115

第十三章　切割类组合体 ··· 118
　　第一节　切割类组合体的画法 ··· 118
　　第二节　切割体的识读 ··· 121

第十四章　综合类组合体 ··· 125
　　第一节　综合类组合体的画法 ··· 125
　　第二节　综合体的识读 ··· 128

第十五章　工程形体的表达方法 ·· 131
　　第一节　视图 ··· 131
　　第二节　剖视图 ·· 135

第十六章　工程常用剖视图 ··· 139
　　第一节　全剖视图 ·· 139
　　第二节　半剖视图 ·· 141
　　第三节　阶梯剖视图 ··· 142
　　第四节　局部剖视图和旋转剖视图 ··· 143

第十七章　断面图 …… 146
　第一节　基础知识 …… 146
　第二节　断面图的分类 …… 147
　第三节　剖视图与断面图的规定画法 …… 149
　第四节　剖视图与断面图的识读 …… 150

第十八章　标高投影 …… 153
　第一节　基础知识 …… 153
　第二节　点、直线和平面的标高投影 …… 154
　第三节　正圆锥面的标高投影 …… 160
　第四节　地形面的标高投影 …… 163

第十九章　水工建筑物中常见的曲面 …… 166
　第一节　概述 …… 166
　第二节　柱面与锥面 …… 167
　第三节　扭曲面 …… 174

第二十章　水利工程图 …… 177
　第一节　水利工程图的种类 …… 177
　第二节　水利工程图的表达方法 …… 180
　第三节　水利工程图的尺寸 …… 188

第二十一章　水利工程图的识读与绘制 …… 191
　第一节　读图方法与步骤 …… 191
　第二节　识读进水闸结构设计图 …… 191
　第三节　识读重力坝枢纽设计图 …… 196
　第四节　识读土石坝枢纽设计图 …… 201
　第五节　绘制水利工程图的方法 …… 203

绪　　论

1. 水利工程制图的概念

水利工程是为了消除水害和利用水资源而修建的水工建筑物，水利工程制图课程就是学习水工建筑物工程图样的绘制与识读。

在生产实践中，无论是修建大坝、水电站、水闸，还是建造房屋、安装设备都需要依照工程图样进行施工或生产。因此，工程图样（也称工程图）是表达设计者的设计意图、指导施工或生产、使用管理、技术交流的主要技术文件，被人们喻为"工程界的技术语言"。

2. 本课程专业定位与目标

本课程是水利大类专业一门专业基础课，高职专科一年级必修课程，理实一体，注重学生标准应用、空间想象力培养，重点培养识读和绘制工程图的能力。课程将工匠精神等有机融入课堂，德技并修，落实立德树人根本任务，能够为重力坝设计与施工、土石坝设计与施工、水闸设计与施工、隧洞设计与施工、中小型水电站建筑物设计与施工等专业课程的学习奠定图学基础，为学生顶岗实习、毕业后能胜任岗位工作起到必要的支撑作用。

3. 本课程内容与素质目标

教材内容选取上，根据水利水电建筑工程专业高技能技术人才培养目标、岗位要求和后续重力坝设计与施工等专业课程的衔接，统筹考虑和选取教学内容。

（1）制图的基本知识（第一章）——学习绘图工具、仪器的使用，基本制图标准和几何作图等基本知识。目的是学会正确使用绘图工具和仪器，掌握制图的基本标准，能运用绘图的技巧和方法正确抄画各种平面图形。

（2）投影制图（第二章～第十七章）——学习用正投影法来表达空间物体的基本原理和常用的图示方法。目的是要掌握各种常用的图示方法，具备由立体画出平面图形和由平面图形想象出立体的能力。

（3）专业图（第二十章～第二十一章）——学习水利工程图，了解水利工程图种类、表达方法、尺寸标注以及识读和绘制水利工程图。目的是掌握水利工程图的绘制方法，能熟练阅读常见的水利工程图样。

（4）通过本课程的学习，使学生具备水利工程专业领域工程技术人员所必需的制图知识和技能，培养学生严谨的工作作风，提高学生的职业素质，素质目标具体描述如下：

1）精准严谨工匠精神——作业一丝不苟，课堂严谨认真。

2）标准规范执行意识——正确应用国家和行业的标准，遵规守矩。

3）团结合作协作培养——互相帮助、共同学习、协同协作。

4）诚实守信品格养成——遵守纪律、正确做事，做正确的事。

5）勇于创新科学精神——积极探索创新科学素养的培养。

6）付出奉献水利精神——德技并修、投入智慧水利事业建设。

4. 本课程学习方法与课程思政融入模式

课程学习采用线上线下混合学习模式，线上学习课程是基于中国大学 MOOC 平台，国家精品在线开放课程《工程制图》，校内 SPOC、智能课堂、实体课堂与第二课堂结合的混合教学模式，精讲多练、边讲边练、讲学练做一体、知行合一。

基于制图的遵规守矩、求实精准、严谨细致等课程特点，构建"一词一哲理"内导融入模式，图解水利工程，德绘匠心人生，发挥课程育人作用。

"一词一哲理"内导融入模式：如正投影特性"真实性"关键词用"人正不怕影子歪"谚语将正投影真实属性与做人品行端正链接，内导出"千教万教教人求真，千学万学学做真人"，发挥课程育人作用。

5. 本课程考核评价与诊断改进

课程采用"过程＋结果"评价模式，过程与结果权重各占 50%。过程评价包含过程学习态度、出勤情况、互动效果、在线课程过程学习、线下习题集作业等；结果考核是智能考场课程过关考核，含纸质试卷结果考核以及在线课程期末结果考核。

为确保课程教学目标达成，课程建设遵循"8"字质量改进螺旋，利用在线课程平台，每学期一诊断，每学期一改进。

6. 我国工程图学发展史简介

我国工程图学具有悠久的历史，远在公元前 1000 多年前的《尚书》一书，就有工程中使用图样的记载。宋代（公元 1100 年）李诫所著《营造法式》一书，是世界上最早的一部建筑技术著作，其大量的工程图样画法，采用了正投影、轴测投影和透视图等方法。而在欧洲，直到 1795 年法国人加斯帕拉·蒙日才发表《画法几何》一书。这充分说明我国古代在工程图学方面已达到了很高水平。

第一章 制图基本知识

学习目标
1. 掌握绘图工具的正确使用方法。
2. 熟记基本制图标准中的常用规定。
3. 能遵循制图标准,按正确的绘图方法和步骤,准确地抄画一般平面图形。
4. 掌握徒手画图的技巧。

素质目标
1. 养成标准规范执行意识(正确应用国家技术制图标准和行业的标准,遵规守矩)。
2. 传承精准严谨的工匠精神(几何作图步骤正确,尺寸标注正确、完整、清晰、合理)。

正确使用绘图工具、了解制图标准的基本规定、掌握平面图形的画图方法和步骤是学习工程制图首先应具备的基本知识。

第一节 常用的绘图工具和仪器

一、图板和丁字尺

图板用来铺放和固定图纸。图板的短边为工作边,绘图时,用胶带纸将图纸固定在图板的适当位置,如图1-1所示。图板要求工作边平直,板面光滑、平整、洁净。使用图板时,板面和工作边不得损坏,否则将会影响绘图质量。

丁字尺与图板配合使用,主要用来画水平线。丁字尺由尺头和尺身两部分组成。使用丁字尺画水平线时,左手握尺头将尺头内侧紧靠图板左工作边,右手扶尺身,上下滑动,将尺身上边对准所要画线的位置,左手按住尺身,右手持铅笔自左向右画线,如图1-2所示。

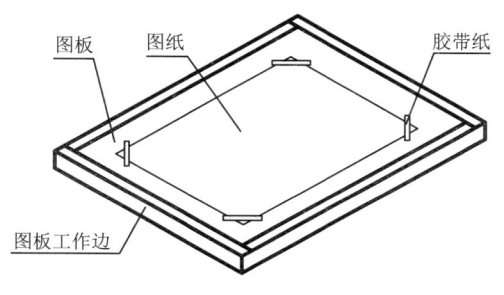

图1-1 图板与图纸的固定

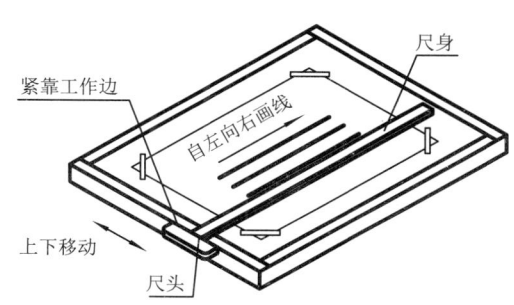

图1-2 用丁字尺画水平线

制图工具——图板与丁字尺

二、三角板

一副三角板有两块：一块为 30°、60°直角三角板，另一块为 45°等腰直角三角板。三角板主要有以下三方面的用途：

(1) 与丁字尺配合画垂直线。画线时，三角板放在要画图线的右边，左手按住丁字尺和三角板，右手持铅笔，自下而上画铅垂线，如图 1-3 所示。

(2) 与丁字尺配合画 15°倍角的斜线。图线在三角板左边自下而上画线，在三角板右边自上而下画线，如图 1-4 所示。

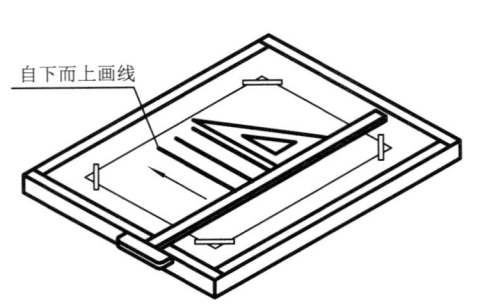
图 1-3 三角板与丁字尺配合画垂直线

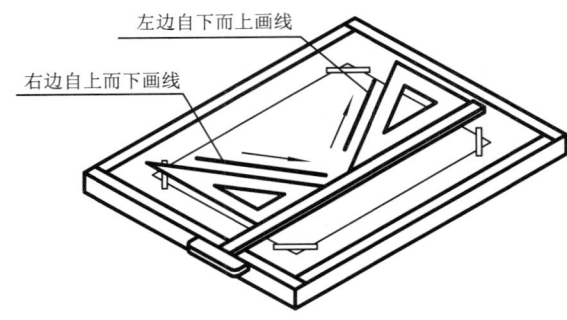
图 1-4 三角板与丁字尺配合画 15°倍角的斜线

(3) 两块三角板配合画任意直线的平行线或垂直线。画线时其中一块三角板起定位作用，另一块三角板沿定位边移动并画直线，如图 1-5 所示。

1-2
制图工具——
三角板

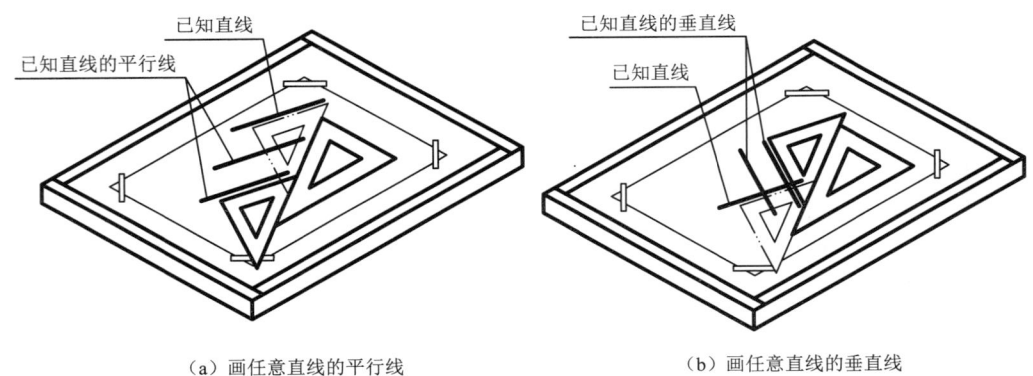

(a) 画任意直线的平行线　　　　　　(b) 画任意直线的垂直线

图 1-5 两块三角板配合画任意直线的平行线或垂直线

三、铅笔

绘图铅笔的铅芯有软硬之分，用 B 和 H 表示。B、2B、…、4B 数字越大表示铅芯越软且色浓黑；H、2H、…、4H 数字越大表示铅芯越硬且色浅淡；HB 介于 H 和 B 之间。绘图时常用 H 的铅笔画底稿和加深细线，用 HB 的铅笔写字，用 HB 或 B 的铅笔加深粗线。将 B 或 2B 铅笔的铅芯装入圆规的铅芯插脚内，用来加深粗线的圆及圆弧，以保证与直线的颜色深浅程度一致。

削铅笔时应从无标识的一端开始，以便使用时识别。被削去的笔杆长度约 25mm，铅芯露出 8~12mm 为宜，太长了容易折断，太短不宜修磨。画粗线的铅芯前端的扁平部分一般磨成 3~5mm 长。

绘图铅笔和铅芯的选用与削磨形状见表 1-1。

表 1-1　　　　　　　　　铅笔和铅芯的选用与削磨形状

	绘图铅笔			圆规用铅芯	
用途	打底稿、加深细实线	写字	加深粗实线	打底稿、加深粗线圆	加深粗线圆
软硬程度	H	HB	HB 或 H	HB	B 或 HB
削磨形状					
	锥形		扁平状	楔状或锥状	四棱柱状

1-3 制图工具——铅笔的使用方法

使用铅笔画线时,应保持笔杆前后方向与纸面垂直,向运动方向自然倾斜,用力均匀、匀速前进。

四、圆规

圆规用于画圆和圆弧,并可以兼作分规用。圆规的一条腿有固定插脚可装钢针,钢针两端的形状不同,带台阶的一端用于画圆和圆弧时定圆心,台阶可以防止图纸上的圆心扩大,以免影响绘图的准确性。圆规的另一条腿端部能拆卸,根据需要可分别装入铅芯插脚、延长杆(画大圆用)和钢针插脚(作分规用),如图 1-6 所示。圆规上铅芯的磨削方法见表 1-1。

画圆或圆弧前,要调整好铅芯与钢针,使铅芯尖端与定位钢针的台阶平齐。画圆或圆弧时,铅芯与定位钢针应尽可能垂直纸面,按顺时针方向旋转,并向前进方向自然倾斜。

五、比例尺

比例尺用于直接按缩小(或放大)的比例绘制图形。

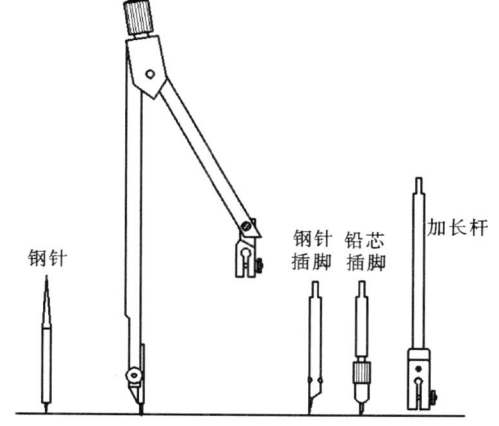

图 1-6　圆规及其附件

1-4 制图工具——圆规的使用

常用的比例尺有两种:一种是三棱尺,另一种是比例直尺,如图 1-7 所示。画图时直接从比例尺上量取所需的长度,可以省去繁琐的计算。

使用比例尺的方法有两种:一种方法是将比例尺放在图纸上直接量取图线的长度;另一种方法是用分规从比例尺上量取尺寸后再移到图纸上,后一种方法适用于截取大量重复尺寸。

读比例尺上刻度的方法,如图 1-8 所示。当用 1∶100 的比例画图时,尺上刻度 1m 实际长度是 1cm,也就是说已将实际 1m 的长度缩短为百分之一。在比例尺 1∶100

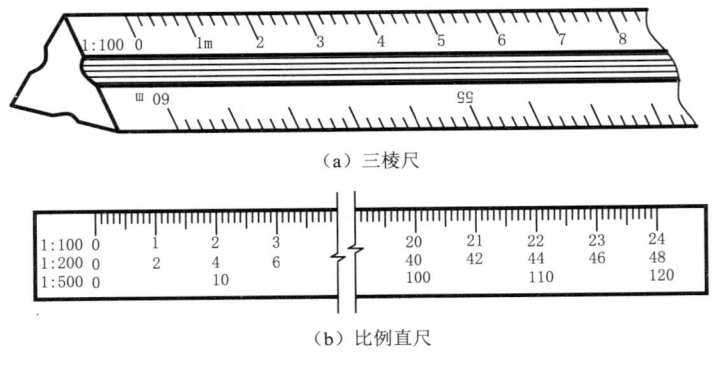

(a) 三棱尺

(b) 比例直尺

图 1-7 比例尺

的刻度上，也能读出 1∶10、1∶1000 等比例的尺寸。在比例尺 1∶200 的刻度上，也能读出 1∶20、1∶2000 等比例的尺寸。

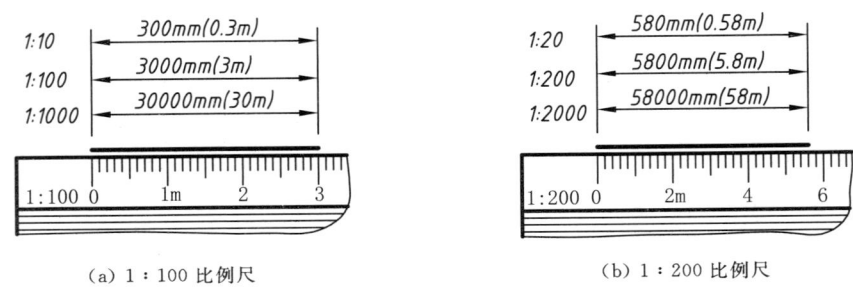

(a) 1∶100 比例尺　　　　　　(b) 1∶200 比例尺

图 1-8 读比例尺的方法

六、曲线板

曲线板用于加深非圆曲线。用曲线板画曲线时，应先徒手轻轻地将各点用细线连成光滑的曲线，然后在曲线板上选择与曲线吻合的部分，尽量多吻合一些，一般应不少于四点，从起点到终点按顺序分段加深。加深时应将吻合段的末尾留下一段暂不加深，待下一段加深时重合，以使曲线连接光滑，如图 1-9 所示。

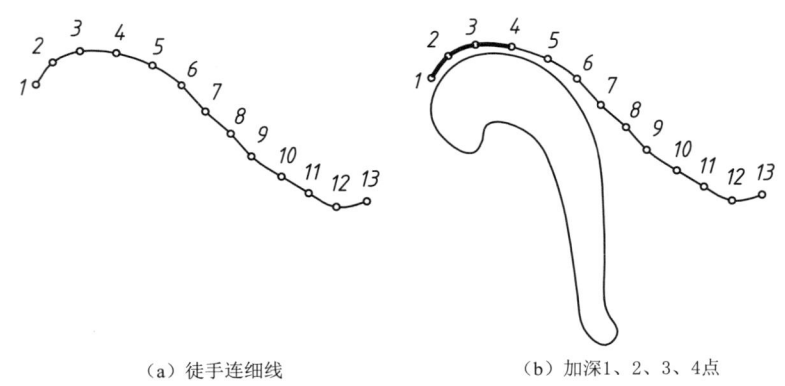

(a) 徒手连细线　　　　　　(b) 加深1、2、3、4点

图 1-9（一） 曲线板的用法

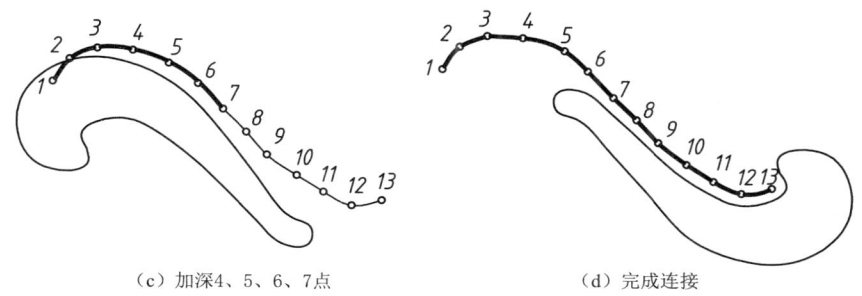

(c) 加深4、5、6、7点　　　　　(d) 完成连接

图1-9（二）　曲线板的用法

七、擦图片和模板

擦图片用于加深时擦除错误的图线。使用擦图片时，应将要擦去的图线从擦图片的孔中露出来，然后用橡皮擦去，这样可避免擦掉其他部分的图线。

模板用于画各种常用符号和标准图例。使用模板时，应将模板上相应的符号或图例放到图纸上需要绘制处，用笔在符号或图例内画一周即可，如尺寸箭头、立面高程符号等。

第二节　基本制图标准

图样是工程界的技术语言，作为技术的共同语言，必须有统一的规范，这些规范就是制图标准。本书采用了技术制图国家标准和行业标准《水利水电工程制图标准　基础制图》（SL 73.1—2013）。技术制图国家标准与行业标准《水利水电工程制图标准　基础制图》（SL 73.1—2013）不同时，应遵循技术制图国家标准。本节主要介绍图纸幅面和格式、比例、图线、字体、剖面符号和尺寸注法六项基本制图标准，其他有关标准将在后续章节中分别介绍。

一、图纸幅面和格式

各类技术图样都应采用《技术制图　图纸幅面和格式》（GB/T 14689—93）规定的图纸幅面和格式。

1. 图纸幅面

图纸幅面即图纸的面积，图纸的短边×长边用 $B \times L$ 表示。制图标准规定了五种不同尺寸的基本图幅，见表1-2。绘制技术图样时，应优先选用基本幅面。

表1-2　　　　　　　　　　基本幅面及图框尺寸　　　　　　　　　　单位：mm

幅面代号	A0	A1	A2	A3	A4
$B \times L$	841×1189	594×841	420×594	297×420	210×297
e	20	20	10	10	10
c	10	10	10	5	5
a	25	25	25	25	25

由表1-2可以看出，图纸幅面以A0、A1、A2、A3、A4为代号，基本图幅之间的大小的关系如图1-10所示。

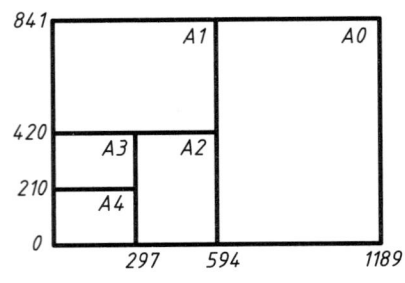

图1-10 基本图幅之间的大小关系

图幅在应用中面积如果不够大，允许加大图幅面积，具体尺寸必须参照有关的制图标准执行。

2. 图框格式

绘制图样时，必须在图纸上用粗实线画出图框，图形只能绘制在图框内。图框格式分为不留装订边和留有装订边两种，但同一产品的图样只能采用一种格式。

不留装订边图纸的图框格式如图1-11（a）所示，周边的尺寸见表1-2。国际上早已采用自动晒图机晒图，它可以完成复制、剪切、折叠等全过程，若需要附加装订边，可以粘贴一条具有装订孔的装订胶带。这种不留装订边的图纸对绘图、复制、折叠、装订和使用都十分方便，应优先选用。留有装订边图纸的图框格式如图1-11（b）所示。

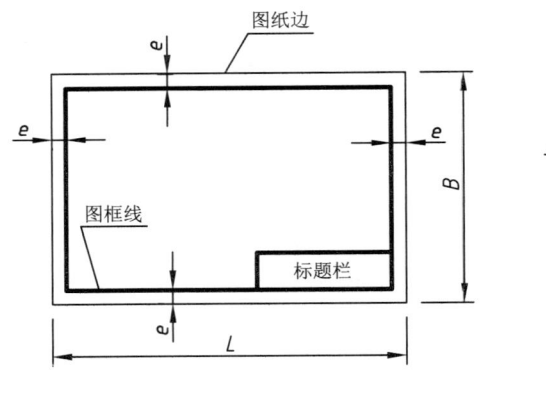
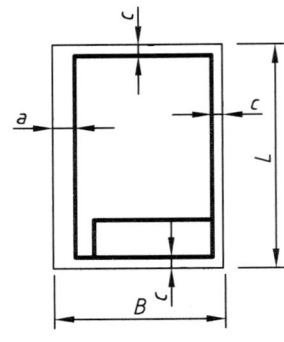

（a）不留装订边的图框格式　　　　（b）留装订边的图框格式

图1-11 图框格式

无论采用哪一种图框格式，A4图纸都应竖放，其他代号的图纸横放，都还必须在图框右下角画出标题栏。标题栏（简称图标）是图样的重要内容之一，图标的外框线用粗实线绘制，分格线用细实线绘制，图标的右边框和下边框线应与图框线重合。

图1-12所示是《水利水电工程制图标准 基础制图》（SL 73.1—2013）中推荐的水工图样标题栏的格式和尺寸。

一般作业中建议采用图1-13所示的标题栏。

二、比例

图样中图形与其实物相应要素的线性尺寸之比称为比例。《技术制图 比例》（GB/T 14690—93）对图样中的比例大小和注写方式都作了规定。

绘制图样时，应根据物体的大小及其形状的复杂程度，从表1-3规定的系列中选取适当的比例。

制图标准——图幅图框标题栏

第二节 基本制图标准

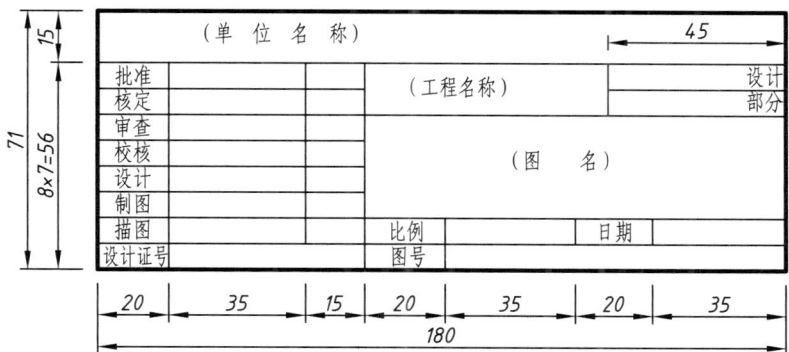

(a) A0、A1图纸幅面中的标题栏

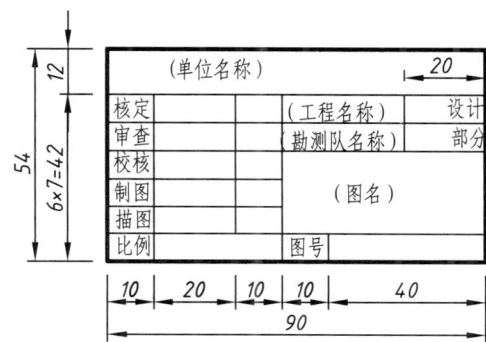

(b) A2、A3、A4图纸幅面中的标题栏

图1-12 水工图中的标题栏

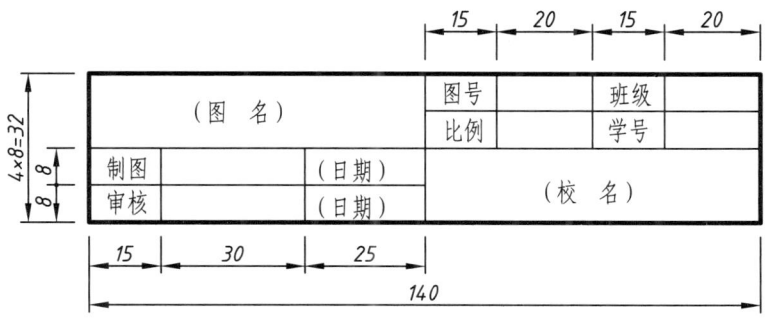

图1-13 作业用标题栏

表1-3 比 例

种 类	比 例		
原值比例（比值为1的比例）	1:1		
放大比例（比值大于1的比例）	5:1 $5 \times 10^n : 1$	2:1 $2 \times 10^n : 1$	$1 \times 10^n : 1$
缩小比例（比值小于1的比例）	1:2 $1:2 \times 10^n$	1:5 $1:5 \times 10^n$	1:10 $1:1 \times 10^n$
也允许选择的缩小比例	$1:1.5 \times 10^n$	$1:2.5 \times 10^n$	$1:3 \times 10^n$　$1:4 \times 10^n$　$1:6 \times 10^n$

注 n 为正整数。

无论采用何种比例,图中所注尺寸均应是物体的真实尺寸,与比例无关。

在图纸上必须注明比例,当整张图纸只用一种比例时,应统一注写在图标中的比例栏内。否则,应在各视图中分别注写。

三、图线

在绘制图样时,图线的画法应遵循《技术制图 图线》(GB/T 17450—98)对图线的相关规定。

1. 图线的形式和用途

图线是组成图形的基本要素。为了使图样中表达的内容主次分明,图线有粗线、中粗线和细线之分,三者的宽度比为 4:2:1。所有线型的图线宽度应按图样的类型和尺寸大小在下列数系中选择:0.13mm、0.18mm、0.25mm、0.35mm、0.5mm、0.7mm、1mm、1.4mm、2.0mm。技术制图标准中用 d 表示所有线型的图线宽度。粗实线的图线宽度习惯上用字母 b 表示,并根据图样的比例和复杂程度一般在 0.5~1.4mm 之间选用,常用的 b 值为 0.5~0.7mm。

水工图样常用的图线形式和用途见表 1-4。

表 1-4　　　　　　水工图样常用的图线形式和用途

图线名称	线　　型	线宽	一　般　用　途
粗实线	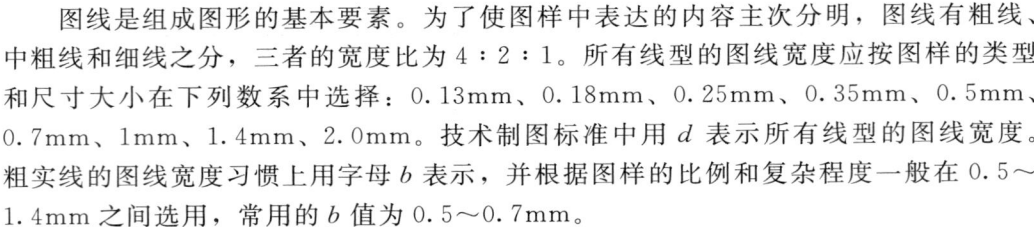	b=0.5~1.4 常用 b 值: 0.5~0.7	(1) 可见轮廓线; (2) 钢筋; (3) 结构分缝线; (4) 材料分界线; (5) 断层线; (6) 岩性分界线
虚线、 中粗虚线	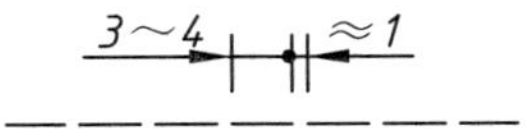 — — — 3~4 — ‖ — ≈1 — ‖ — — —	$b/4$ $b/2$	(1) 不可见轮廓 ($b/4$); (2) 不可见结构分缝线 ($b/2$); (3) 原轮廓线 ($b/2$); (4) 推测地层界线 ($b/2$)
细实线	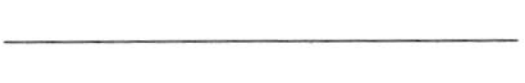	$b/4$	(1) 尺寸线和尺寸界线; (2) 引出线; (3) 剖面线; (4) 示坡线; (5) 重合剖面的轮廓线; (6) 钢筋图的构件轮廓线; (7) 表格中的分格线; (8) 曲面上的素线
点划线	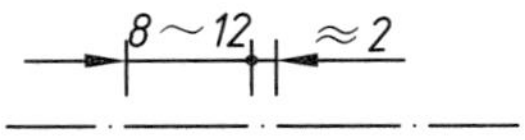 —·—· 8~12 ·—‖—· ≈2 ·—‖—·—	$b/4$	(1) 中心线; (2) 轴线; (3) 对称线
双点划线	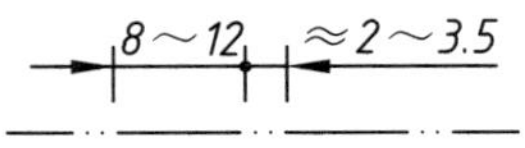 —··—·· 8~12 ··—‖—·· ≈2~3.5 ··—‖—	$b/4$	(1) 原轮廓线; (2) 假想投影轮廓线; (3) 运动构件在极限或中间位置的轮廓线

续表

图线名称	线型	线宽	一般用途
波浪线	～～～～	b/4	(1) 构件断裂处的边界线； (2) 局部剖视的边界线
折断线	⊥20～40⊥3～5⊥	b/4	(1) 中断线； (2) 构件断裂处的边界线

各种图线的应用举例如图 1-14 所示。

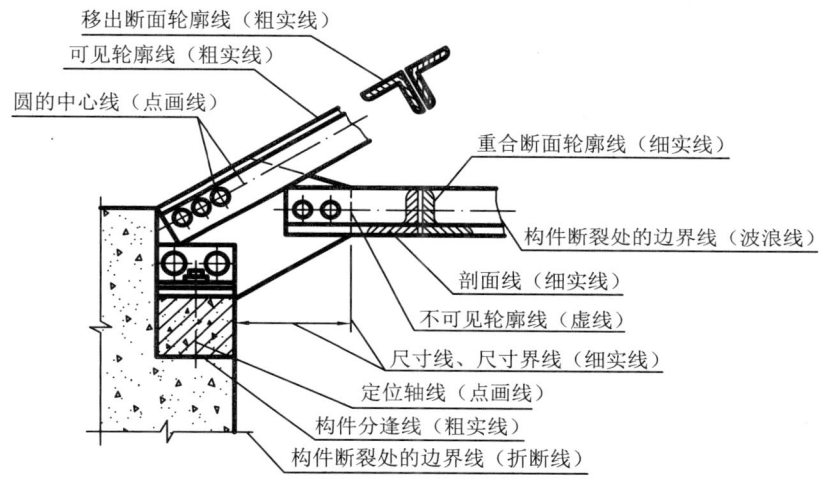

图 1-14 图线的应用

2. 图线画法的规定

同一张图纸上同类图线的宽度应基本一致；虚线、点划线的线段长度和间隔应大致相等。图线的宽度靠削磨铅笔芯来控制，线段的长短和间隔靠目测控制，图线的浓淡靠手画图时的力度控制。图线的规定画法见表 1-5。

四、字体

图样中的文字应按《技术制图 字体》（GB/T 14691—93）的规定书写。字体是图样中重要的组成部分，书写字体必须做到：字体端正、笔画清楚、排列整齐、间隔均匀。

字体的号数即字体的高度 h，分为八种：20mm、14mm、10mm、7mm、5mm、3.5mm、2.5mm、1.8mm。如果需要写更大的字，其字体高度应按 $\sqrt{2}$ 的比率递增。

1. 汉字

汉字应写成长仿宋体字，并应采用国家正式公布的简化字。汉字字高不应小于3.5mm，字宽一般为 $h/\sqrt{2}$。长仿宋体字的示例如图 1-15 所示。

表 1-5　　　　　　　　　　　图线的规定画法

图线间关系	正确画法	错误画法	文字说明
虚线在粗实线延长线上	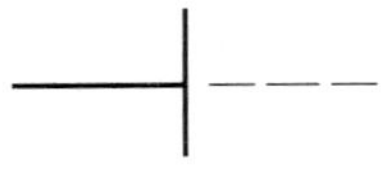		虚线为粗实线的延长线时，粗实线应画到分界点，留空隙后再画虚线
图线相交	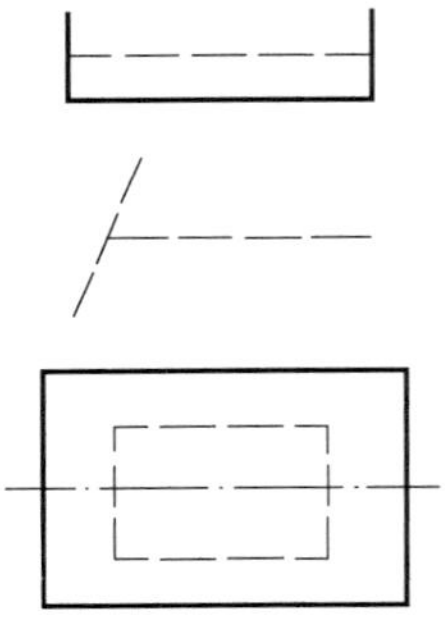	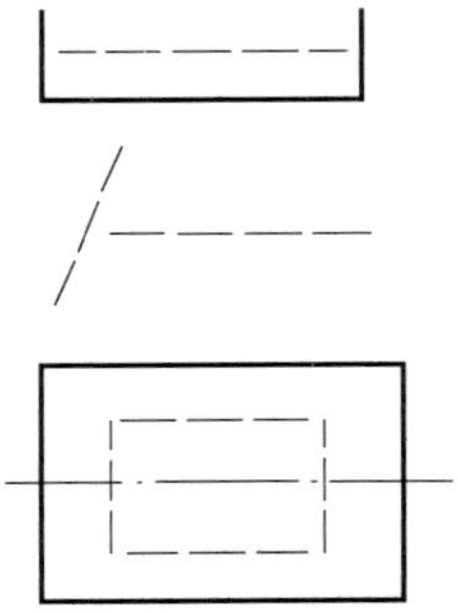	图线与图线相交必须以线段相交，不得在间隔或点处相交
虚线相切	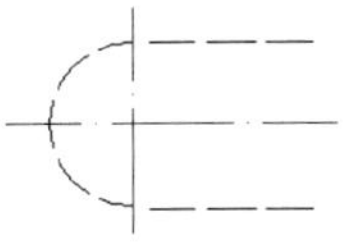	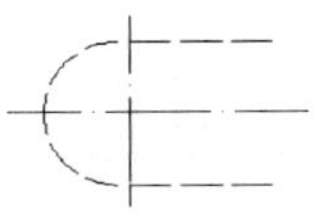	圆弧虚线与直虚线相切时，圆弧虚线应画至切点处，留空隙后再画直虚线
点划线与轮廓线相交	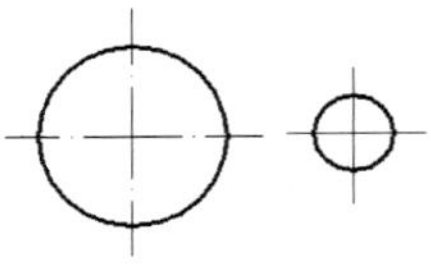	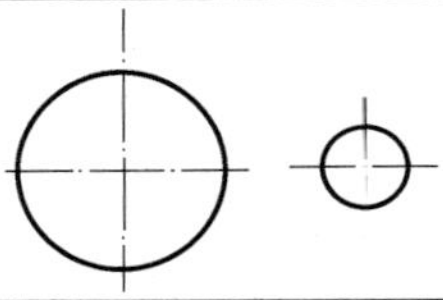	圆心应为点划线的线段交点，点划线应超出轮廓线 3～5mm，且首末应是线段。在较小的图形上绘制点划线有困难时，可用细实线代替

字体端正　笔画清楚　排列整齐　间隔均匀

10号字

横平竖直　起落有锋　结构均匀　填满方格

7号字

工程制图　水工图　断面图　剖视图　比例　闸墩　涵洞　标高　土坝

5号字

图 1-15　长仿宋体字示例

长仿宋体字的书写要领是：横平竖直、注意起落、结构均匀、填满方格。建议初学者打格书写，以保证字体大小一致、排列整齐。长仿宋字初练时宜用 10 号字，书写时应特别注意起笔、运笔、收笔、转折，必须做到运笔流畅、笔锋突出。练字不能急于求成，要分三步进行：第一步先练基本笔画，第二步练偏旁部首，第三步练字的结构。只有多看多写、持之以恒，才能水到渠成。

2. 数字和字母

数字应写成阿拉伯数字，字母应写成拉丁字母和罗马、希腊字母。数字和字母都分 A 型和 B 型。A 型字体的笔画宽度为字高的 1/14，B 型字体的笔画宽度为字高的 1/10。在同一图样上，只允许选用一种形式的字体。为了与汉字协调，建议数字和字母采用 A 型字体。

数字和字母可以写成斜体或直体。斜体字字头向右倾斜，与水平基准线成 75°。图样中常采用斜体字，如图 1-16 所示。

制图标准——字体

A 型斜体数字　　A 型直体数字

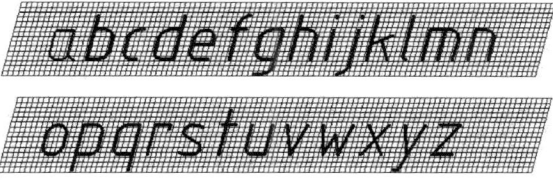

A 型大写斜体字母

A 型小写斜体字母

斜体罗马字母

小写斜体希腊字母

图 1-16　数字和字母示例

五、剖面符号

工程中使用的建筑材料类别很多。画剖视图与断面图时，必须根据建筑物所用的材料画出建筑材料图例（技术制图中统称为剖面符号），以区别材料类别，方便施工。

图样中的剖面符号应按技术制图国家标准和行业标准《水利水电工程制图标准　基础制图》（SL 73.1—2013）的规定绘制。水工图中常用的剖面符号见表 1-6。

制图标准——剖面符号

表 1-6　　　　　　　　　　　　　水工图中常见的剖面符号

名称	图例	说明	名称	图例	说明
自然土壤		徒手画	夯实土		斜线为45°细实线，用尺画
混凝土	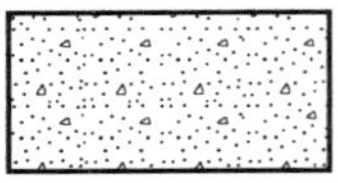	石子带有棱角，徒手画	钢筋混凝土		斜线为45°细实线，用尺画
干砌块石	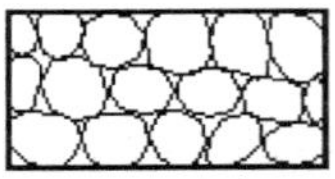	石缝要错开，空隙不涂黑，徒手画	浆砌块石	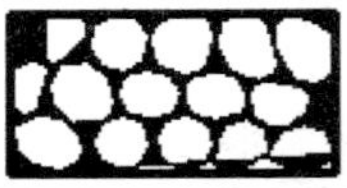	石块之间空隙要涂黑，徒手画
堆石		石块有棱角，徒手画	卵石	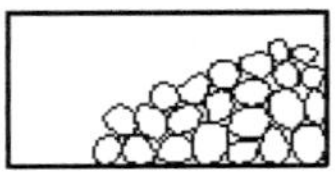	石子无棱角，徒手画
砂卵石 砂砾石	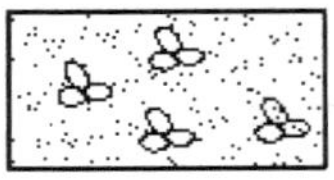	石子无棱角，徒手画	碎石	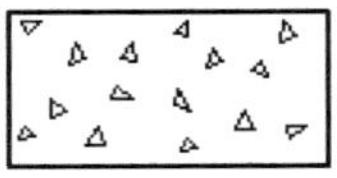	石子有棱角，徒手画
黏土	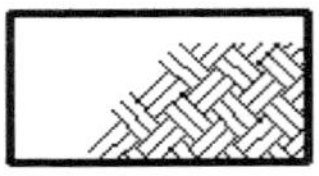	斜线为45°细实线，可徒手画	回填土	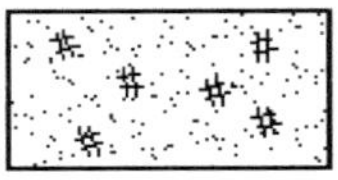	徒手画
水、液体		用尺画水平细线	岩石		斜线为60°细实线，用尺画
木材 纵纹	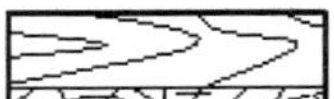	徒手画	沙、灰土、水泥砂浆		点为不均匀的小圆点，徒手画
木材 横纹		徒手画			
金属	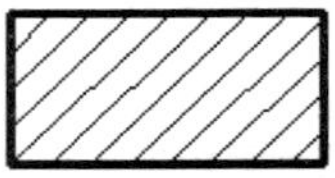	斜线45°细实线，用尺画	多孔材料	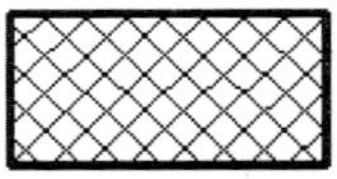	斜线均为45°细实线，用尺画

注　1. 当图样中宽度为不大于2mm的狭长小面积的剖面，建筑材料图例可用涂黑代替。
　　2. 当剖面面积很大时，图样上只需局部画出建筑材料图例。

六、尺寸注法

国标《技术制图　简化表示法　第2部分：尺寸注法》（GB/T 16675.2—1996）中仅对尺寸标注的简化表示作了规定，尺寸标注的基本规则和注法应遵循行业标准《水利水电工程制图标准　基础制图》（SL 73.1—2013）。

本节只介绍尺寸标注的一般规则，专业工程图样的尺寸标注，将在以后有关章节中分别介绍。图形只表示物体的结构形状，物体的真实大小应以图中标注的尺寸数值为依据。

1. 尺寸的组成

一个完整的线性尺寸由尺寸界线、尺寸线、尺寸起止符号、尺寸数字四部分组成，如图1-17所示。

（1）尺寸界线。尺寸界线表示所注尺寸的范围，用细实线绘制。尺寸界线与尺寸

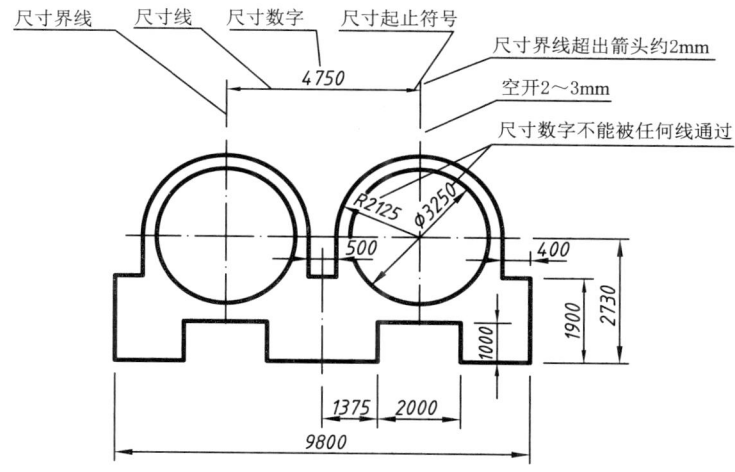

图 1-17 尺寸的组成

线垂直,可从图形的轮廓线、轴线或中心线处引出,也可以直接利用轮廓线、轴线或中心线作尺寸界线。绘制尺寸界线时,引出端与轮廓线之间一般留有 2~3mm 间隙,另一端应超出尺寸线约 2mm。

(2) 尺寸线。尺寸线表示尺寸的方向,用细实线绘制。尺寸线应与被注的线段等长且平行,距离所注的线段一般在 7mm 以上。尺寸线不能用其他任何图线代替,必须单独画出。

(3) 尺寸起止符号。尺寸起止符号表示尺寸的起止点。尺寸起止符号的形式和有关规定见表 1-7。在圆上标注半径、直径与标注角度、弧长的尺寸起止符号一律采用箭头,同一张图样中线性尺寸的起止符号只能在箭头和斜短线之间选用一种形式。

表 1-7　　　　　　　　　尺寸起止符号的形式和画法

形式	画法	说明
箭头	放大 实际大小　b　≈$4b$　b=粗实线线宽	箭头尖端必须与尺寸界线接触
斜短线	45°　h　h=2~3mm	斜短线为细实线,倾斜方向是将尺寸界线顺时针旋转 45°
小黑圆点	小黑圆点	对于连续的小尺寸,当尺寸线终端画不下箭头时,尺寸起止符可采用小黑圆点

(4) 尺寸数字。尺寸数字表示物体的真实大小。尺寸数字一般用 3.5 号斜体阿拉伯数字书写,同一张图样中尺寸数字的大小应一致。尺寸数字不可被任何图线或符号通过,当无法避免时,必须将图线或符号断开,如图 1-17 所示。

2. 尺寸的单位

《水利水电工程制图标准 基础制图》(SL 73.1—2013) 中规定:标高、桩号及规划图、总布置图的尺寸以米为单位,其余尺寸以毫米为单位时,图中不必说明,否则应说明尺寸单位。

3. 尺寸的一般注法

水工图中尺寸一般注法的规定,见表 1-8。

表 1-8　　　　　　　　水工图中尺寸一般注法的规定

项目	说　明	图　例
线性尺寸	1. 水平尺寸字头朝上,铅垂尺寸字头朝左,倾斜尺寸应保证字头朝上的趋势,如图 (a); 2. 尽量避免在图 (a) 所示 30°范围内标注尺寸,当无法避免时,允许按图 (b) 所示形式标注	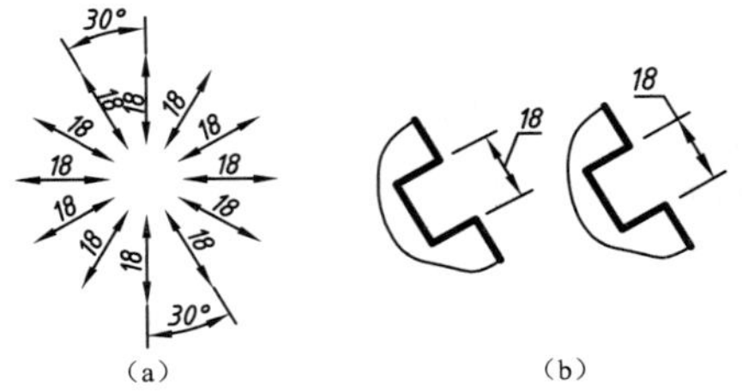 (a)　　　(b)
圆和圆弧	1. 标注直径尺寸时,应在数字前加注符号 ϕ (金属材料) 或 D (其他材料)。标注半径尺寸时,应在数字前加注符号 R; 2. 圆和大于半圆的圆弧标注直径,半圆和小于半圆的圆弧标注半径如图 (a); 3. 大圆弧的注法:当圆弧半径过大并且需要标明圆心位置时,可按图 (b) 的方法标注;若不需要标明圆心位置,则可按图 (c) 的方法标注	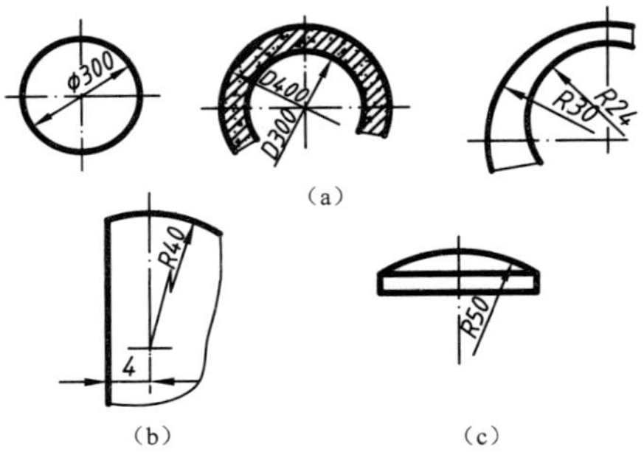 (a) (b)　　　(c)
球面尺寸	在标注球面直径或半径时,应在符号 "ϕ" 或 "R" 前加注符号 "S"	
弦长和弧长	标注弦长或弧长的尺寸界线均应平行于该弦的垂直平分线,如图 (a) 和 (b); 标注弧长时,尺寸数字上应加注 "⌒"	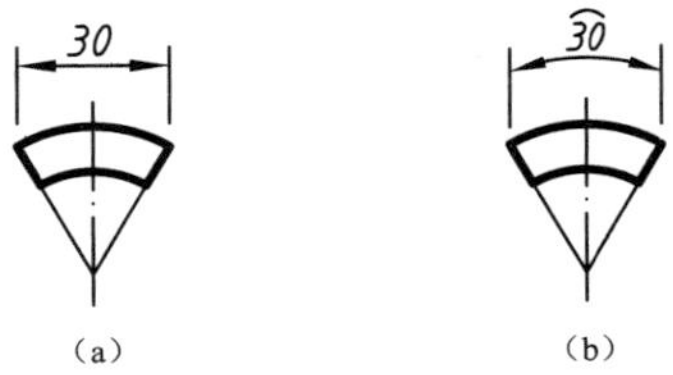 (a)　　　(b)

续表

项目	说　明	图　例
角度	1. 尺寸界线沿径向引出，尺寸线是以角度顶点为圆心的圆弧； 2. 角度数字一律水平注写，一般注写在尺寸线的中断处。必要时也可注写在尺寸线外或引出标注	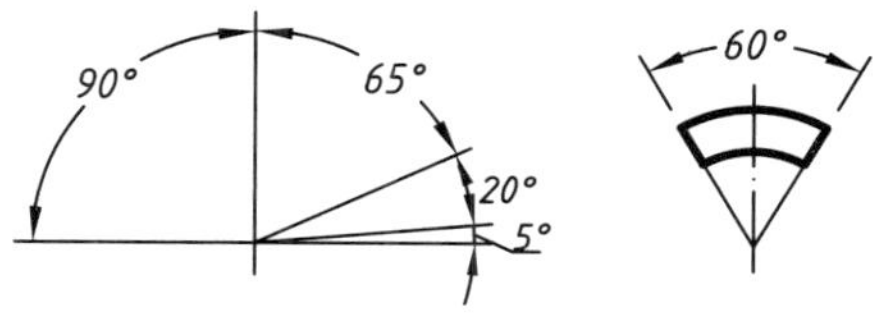
小尺寸	1. 在尺寸界线之间没有足够位置画箭头或注写尺寸数字时，可按右图形式标注； 2. 标注连续尺寸时，中间的箭头可用圆点代替，圆点的大小应与箭头尾部宽度相同	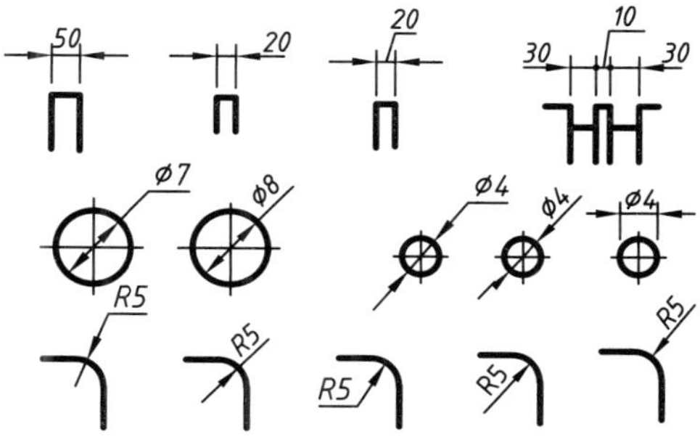
坡度	1. 坡度表示一条线或一个平面对水平面的倾斜程度，如图（a）； 2. 坡度的标注形式一般采用 1∶n 的形式，如图（b）； 3. 当坡度较缓时，坡度可用百分数表示，如图（c）	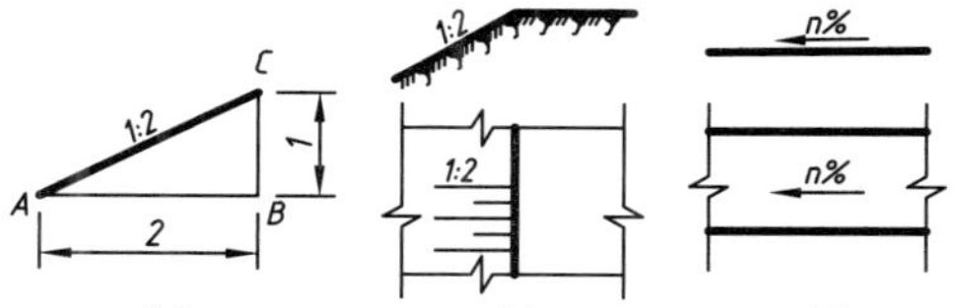 （a）　（b）　（c）
标高	1. 立面图中的标高符号，为等腰三角形，用细实线绘制，如图（a）； 2. 平面图中的标高符号，为矩形框，用细实线绘制，如图（b）； 3. 水面标高的符号，在水面线以下绘三条细实线，如图（c）； 4. 标高数字以米为单位，注写到小数点以后第三位，在总布置图中，可注写到小数点以后第二位零点标高注成±0.000，正数标高数字前一律不加"+"号，负数标高数字前必须加注"−"号； 标高注法的示例如图（d）	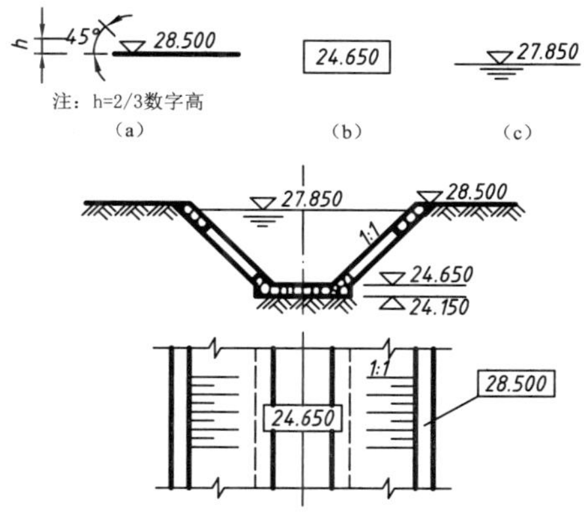 （a）　（b）　（c）　（d）

1－10

制图标准——标注

同一方向的若干尺寸，应尽量注写在一条线的位置上，当不能在一条直线上注写时，应小尺寸注内层，大尺寸注外层，避免尺寸线交叉。互相平行的尺寸线间的间距一般在 7mm 左右。

第三节 几何作图

在工程图样中，无论物体的结构和形状怎样复杂，其图形轮廓均是由一些几何图形按一定规律组成。因此，掌握几何作图的基本方法和技能是绘制工程图的基础。本节主要介绍工程中常用的圆弧连接作图方法。

圆弧连接是指用一段圆弧（称连接圆弧）光滑地连接相邻已知线段的作图方法。要使连接光滑，作图时必须解决两个问题：一是求出连接圆弧的圆心；二是确定连接圆弧与已知线段的切点即连接点。

1. 圆弧连接的作图原理

圆弧连接有多种形式，但作图的基本形式只有三种：连接圆弧与已知直线相切、连接圆弧与已知圆外切、连接圆弧与已知圆内切。表 1-9 列出了三种基本形式求连接圆弧圆心和切点的作图原理。

表 1-9 　　　　　　　　　圆弧连接的作图原理

类型	连接圆弧与已知直线相切	连接圆弧与已知圆 O_1 外切	连接圆弧与已知圆 O_2 内切
图例			
连接弧圆心的轨迹	半径为 R 的圆与已知直线 AB 相切时，其圆心轨迹为与已知直线 AB 平行的直线 CD，距离为圆的半径 R	半径为 R 的圆与已知圆 O_1 外切时，其圆心轨迹为已知圆 O_1 的同心圆，半径为两者的半径和 $R+R_1$	半径为 R 的圆与已知圆 O_2 内切时，其圆心轨迹为已知圆 O_2 的同心圆，半径为两者的半径差 R_2-R
切点位置	由连接弧圆心 O 向已知直线 AB 作垂线，与直线的交点 K 即为切点	两圆弧的连心线 OO_1 与已知圆周的交点 K 即为切点	两圆弧连心线 OO_2 的延长线与已知圆周的交点 K 即为切点

2. 圆弧连接的常见形式及作图方法

圆弧连接的常见形式及作图方法见表 1-10。

表 1-10 　　　　　　　　　圆弧连接的常见形式及作图方法

连接形式	已知条件	作图方法和步骤	
		求连接圆弧的圆心 O 点	求连接点 K_1、K_2，画连接圆弧
用圆弧连接两已知直线			

续表

连接形式		已知条件	作图方法和步骤	
			求连接圆弧的圆心 O 点	求连接点 K_1、K_2，画连接圆弧
用圆弧连接两已知圆弧	外连接	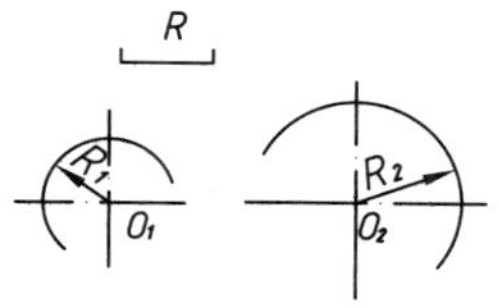	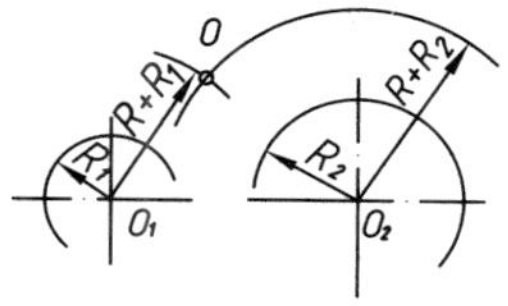	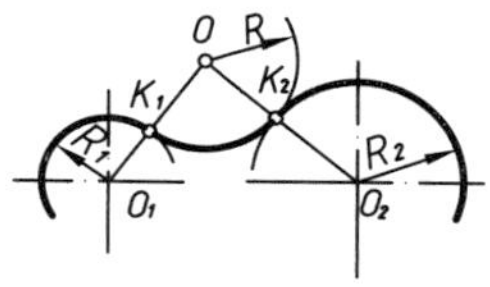
	内连接	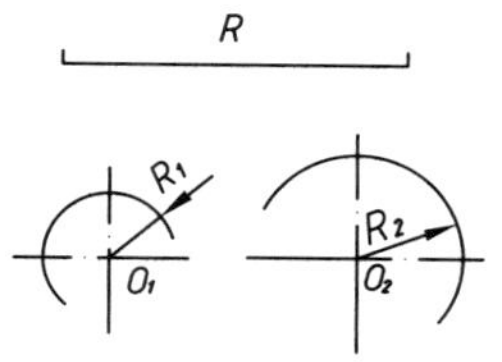	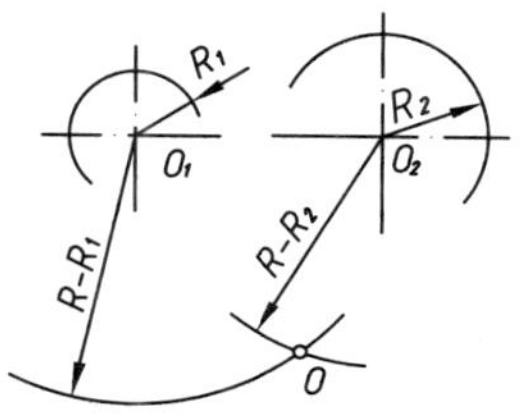	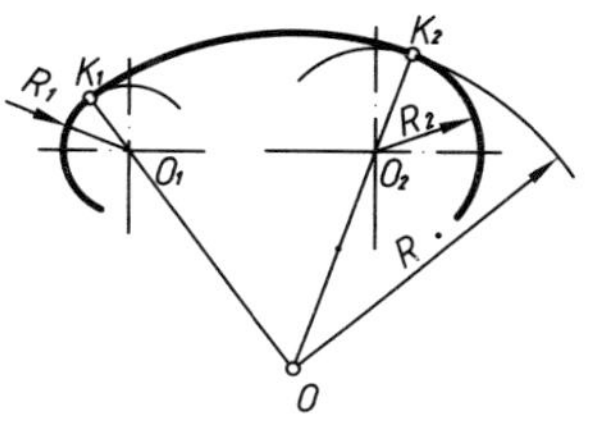
	内外连接	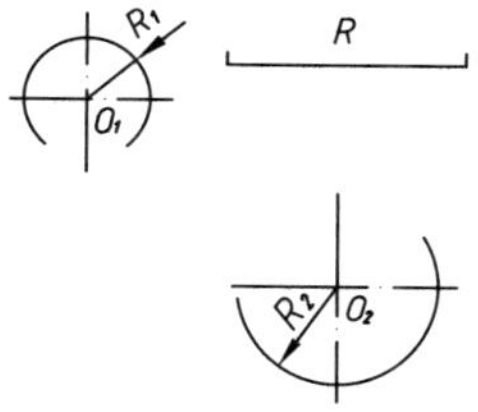	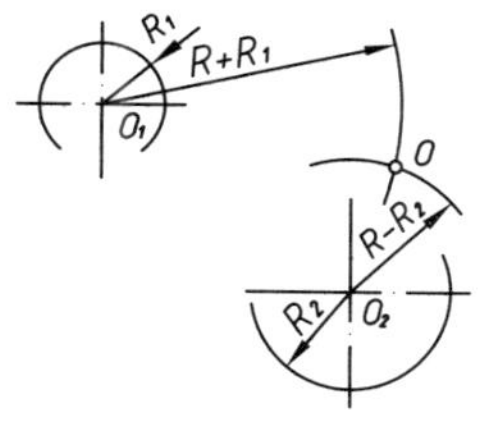	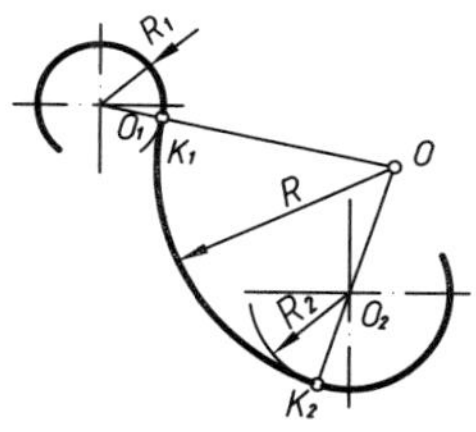
用圆弧连接一直线和一圆弧		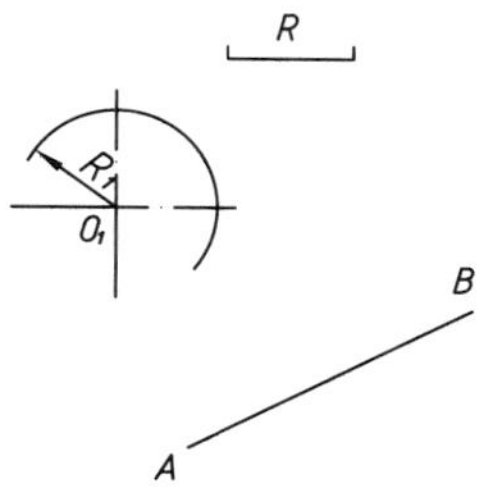	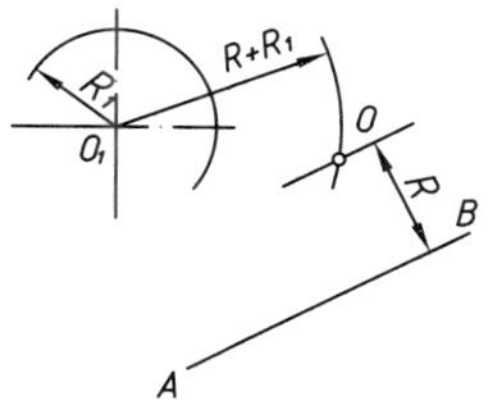	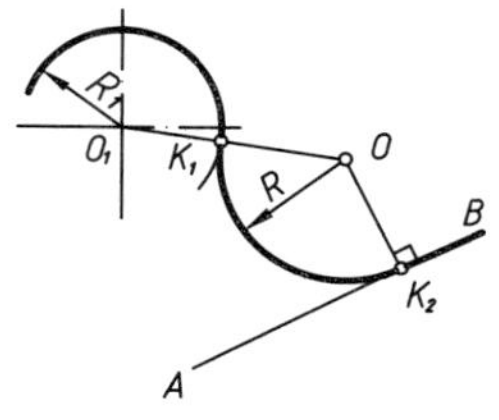

第四节　平面图形的画法

平面图形由若干线段、圆弧、曲线连接而成。画平面图形时，应该从哪一点起画，一开始并不明确，所以要通过对这些线的尺寸以及性质的分析，才能确定平面图形的作图步骤。

一、平面图形的分析

1. 平面图形的尺寸分析

平面图形中的尺寸按作用可分为定形尺寸和定位尺寸两种。

(1) 定形尺寸。确定平面图形中各种线的大小，如线段的长度、圆的直径、圆弧的半径以及角度大小的尺寸，称为定形尺寸。如图 1-18 中的尺寸 $R30$、$R5$、$R22$、5、10、16、20 等均为定形尺寸。

(2) 定位尺寸。确定平面图形中各种线之间相互位置的尺寸，称为定位尺寸，如图 1-18 中的尺寸 38、40、45、10 等均为定位尺寸。

应当指出，图形中有些尺寸既是定形尺寸，也是定位尺寸，具有双重作用。

另外，尺寸分析是应注意尺寸基准的确定。尺寸基准即标注主要尺寸的起点。一个平面图形应具有上下和左右两个方向的尺寸基准。通常以图形的对称线、较大圆的中心线或较长的直线作为尺寸基准。如图 1-18 所示溢流坝平面图形，是以左边的直线作为左右方向的尺寸基准，以最下边的直线作为上下方向的尺寸基准。它们也是画图的基准线。

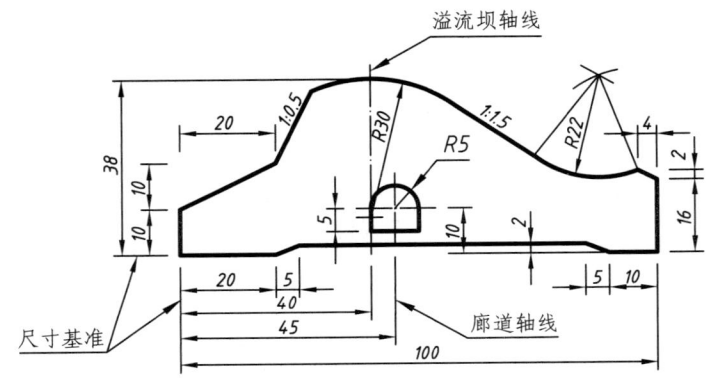

图 1-18 平面图形分析示例

2. 平面图形线的分析

平面图形中的线按给出尺寸的情况可分为已知线、中间线、连接线三种。

(1) 已知线。定形尺寸和定位尺寸齐全，根据基准线位置和已知尺寸就能直接画出的线，称为已知线。如图 1-18 中除 1∶1.5 以外的所有直线和 $R30$、$R5$ 圆弧均为已知线。

(2) 中间线。缺少一个定位尺寸，需要与已知线的一个连接条件才能确定其位置的线，称为中间线。如图 1-18 中 1∶1.5 直线就是中间线。

(3) 连接线。没有定位尺寸，需要与两端相邻线的连接条件才能确定的线，称为连接线。如图 1-18 中 $R22$ 圆弧就是连接线。

绘制平面图形的顺序应是：先画基准线，再画已知线、中间线，最后画连接线。以绘制溢流坝平面图形线的顺序为例，如图 1-19 所示。

应当指出，平面图形上有时只有已知线和连接线，有时只有已知线。

二、平面图形的绘图步骤

1. 准备工作

(1) 准备好绘图工具，将绘图工具擦拭干净，按各种线型的要求削磨好铅笔及铅芯，然后洗净双手。

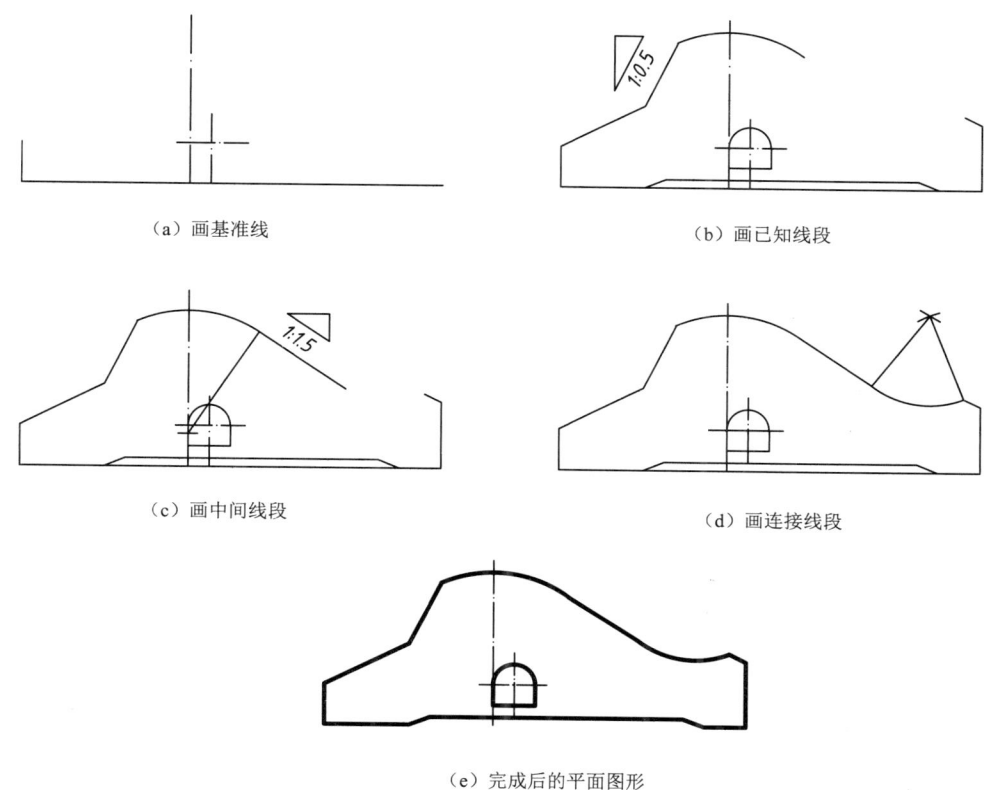

图 1-19 平面图形线的绘制示例

(2) 根据绘制图形的大小及复杂程度选取比例,确定图纸幅面。

(3) 用橡皮擦拭图纸,检查图纸的正反面(反面易起毛)。

(4) 用胶带纸将图纸固定在图板的适当位置,图纸要放正,并使图纸下边缘距图板下缘宽于一个丁字尺的尺身。

2. 画底稿

用 H 铅笔,轻、细、准画底稿,具体步骤如下:

(1) 画图幅线、图框线及标题栏。首先按国标规定的图纸幅面尺寸画出图幅线,再按国标规定的图纸幅面格式画出图框线,然后按规定画出标题栏。

(2) 布图。按图形的大小及标注尺寸所需要的位置,将各图形均匀布置,并画出各图形的基准线以确定位置。

(3) 画图形。按先已知线、再中间线、最后连接线的步骤,画出各平面图形。

(4) 画尺寸界线及尺寸线。

(5) 检查图形。仔细检查图形底稿有无错误、遗漏,擦去多余的作图线,将底稿清理干净。

注意:底稿图中虚线、点划线长短间隔应分别一致,底稿图线应"轻而细"。

3. 加深图线

选用适当的铅笔和铅芯将各种图线按规定的粗细加深。

加深图线的要求是：同类图线的粗细应基本一致，粗实线要"黑"并应尽可能"光、亮"；其他细线应"细而重"。

加深时，为保证一张图纸上同类图线的一致性，图样中所有图形的同一种线型应一起加深。每种线型加深的顺序是：先曲后直，自上而下依次画出水平线，自左而右依次画出铅垂线，最后画斜线。

4. 画尺寸起止符号

加深图线后，按制图标准依次绘制尺寸起止符号（可用模板）。同一张图样上尺寸起止符号大小应一致。

5. 注写文字

最后按制图标准注写尺寸数字、填写标题栏及文字说明等。同一张图样上尺寸数字的大小应一致，应打格写字，其他文字应按主次对应不同的字体大小。

一张高质量的图样，应作图准确，图形布置匀称，图线粗细分明且同类图线宽度一致，尺寸排列易读美观，数字、字母和文字书写清晰规范，同字号字体大小一致，图面干净整洁。

三、徒手绘图

不用绘图工具，只用手持铅笔，目测尺寸绘制图形的方法称徒手绘图。徒手绘图是工程技术人员应掌握的一项绘图技能，其关键是掌握徒手画线的技巧。

徒手画线时，肘部不要接触纸面，眼睛应多注意要绘制线段的下一个控制点。画直线时，小手指可轻触纸面；画短线或小圆时，多用手腕动作；画长线或大圆时多用手臂动作。

常用的徒手画线方法见表 1-11。

表 1-11　　　　　　　常用的徒手画线方法

项目	说　明	图　例
徒手画直线	1. 画水平线时，自左向右运笔；画铅直线时，自上而下运笔； 2. 画倾斜线，可以转动图纸，转到要画的线成水平或铅直位置时再画	
徒手画特殊角度线	30°、45°、60°等常见角度，可根据直角三角形两直角边的近似比例关系定出两端点划线	

第四节 平面图形的画法

续表

项目	说　明	图　　例
徒手画小圆	先画中心线定出圆心，然后目测在中心线上找出到圆心为半径的四个点；过这四个点画圆弧连成小圆	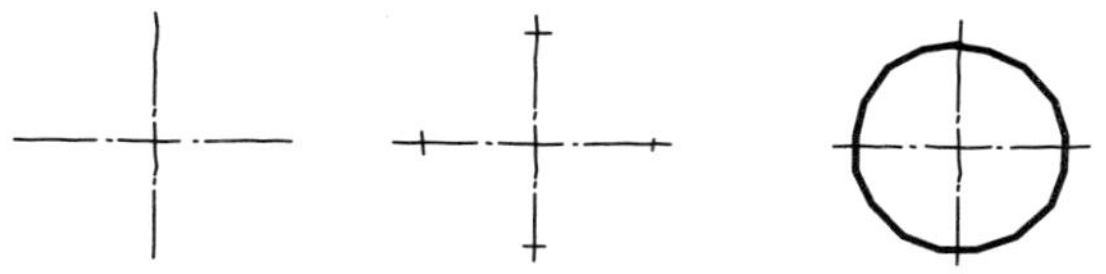
徒手画大圆	先画中心线定出圆心，再通过中心线上的交点，作两条与水平线成45°的辅助线，在四条线上定半径点，依次过八个点画圆弧连成大圆	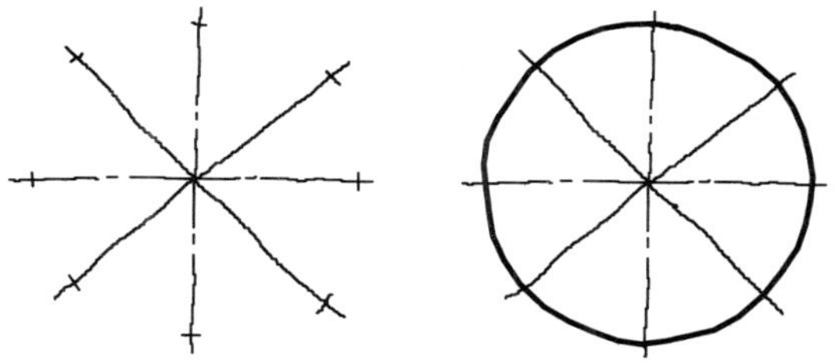
徒手画圆角	根据圆弧与各种矩形相切的特点，作辅助线画圆角	

第二章 投影的基本知识

学习目标
1. 了解投影法的概念，理解并熟记正投影的三个基本性质。
2. 会利用正投影特性，根据给定的形体绘制符合投影规律的三视图。
3. 能够将投影面展开，理解三视图与空间物体的对应关系。

素质目标
1. 养成遵规守矩的图学工程意识（依据正投影特性和三视图投影规律绘制三视图）。
2. 传承精准严谨的工匠精神（主俯视图长对正、主左视图高平齐、俯左视图宽相等）。
3. 培养创新科学的探索精神（理解三视图与空间物体的对应关系，培养空间想象力）。

绘制工程图样依据的是正投影原理，了解投影法的概念以及正投影的投影特性是绘制和识读工程形体的基础。

第一节 投影法概念

一、投影法的概念

投影法就是投射线通过物体向选定的平面投射，并在该平面上获得图形的方法。

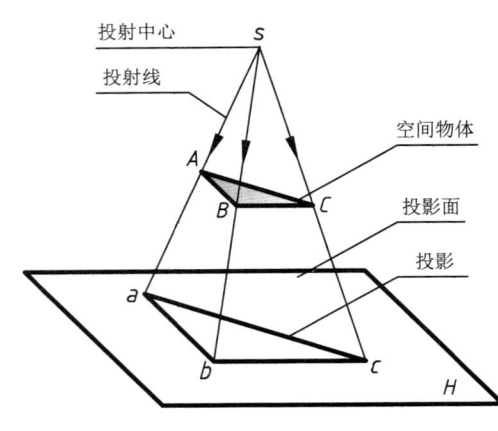

图 2-1 投影法的概念

图 2-1 中光源 S 点称为投射中心；SAa、SBb、SCc 称为投射线；平面 H 称为投影面；通过物体上各顶点的投射线与投影面的交点 a、b、c 称为物体上各顶点 A、B、C 在 H 投影面上的投影；$\triangle abc$ 图形即为空间物体 ABC 在 H 投影面上的投影。

二、投影法分类

（1）中心投影法。投射线汇交于一点的投影法称为中心投影法，如图 2-1 所示。

（2）平行投影法。投射线相互平行的投影法称为平行投影法。

在平行投影法中，根据投射线与投影面的角度不同，又分为两种：

正投影法——投射线与投影面相垂直的平行投影法，如图 2-2（a）所示。

斜投影法——投射线与投影面相倾斜的平行投影法，如图 2-2（b）所示。

第二节　正投影法的基本性质

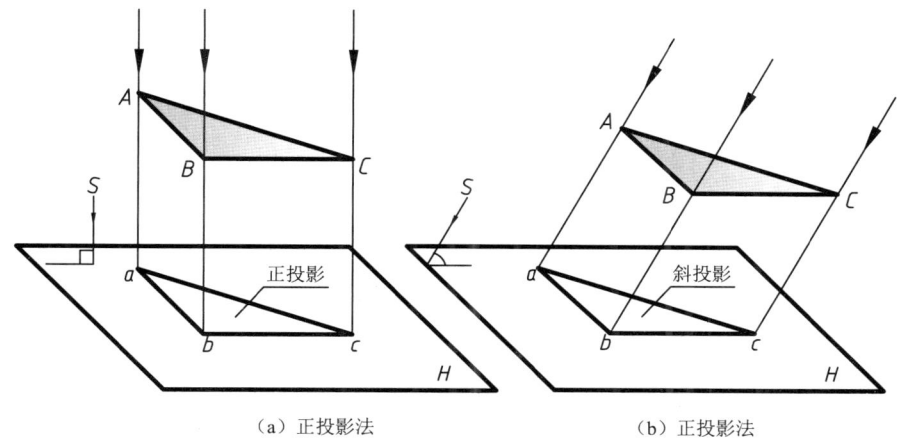

（a）正投影法　　　　　　　　（b）正投影法

图 2-2　正投影法和斜投影法

正投影能真实地表达物体的形状和大小，并且度量性好、作图简便，在工程上应用最广泛。本书主要介绍正投影图。以后各章节中，除特殊说明外，所称投影均指正投影。

应当指出：投影不同于一般的影子，影子是一片漆黑，只反映物体的外轮廓，而物体的投影是将围成这个物体的各面、各棱线进行投影。

第二节　正投影法的基本性质

一、真实性

直线或平面平行于投影面，投影反映直线的实长或平面的实形，这种投影特性称为真实性，如图 2-3 所示。

二、积聚性

直线或平面垂直于投影面，直线的投影积聚成点，平面的投影积聚成直线，这种投影特性称为积聚性，如图 2-4 所示。

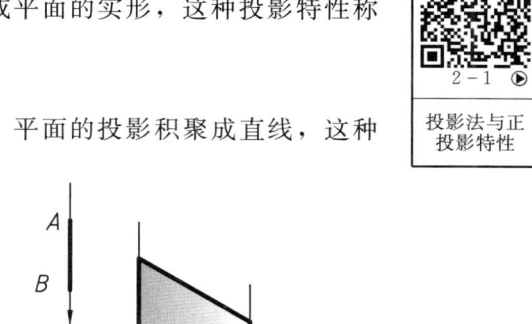

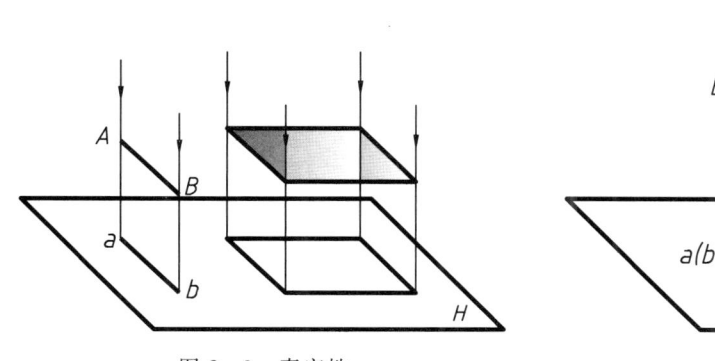

图 2-3　真实性　　　　　　　　图 2-4　积聚性

三、类似收缩性

直线或平面倾斜于投影面，直线的投影是小于实长的直线，平面的投影是小于实际大小的平面（且多边形的边数和平行关系不变），这种投影特性称为类似收缩性，如图 2-5 所示。

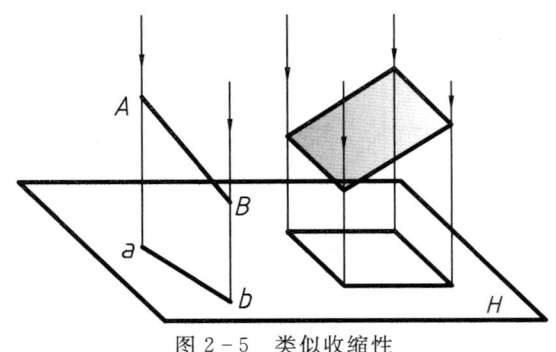

图 2-5 类似收缩性

第三节 三视图的形成

要获得投影，必须具备投射线、投影面、物体三个要素。画物体的正投影图，通常是用人的视线代替垂直投影面的投射线，运用线面的正投影性质在图纸上画出物体的正投影，因此正投影又称为视图。

在工程上常用多面视图来表达形体，基本的表达方法是三视图。

一、三视图的形成

1. 投影面的设立

按正投影法第一分角法规定设立的三个相互垂直的投影面，称为三投影面体系，如图 2-6 所示。三投影面分别称为正立投影面、水平投影面、侧立投影面，分别用 V、H、W 表示。两投影面之间的交线称为投影轴，相互垂直的三根轴分别用 OX、OY、OZ 表示。三根轴的交点 O 称为原点。

为了作图方便，对物体长、宽、高三个方向的尺寸及上、下、左、右、前、后六个方位统一按下述方法确定：OX 轴方向为物体的长度方向，表示左、右方位；OY 轴方向为物体的宽度方向，表示前、后方位；OZ 轴方向为物体的高度方向，表示上、下方位，如图 2-7 所示。

2. 分面进行投影

如图 2-7 所示，把物体置于三面投影体系中，长、宽、高及上下、左右、前后方位即确定。

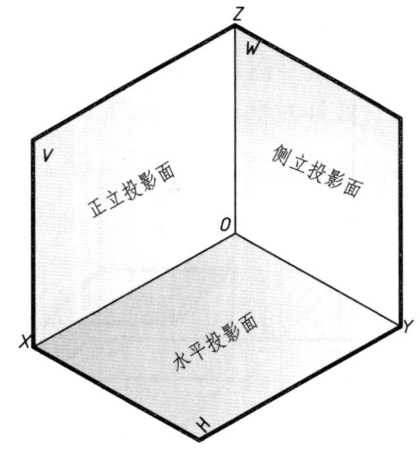

图 2-6 三投影面体系

将物体摆平放正在三面投影体系中，分别向三投影面进行投射得物体的三视图：

（1）从物体的前面向后投射，在 V 投影面上得到的视图称为主视图，如图 2-8

所示。

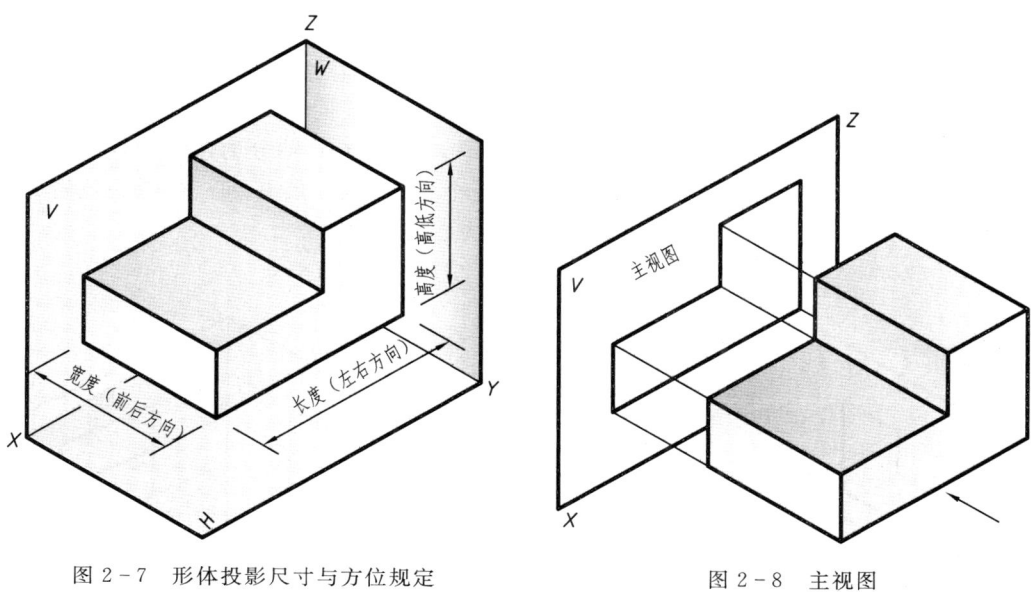

图 2-7 形体投影尺寸与方位规定　　　　图 2-8 主视图

（2）从物体的上面向下投射，在 H 投影面上得到的视图称为俯视图，如图 2-9 所示。

（3）从物体的左面向右投射，在 W 投影面上得到的视图称为左视图，如图 2-10 所示。

这样在三面投影体系上得到三视图，如图 2-11 所示。

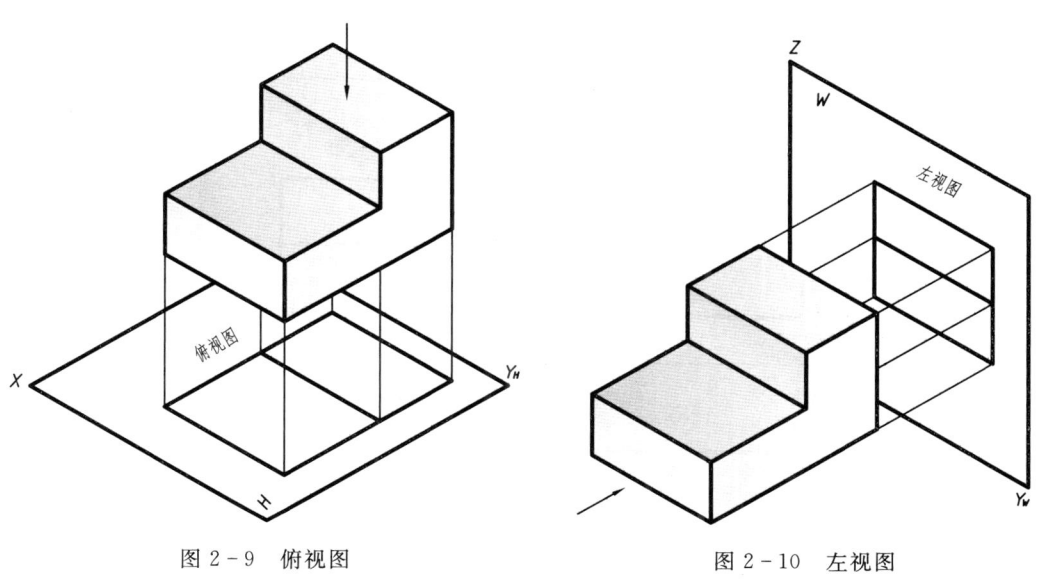

图 2-9 俯视图　　　　图 2-10 左视图

由图 2-8～图 2-10 可以看出，每一个视图只能反映物体两个方向的尺寸和两个方位，一个视图是不能反映形体的大小和方位的，因此要画三视图。

27

3. 投影面的展开

要把三视图画在同一张图纸上,就需要把三个投影面展在一个平面中,方法如图 2-12 所示:移去空间物体,V 投影面不动,将 H 投影面与 W 投影面沿 OY 轴分开,H 投影面连同俯视图绕 OX 轴向下旋转 $90°$,W 投影面连同左视图绕 OZ 轴向右旋转 $90°$,即与 V 投影面成一平面,如图 2-13 所示。这时,OY 轴分为两个,随 H 投影面旋转的一个标为 Y_H,随 W 投影面旋转的一个标为 Y_W。展开后三视图的位置是:俯视图在主视图正下方,左视图在主视图正右方。

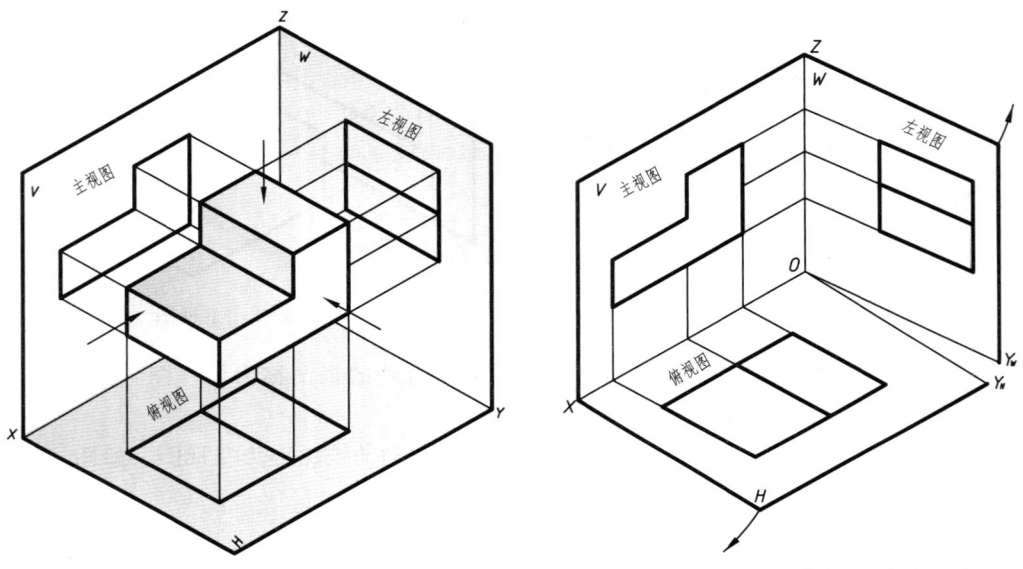

图 2-11 形体在三面投影体系中的投影   图 2-12 三投影面展开

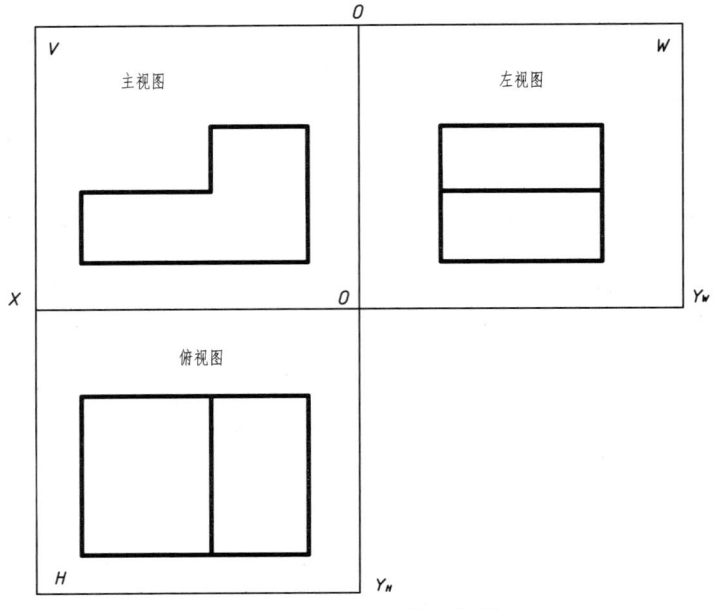

图 2-13 展开后的三视图

画物体的三视图时,必须遵守展开后的位置关系,并且不需要标注图名,不需要画投影面的边框线,初学时一般用细实线绘制出反应物体三视图之间关系的辅助线,如图2-14所示。

二、三视图的分析

1. 三视图与空间物体间的关系

由三视图的形成可知,每个视图都表示物体两个方向的尺寸和四个方位,如图2-15和图2-16所示。

主视图反映物体长和高方向的尺寸和上下、左右方位;俯视图反映物体长和宽方向的尺寸和左右、前后方位;左视图反映物体高和宽方向的尺寸和上下、前后方位。

应当注意:俯视图和左视图远离主视图的一边是物体的前边,靠近主视图的一边是物体的后边。这一点一定要从三视图展开过程中彻底搞清楚。

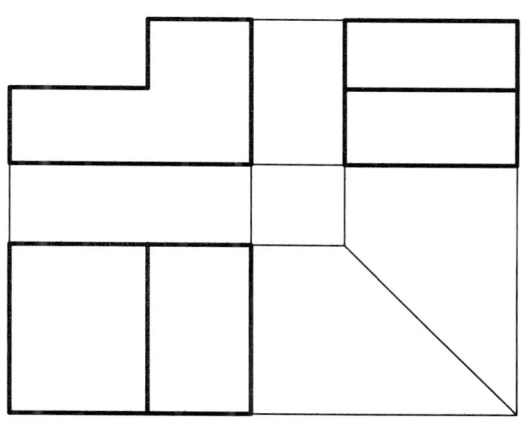

图2-14 三视图

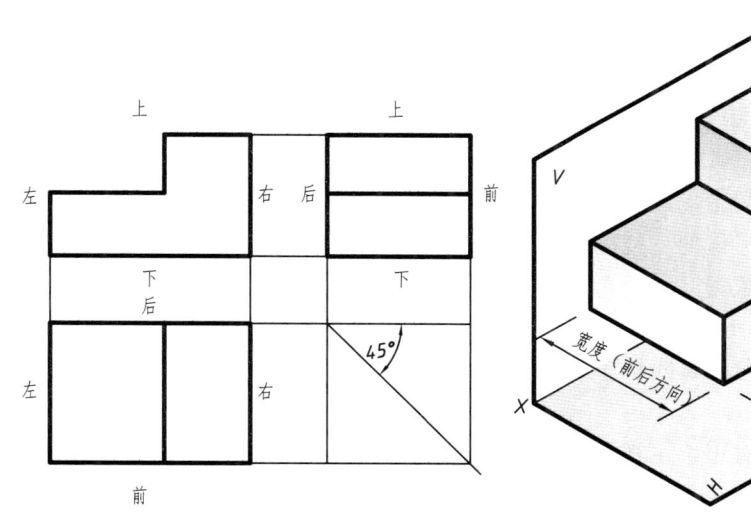

图2-15 三视图的位置分析

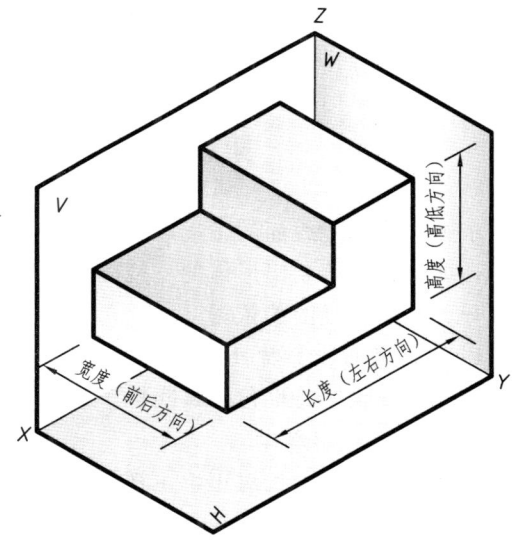

图2-16 三视图与空间位置对应关系

2. 三视图间的投影规律

三视图表达的是同一物体,而且是物体在同一位置分别向三投影面所作的投影,所以,三视图间必然具有以下所述的投影规律,如图2-17所示:主视图和俯视图长对正;主视图和左视图高平齐;俯视图和左视图宽相等。

三视图间的投影规律,通常概括为"长对正、高平齐、宽相等"九个字。这个规

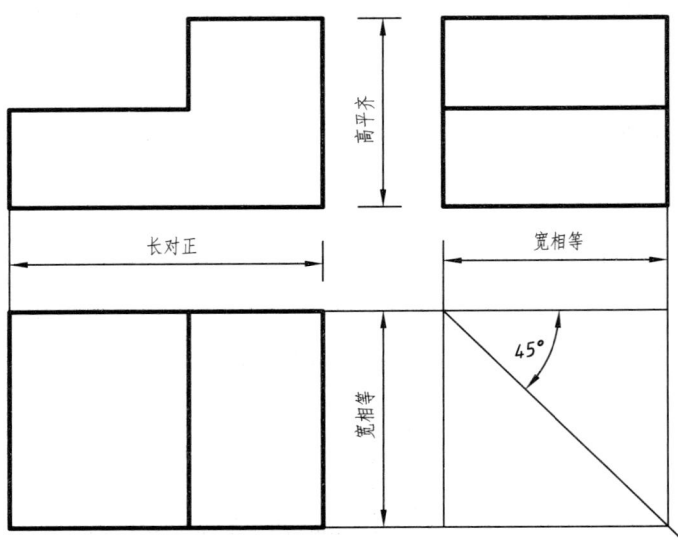

图 2-17 三视图之间的投影规律

律是画图和读图的根本规律,无论是整个物体还是物体的局部,三视图间都必须符合这个规律。

应当注意:物体的宽度在俯视图中为竖直方向,在左视图中为水平方向,作图时,要注意宽度尺寸量取的方向和起点。

第四节 三视图的画法

了解了物体上线面的正投影特性,学习了三视图形成以及三视图之间遵循的投影规律,如何正确绘制出形体的三视图呢?下面以具体例子讲述。

一、绘制三视图的依据

1. 线面的正投影特性

线面的正投影特性包括真实性、积聚性、类似收缩性。

2. 三视图投影规律

主视图和俯视图长对正,主视图与俯视图中相同的部分长度尺寸相等,长度位置对齐;主视图和左视图高平齐,主视图与左视图中相同的部分高度尺寸相等,高度位置对齐;俯视图和左视图宽相等,俯视图与左视图中相同的部分宽度尺寸相等,作图时用45°斜线保证宽相等。

二、绘制三视图的画法

绘制三视图时,一般是先绘制轮廓,再绘制平行面和垂直面,最后绘制倾斜面投影;制图标准规定可见轮廓用粗实线绘制,不可见轮廓绘制成虚线。

主视图:眼放平,从前看,根据长度和高度尺寸画出形体前面(后面)形状;

俯视图:低头看,辨前后,根据长度和宽度尺寸画出形体顶面(底面)形状;

左视图：从左看，侧平翻，根据宽度和高度尺寸画出形体左面（右面）形状。
三、三视图绘制过程
根据给定的形体，完成形体三视图的绘制，如图 2-18 所示。

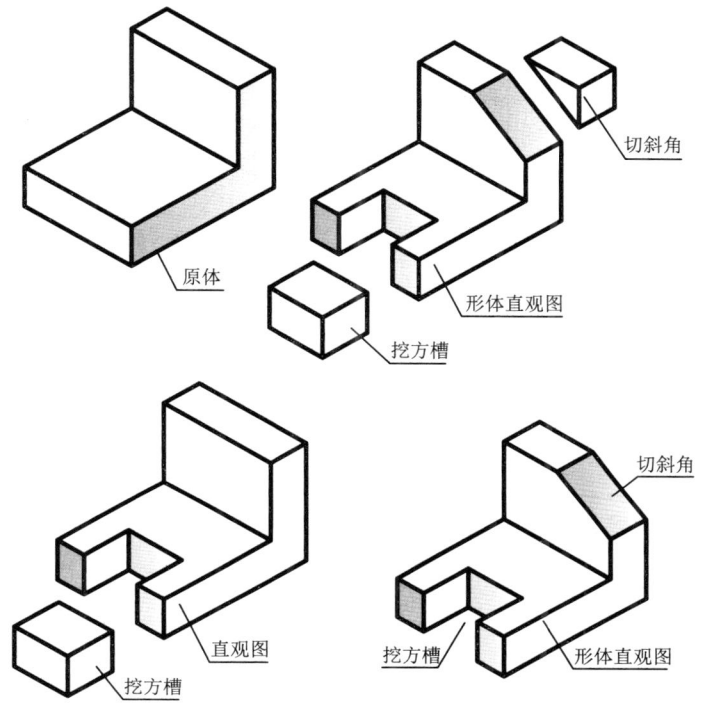

图 2-18　形体构型分析

分析：形体是一个 L 形的柱体，左边开矩形方槽，右前方切角。首先绘制主视图。

外部轮廓为 L 形，从前看，有 3 个平面与正立投影面平行，反映实形分别为 L 形和矩形，矩形不可见，绘制虚线；再绘制俯视图，低头看有 3 个平面与水平投影面平行，反映实形；最后根据主视图与俯视图按照投影规律完成左视图绘制。

绘制步骤：

（1）先完成主视图绘制，如图 2-19 所示。

（2）绘制俯视图，如图 2-20 所示。应注意与主视图长对正。

（3）完成左视图，如图 2-21 所示。应注意与主视图高平齐，与俯视图宽相等。

（4）开槽部分三视图，如图 2-22（a）所示；切角部分三视图，如图 2-22（b）所示。

（5）完成形体三视图绘制，如图 2-23 所示。

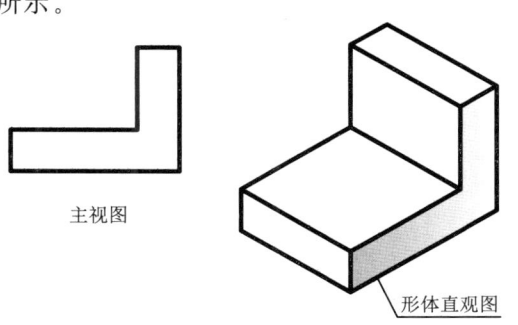

图 2-19　根据形体完成主视图绘制

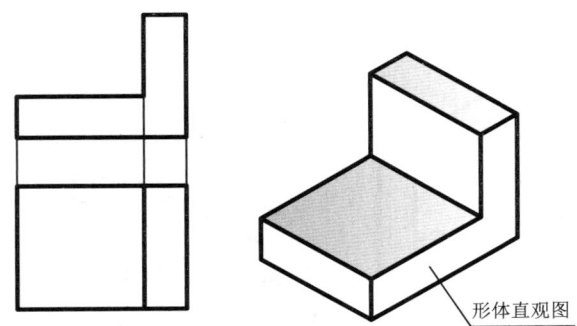

图 2-20　根据形体按照长对正绘制俯视图

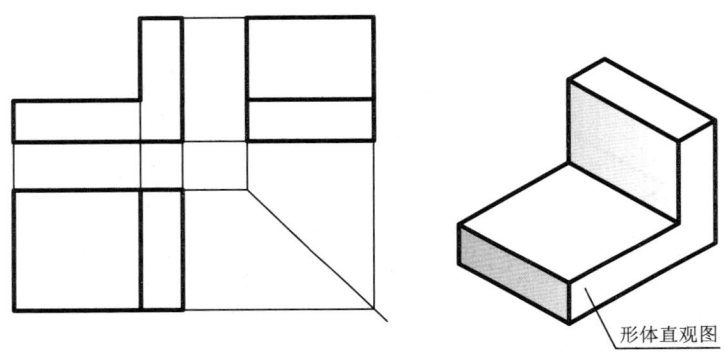

图 2-21　根据形体和投影规律绘制左视图

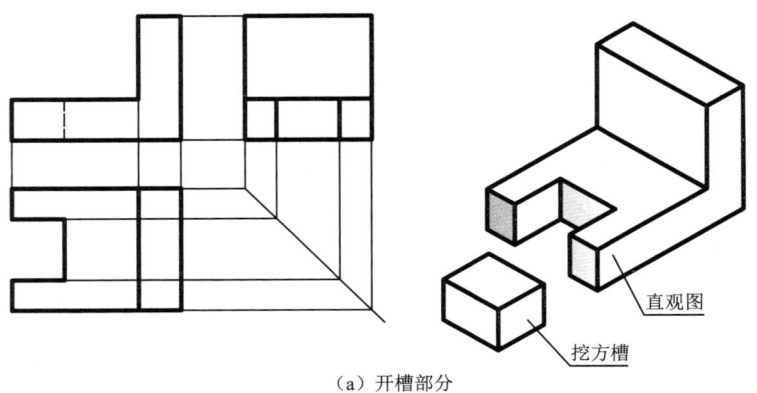

(a) 开槽部分

图 2-22（一）　形体三视图分析

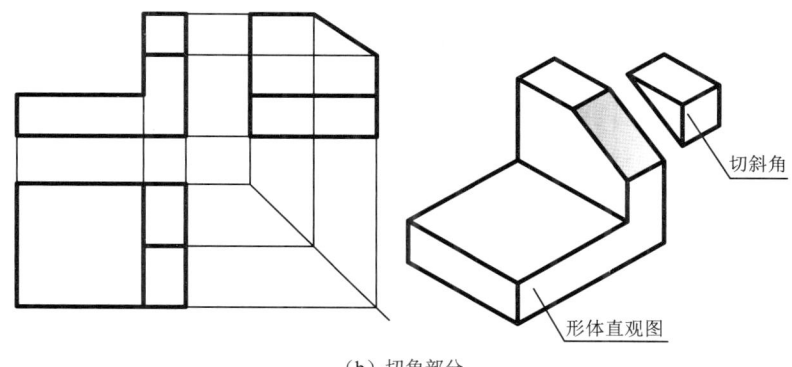

(b) 切角部分

图 2-22（二） 形体三视图分析

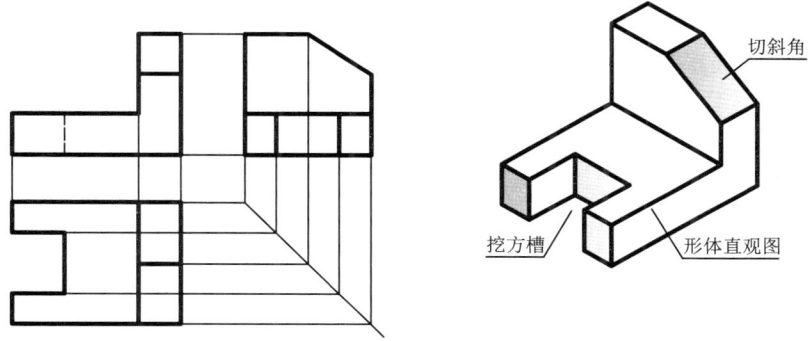

图 2-23 完成形体三视图绘制

第五节 第一角投影与第三角投影

三个互相垂直的面将空间分为八个角，我国采用的是第一角投影，美国、日本等国家采用的是第三角投影。第三角投影和平时用的第一角投影的最根本的区别是：第一角投影是"人—物—面"，第三角投影是"人—面—物"。

一、第一角投影法的概念

1. 投影位置

凡将物体置于第一象限内，以视点（观察者）→物体→投影面关系而投影视图的画法，即称为第一角投影法，亦称第一象限法，识别符号如图 2-24 所示。

2. 展开方向

以观察者而言，为由近而远之方向翻转展开。

3. 视图布置

以常用的三视图（主视图、俯视图、左视图）而言，其左视图位于主视图的右侧，俯视图则位于主视图的正下方，视图配置如图 2-24 所示。

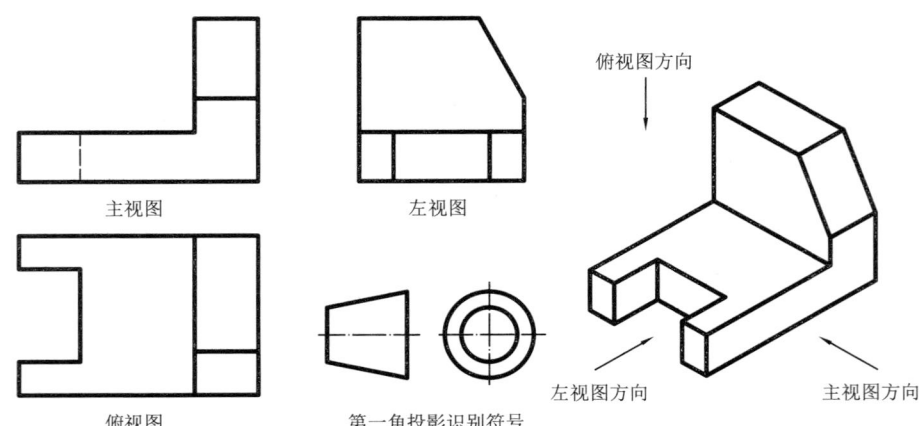

图 2-24　第一角投影法与识别符号

二、第三角投影法的概念

1. 投影位置

凡将物体置于第三象限内，以视点（观察者）→投影面→物体关系而投影视图的画法，即称为第三角投影法，亦称第三象限法，识别符号如图 2-25 所示。

2. 展开方向

以观察者而言，为由远而近的方向翻转展开。

3. 视图布置

相对于第一角投影法常用的三视图（主视图、俯视图、左视图）而言，第三角投影法视图配置为右视图位于主视图的左侧，顶视图（俯视图）则位于主视图的正上方，视图配置如图 2-25 所示。

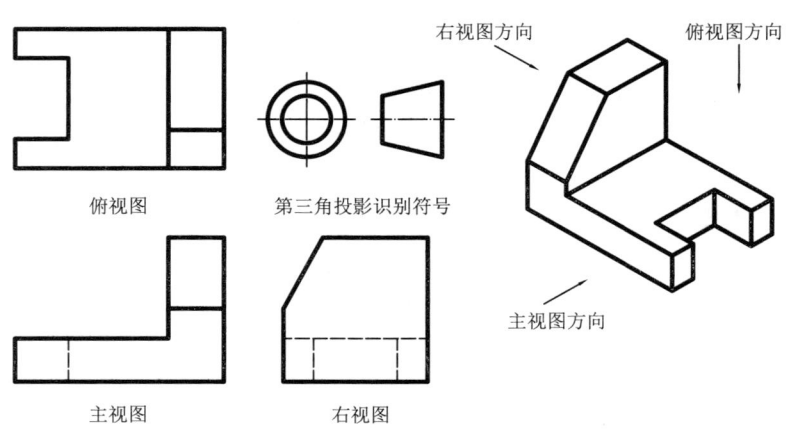

图 2-25　第三角投影法与识别符号

第三章 柱体三视图

学习目标

1. 掌握直棱柱、圆柱、组合柱的形体特征。
2. 掌握直棱柱、圆柱、组合柱三视图的画法，并能由其三视图迅速地想象出它们的立体形状。

素质目标

1. 夯实辩证唯物主义普遍联系的观点，柱体的空间形状与其三视图是一一对应的关系，同时，识读柱体三视图时，要将三个视图联系起来进行分析。
2. 培养学生的爱国主义精神，争做祖国建设的支"柱"，为实现中华民族伟大复兴的中国梦而奉献自己的力量。
3. 培养创新科学的探索精神（理解柱体三视图与其空间物体的一一对应关系，培养空间想象力）。

工程形体都可以看成是由一些形状规则且简单的形体组成。掌握直棱柱、圆柱、组合柱三视图的画法与识读是工程形体投影的基础。

第一节 棱柱三视图的画法与识读

一、直棱柱体的形体特征

直棱柱的形体特征如图 3-1（a）、(b) 所示，两个底面为全等且相互平行的多边形，各侧棱垂直底面并相互平行，各侧面均为矩形。底面是直棱柱的特征面，底面是几边形（或某形状）即为几棱柱（或某形柱）。如图 3-1（a）所示形体为直三棱柱，图 3-1（b）所示形体底面为十二边"工"形，称为工形柱或直十二棱柱。

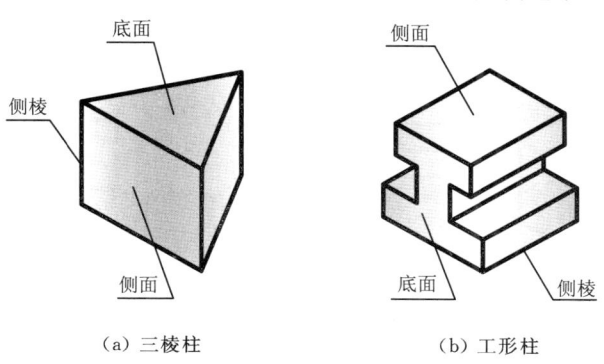

（a）三棱柱　　　　　　（b）工形柱

图 3-1　直棱柱体的形体特征

二、直棱柱体三视图的画法与图形特征

1. 直棱柱体三视图的画法

如图 3-2（a）所示，四棱柱（梯形柱）由六个面围成，其中两个底面为全等且平行的梯形，四个侧面为矩形。为了利用正投影的真实性和积聚性，把梯形柱摆平放正于三投影面体系中，即两底面与 H 投影面平行，前后侧面平行于 V 投影面。

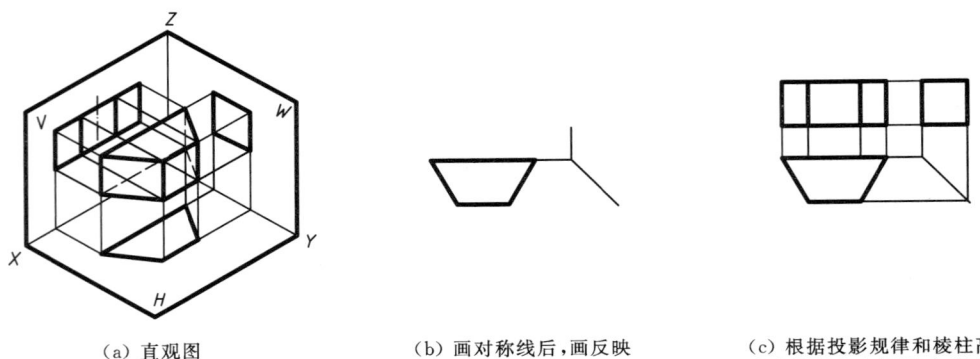

（a）直观图　　（b）画对称线后，画反映底面实形的特征图　　（c）根据投影规律和棱柱高画出主视图和左视图，加深全图

图 3-2　四棱柱三视图的画法

该四棱柱的俯视图为梯形，它是梯形柱平行于 H 投影面的上、下底面实形的投影，梯形的边是梯形柱四个侧面在 H 投影面上的积聚投影。主视图为三个矩形线框，它包括形体上六个面的投影，主视图中间的矩形线框为梯形柱平行于 V 投影面的前面的投影，反映实形，左右矩形线框为梯形柱倾斜于 V 投影面的两个侧面的类似形投影，主视图中上、下边线是梯形柱两个底面的积聚投影。同理分析可知，左视图矩形中上、下边线是梯形柱两个底面的积聚投影，左、右边线是梯形柱前后两个侧面的积聚投影，矩形线框为梯形柱两个侧面的类似形投影。

画棱柱的三视图时，一般是先画反映棱柱底面实形的特征图，然后再根据投影规律和棱柱高画出其他视图。四棱柱三视图的画法步骤如图 3-2（b）、（c）所示。

同理分析，可画出如图 3-3 所示各直棱柱的三视图。

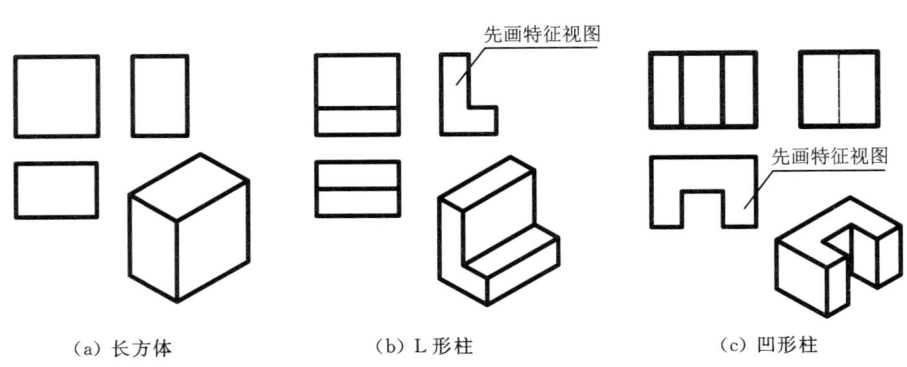

（a）长方体　　（b）L 形柱　　（c）凹形柱

图 3-3　直棱柱三视图的示例

2. 直棱柱体三视图的图形特征

从图3-3可以看出，直棱柱三视图的图形特征是：一个视图为单一多边形（特征视图），是底面实形，反映直棱柱的形状特征；另两个视图都是矩形或若干并列组合的矩形线框。

直棱柱三视图的图形特征可归纳为：一个视图为单一多边形，另外两个视图为矩形或并列矩形。如图3-4所示，矩形1与矩形2为并列矩形，但矩形1与矩形3、矩形2与矩形3都不是并列矩形。

三、直棱柱体三视图的识读

识读柱体三视图，就是依据柱体三视图的图形特征想象出它的立体形状的过程。

由上述可知，直棱柱体三视图中，两个视图是矩形或并列矩形，所表示的形体一定是直棱柱体，对应的多边形是什么形状就是什么棱柱。

【例3-1】 分析图3-5所示柱体的三视图，想象出它的立体形状。

分析：图3-5所示三视图，左视图和俯视图两个视图为并列矩形，一定是柱体，特征图主视图为"凸"字形（底面实形），可知该形体是前后底面为"凸"字形的凸形柱。

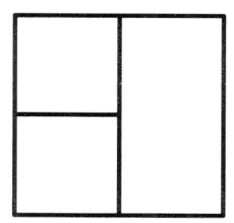 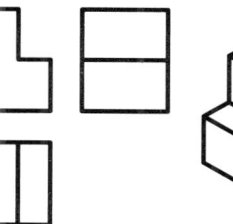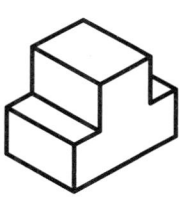

图3-4 并列矩形的示意　　　　图3-5 直棱柱体识读

四、知识片：直棱柱体与生活

如图3-6所示，生活中随处可见直棱柱体的身影，比如一座座高楼，路旁铺设的六棱砖，火车上、码头上的集装箱等。

 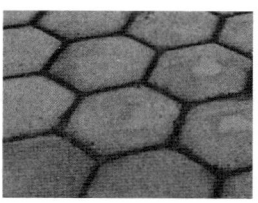 

图3-6 生活中的直棱柱体

第二节　圆柱三视图的画法与识读

一、圆柱面的形成与圆柱的形体特点

如图3-7所示，圆柱面是直线绕与它平行的轴线旋转而成的。这种由一动线绕

固定轴线旋转而成的曲面，统称为回转面。动线称为母线，母线在回转面上的任一位置称为回转面的素线。

圆柱的形体特征：圆柱的形体特征与直棱柱类同，两个底面全等且相互平行，底面为圆是特征面，侧面是圆柱面。

二、圆柱三视图的画法与图形特征

正圆柱由三个面围成，其中包括两个全等且平行的底面和一个圆柱面，轴线与底面垂直且通过底面圆心。如图 3-8（a）所示，圆柱的轴线垂直于 H 投影面，位于圆柱体某一视向最外轮廓的素线称为圆柱的轮廓素线，其中最左、最右素线是正向轮廓，只在主视图中画出，最前、最后素线是左视图轮廓，只在左视图中画出。

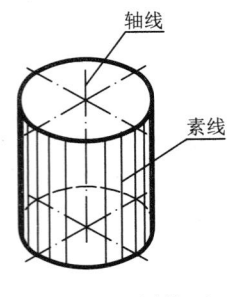

图 3-7 圆柱面的形成

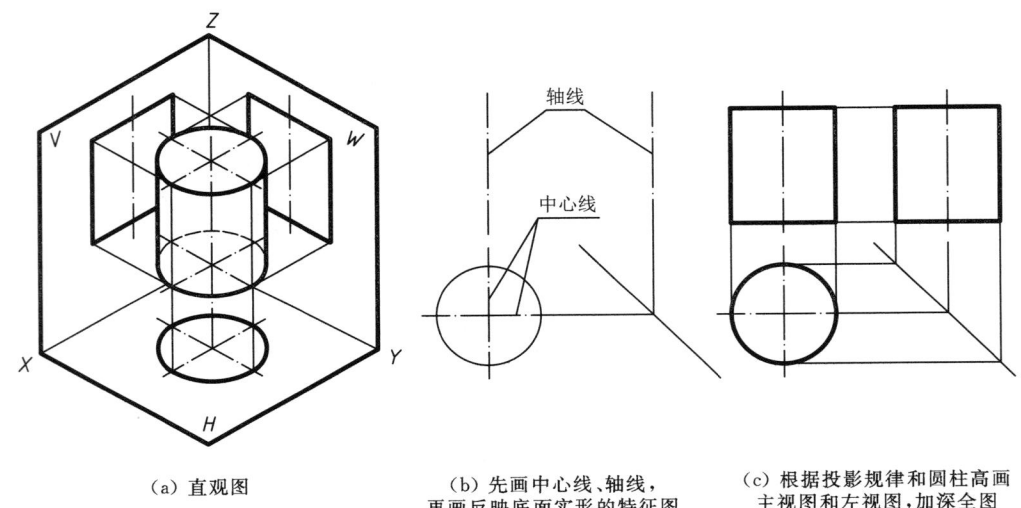

图 3-8 圆柱三视图的画法

该圆柱的俯视图为圆，其圆曲线是圆柱面在 H 投影面上的积聚投影，圆面是圆柱上下两个底面的重影，且反映实形。主视图为矩形，矩形的上下边线是圆柱上、下底面的积聚投影，矩形的左右边线是最左、最右轮廓素线的投影，点划线表示轴线的位置，矩形面表示前、后两半圆柱面的重影，以最左、最右轮廓素线为界，前半圆柱面可见，后半圆柱面不可见。左视图是与主视图全等的矩形线框，但含义不同，其左右边线是最前、最后轮廓素线的投影，上下边线是圆柱上、下底面的积聚投影，矩形面表示左、右两半圆柱面的重影，以最前、最后轮廓素线为界，左半圆柱面可见，右半圆柱面不可见，点划线仍表示轴线的位置。

画圆柱的三视图时，应先画出中心线、轴线，再画反映底面实形的特征图圆，然后根据投影规律和圆柱的高度画出其他视图。圆柱三视图的画法步骤如图 3-8（b）、（c）所示。

圆柱三视图的图形特征是："一个视图为圆，两个视图为矩形"。

三、圆柱三视图的识读

圆柱三视图的读图依据是圆柱三视图的图形特征。无论是完整还是部分圆柱的三视图都具有上述的图形特征。

【例 3-2】 识读图 3-9 所示曲面体的三视图。

分析：图 3-9 所示三视图，主视图和俯视图两个视图为矩形，是柱体，特征图左视图是圆，可知该形体是轴线垂直于 W 投影面的圆柱。

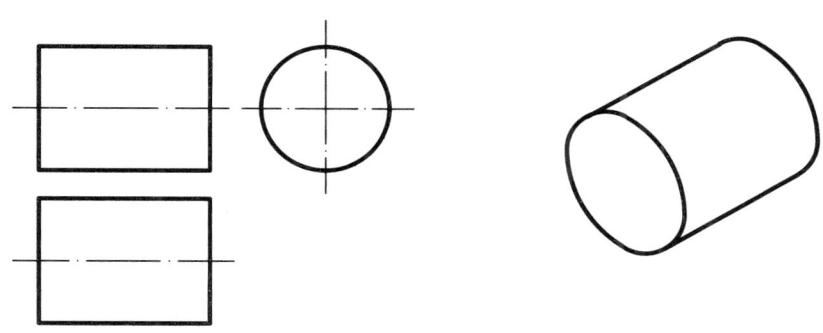

图 3-9 圆柱三视图的识读举例与对应的立体形状

四、知识片：圆柱与生活

如图 3-10 所示，生活中，有很多我们熟悉的圆柱体，比如笔杆、水管、烟囱等。那你知道这些东西为什么要做成圆柱吗？

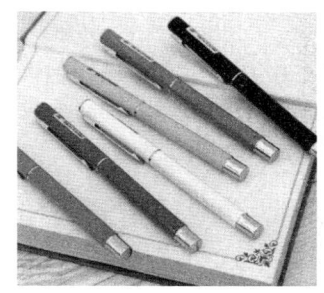  

图 3-10 生活中的圆柱体

想想笔杆做成直棱柱体或其他形状，你握着写字会是什么感觉呢？一定很别扭吧。而水管之所以做成圆柱体，是因为同等材料下做成圆柱时的体积是最大的；还有一个原因，圆柱面是一个曲面，就算拐弯的时候也不会留下死角，所以水锈就没有棱角处可以依附，只能被水直接冲走，水管也就不会受到沉积物的腐蚀。圆柱形的烟囱则可以让空气更加流通，使烟顺利地被排出去。

除此之外，比如日光灯管、桥墩、易拉罐等，生活中的圆柱体真是不胜枚举，它给人们的生活带来了诸多好处。让我们擦亮眼睛，看看生活中还有哪些东西是圆柱体，再想想为什么这些东西要做成圆柱体。

第三节 组合柱体

一、组合柱体的概念与形体特点

如图 3-11（a）所示形体是由一个半圆柱和一个四棱柱相切叠加而成，它也有两个全等且平行的底面，具有柱体特征，这种简单体称为组合柱。组合柱三视图的画法思路与圆柱相同，作图步骤如图 3-11（b）、（c）所示。应注意，在圆柱面与平面相切处是没有交线的。

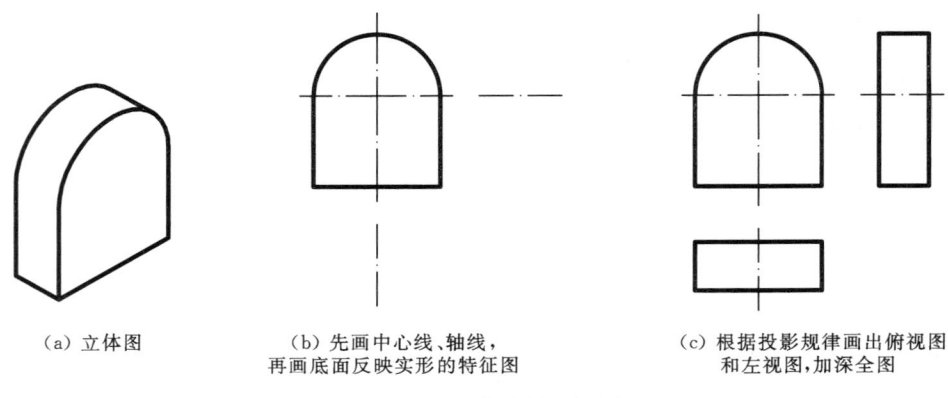

（a）立体图　　（b）先画中心线、轴线，　　（c）根据投影规律画出俯视图
　　　　　　　　再画底面反映实形的特征图　　　　和左视图，加深全图

图 3-11　组合柱的三视图

组合柱三视图的图形特征可归纳为："一个视图为组合线框，另外两个视图为矩形"。

二、知识片：组合柱体与工程

水利工程中，常把桥墩、闸墩等做成组合柱的形式。图 3-12 所示即为闸墩。闸墩是闸室中用于支承闸门、分隔闸孔、连接两岸的墩式部件，连接两岸的称边墩，中间部位的称中墩。闸墩内设置有控制闸门的驱动装置以及各种控制仪器，是水闸的关键建筑。

  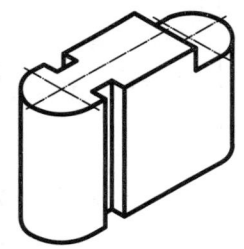

图 3-12　组合柱状的闸墩

在一般情况下，闸墩既支承闸门，又支承胸墙和桥梁。为了减小弧形闸门的跨度，也可在闸孔中间另设门墩，但对过流及排放漂浮物十分不利，工程实践中很少采用。对平面闸门，墩侧设门槽；对弧形闸门，墩侧设牛腿，以支承闸门。闸墩的外形轮廓需使过闸水流平顺，侧向收缩小，过流能力大，故闸墩迎水面常做成曲面或半圆柱面，整体看来就是我们所说的组合柱。

第四章 锥体三视图

学习目标
1. 掌握锥体的概念,熟记它们的形体特征。
2. 熟练掌握棱锥、圆锥的三视图的图形特征。
3. 能熟练绘制锥体的三视图。
4. 能识读各种位置锥体的三视图。

素质目标
1. 夯实辩证唯物主义普遍联系的观点,锥体的空间形状与其三视图是一一对应的关系,同时,识读锥体三视图时,要将三个视图联系起来进行分析,不能片面、静止地思考问题,要有大局观,要动态、全面地分析问题。
2. 培养学生锐意进取意识,弘扬"锥子"精神,锤炼学生遇到困难敢于迎难而上、勇于钻研的品质。
3. 培养创新科学的探索精神(理解锥体三视图与其空间物体的一一对应关系,培养空间想象力)。

第一节 基础知识

锥体的概念及形体特点:工程制图中的基本体包含棱柱、棱锥、圆柱、圆锥、棱台、圆台、球等,其中棱锥和圆锥统称为锥体。

(1) 棱锥。棱锥的形体特点如图4-1所示,只有一个底面为多边形,各侧面均为三角形且具有公共顶点。底面是棱锥的特征面,底面是几边形即为几棱锥,该图所示形体(a)、(b)和(c)分别为三棱锥、四棱锥和五棱锥。

锥体的概念及图形特征

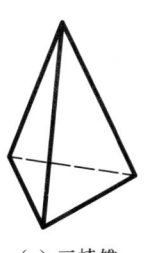 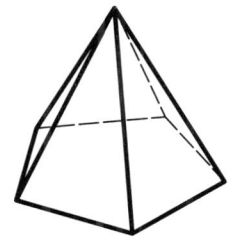

(a) 三棱锥　　(b) 四棱锥　　(c) 五棱锥

图4-1 棱锥的形体特点

(2) 圆锥。圆锥的形体特点与棱锥类同,只有一个底面,如图4-2所示。底面为圆是特征面,侧面是圆锥面。图4-2(a)所示圆锥的特征面与水平面平行,称为水平圆锥；图 4-2（b）所示圆锥的特征面与正平面平行，称为正平圆锥；图 4-2（c）所示圆锥的特征面与侧平面平行，称为侧平圆锥。

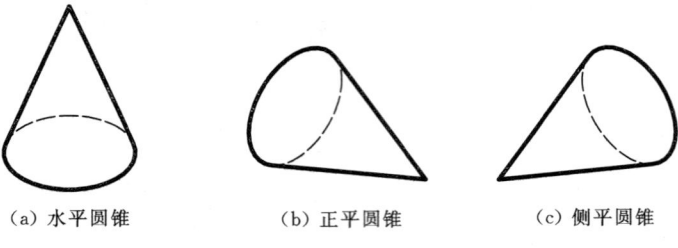

（a）水平圆锥　　　　（b）正平圆锥　　　　（c）侧平圆锥

图 4-2　锥体的形体特点

如图 4-3 所示，圆锥面是直线绕与之相交的轴线旋转而成的。这种由一动线绕固定轴线旋转而成的曲面，统称为回转面。动线称为母线，母线在回转面上的任一位置称为回转面的素线。

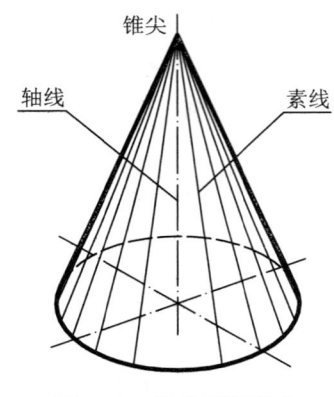

图 4-3　圆锥面的形成

第二节　锥体三视图的画法

4-2
锥体三视图
的绘制

一、棱锥三视图的绘制

如图 4-4（a）所示四棱锥由五个面围成，底面为四边形，四个侧面均为三角形，四棱锥的四条侧棱汇交于一点（称锥尖）。把四棱锥摆平放正于三投影面体系中，即底面平行于 H 投影面，前后侧面垂直于 W 投影面，左右侧面垂直于 V 投影面。

该四棱锥的俯视图为含有四个三角形的四边形，它是特征图，特征图的四边形为四棱锥底面实形，四边形内四个三角形是四棱锥倾斜于 H 投影面各侧面的类似形投影，中点为锥尖的投影。主视图为三角形线框，它包括了形体上五个面的投影，主视图中三角形底边为四棱锥底面的积聚投影，两腰为垂直于 V 投影面的左右侧面的积聚投影，两腰的交点为锥尖的投影，三角形面为四棱锥倾斜于 V 投影面的前后两侧面的类似形投影。同理分析可知，左视图中三角形底边为四棱锥底面的积聚投影，两腰为前后侧面的积聚投影，两腰的交点为锥尖的投影，三角形面为四棱锥左右侧面的类似形投影。

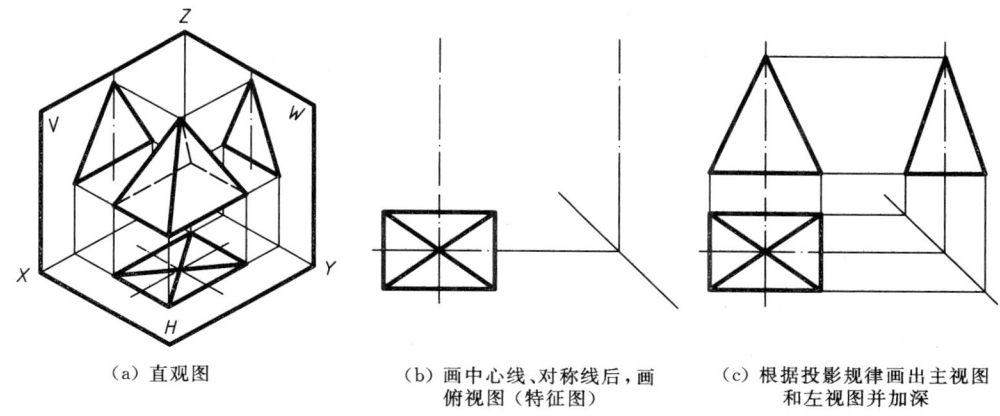

(a) 直观图　　(b) 画中心线、对称线后，画俯视图（特征图）　　(c) 根据投影规律画出主视图和左视图并加深

图 4-4　四棱锥三视图的画法

画棱锥的三视图时，一般是先画反映棱锥底面实形的特征图，然后再根据投影规律和锥高画出其他视图。四棱锥三视图的画法步骤如图 4-4（b）、（c）所示。

同理分析，可画出图 4-5 所示三棱锥的三视图。

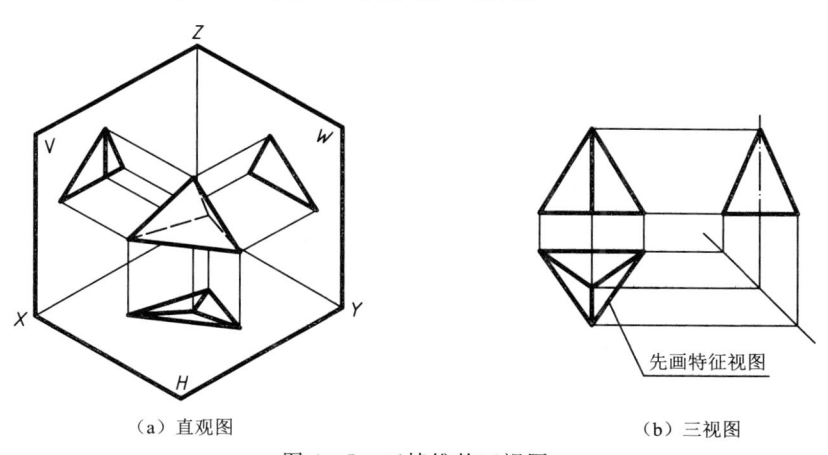

(a) 直观图　　(b) 三视图

图 4-5　三棱锥的三视图

二、圆锥三视图的绘制

如图 4-6（a）所示，正圆锥由两个面围成，其中包括一个底面和一个圆锥面，轴线与底面垂直并通过底面圆心，该圆锥的轴线垂直于 H 投影面。

该圆锥的俯视图为圆，圆面是底面与圆锥面的重影，锥面在上为可见，底面在下为不可见，锥尖投影与圆心重合，四条轮廓素线投影位置分别在四段中心线处，但不画出。从前面看，主视图为三角形线框，三角形下边线是圆底面的积聚投影，三角形两斜边是最左、最右轮廓素线的投影，点划线表示轴线，三角形面表示前、后两半圆锥面的重影，以最左、最右轮廓素线为界，前半圆锥面可见，后半圆锥面不可见。左视图是与主视图全等的三角形线框，但含义不同，其三角形两斜边是最前、最后轮廓素线的投影，下边线是圆底面的积聚投影，三角形面表示左、右两半圆锥面的重影，点划线仍表示轴线。

画圆锥的三视图时，也应先画出中心线、轴线，再画反映底面实形的特征图，然后根据投影规律和圆锥的高度画出其他视图。圆锥三视图的画法步骤如图4-6（b）、（c）所示。

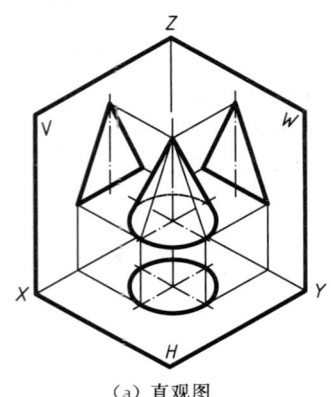
(a) 直观图

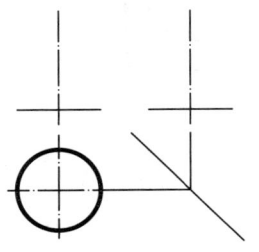
(b) 画中心线、轴线后，再画特征视图

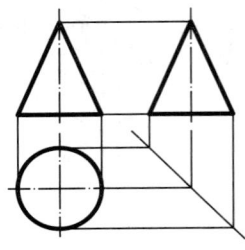
(c) 根据投影规律和锥高画出主视图和左视图，检查加深

图4-6 圆锥三视图的画法

圆锥三视图的图形特征是：两个视图为三角形，一个视图为圆。

第三节 锥体三视图的识读

4-3
锥体三视图的识读

一、棱锥三视图的识读

识读棱锥三视图，就是依据棱锥三视图的图形特征想象出它的立体形状的过程。

由上述可知，在平面体的三视图中，两个视图外轮廓是三角形，所表示的形体一定是棱锥体，对应的多边形是几边形就是几棱锥。无论是完整的还是部分棱锥的三视图都具有这样的图形特征。

【例4-1】 逐一分析图4-7所示平面体的三视图，想象出它们的立体形状。

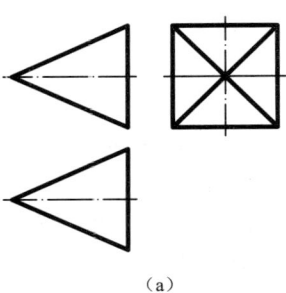
(a)

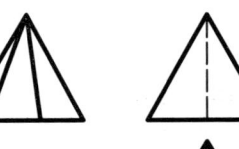
(b)

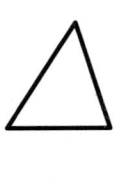
(c)

图4-7 棱锥三视图的识读举例

分析：

如图4-7（a）所示三视图，主视图和俯视图两个视图都是三角形，一定是锥体，特征图左视图为四边形，可知该形体是锥尖向左，底面平行于W投影面的四棱锥，即侧平四棱锥，立体形状如图4-8（a）所示。

如图 4-7 (b) 所示三视图，主视图和左视图两个视图都是三角形，一定是锥体，特征图俯视图为正七边形，可知该形体是锥尖向上，底面平行于 H 投影面的正七棱锥，即水平四棱锥，立体形状如图 4-8 (b) 所示。

如图 4-7 (c) 所示三视图，主视图和左视图两个视图都是三角形，一定是锥体，特征图俯视图为三边形，可知该形体是锥尖向上，底面平行于 H 投影面的三棱锥，即水平三棱锥，立体形状如图 4-8 (c) 所示。

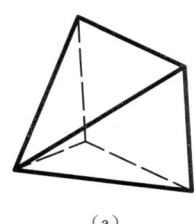 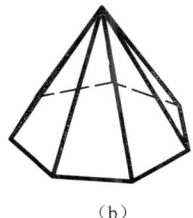 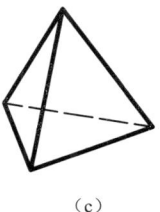

(a) (b) (c)

图 4-8 棱锥三视图识读示例对应的立体形状

二、圆锥三视图的识读

圆锥三视图的读图依据是圆锥三视图的图形特征，即"两个视图为三角形，一个视图为圆"。无论是完整还是部分圆锥的三视图都具有上述图形特征。

【例 4-2】 识读图 4-9 所示锥体的三视图。

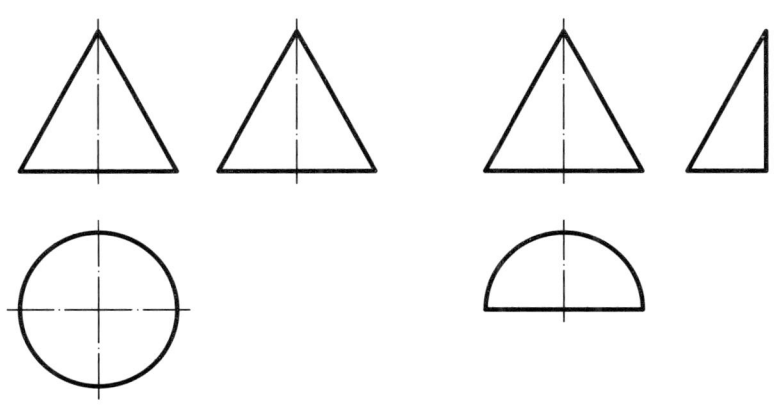

(a) 圆锥三视图识读　　　　　(b) 半圆锥三视图识读

图 4-9 锥体三视图的识读举例

分析：

如图 4-9 (a) 所示三视图，主视图和左视图两个视图为三角形，是锥体，特征图俯视图是圆，可知该形体是轴线垂直于 H 投影面的圆锥，即水平圆锥。立体形状如图 4-10 (a) 所示。

如图 4-9 (b) 所示三视图，俯主视图和左视图两个视图为三角形，是锥体，特征图俯视图是后半圆，可知该形体是轴线垂直于 H 投影面的后半圆锥，即水平后半圆锥。立体形状如图 4-10（b）所示。

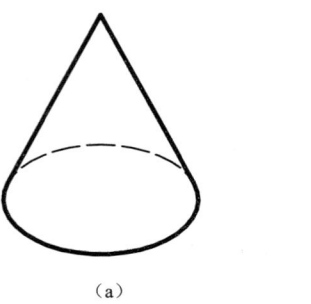 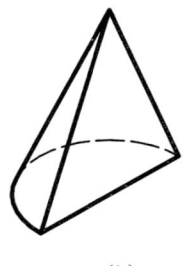

（a）　　　　　　　　　（b）

图 4-10　锥体三视图的识读举例对应的立体形状

总结：无论为棱锥还是圆锥，其三视图中都至少有两个视图的外轮廓是三角形，因此，在识读锥体三视图的过程中，应该牢记这一点。一旦三个视图中有两个以上的视图为三角形，判断其表达的形体必定为锥体，如果第三视图为多边形，则为棱锥；如果第三视图为圆，则为圆锥。

第五章 简 单 叠 加 体

学习目标
1. 掌握简单叠加体的图形特征和其三视图的特征。
2. 熟练掌握绘制简单叠加体三视图的要点。
3. 掌握识读简单叠加体三视图的基本依据。
4. 熟练掌握运用形体分析法识读简单叠加体的三视图。

素质目标
1. 养成善于把复杂整体分解成简单局部的分析问题的习惯，培养处理复杂问题时的"化繁为简"的意识。
2. 培养学生严谨认真、一丝不苟的工匠精神（简单叠加体整体和各个组成部分的三视图都符合三视图投影规律）。
3. 培养创新科学的探索精神（理解三视图与空间物体的对应关系，培养空间想象力）。

第一节 基 础 知 识

一、简单叠加体的图形特征

观察图 5-1 中的三个立体，它们不属于任何一种基本体（柱体、锥体、台体、球体等）。然而，这些形体可以看成是基本体的简单叠加而成。图 5-1（a）所示物体由前、后两部分叠加组成，前边是半圆柱，后边是 U 形组合柱，该物体是由一个水平半圆柱与一个正平组合柱简单叠加而成，参与叠加的两个柱体的位置关系为：前后叠加，底部相贴，左右居中。图 5-1（b）所示物体由上、下三部分叠加组成的简单叠加体，下部是一个水平四棱柱，上部为一个正平组合柱和一个正平直三棱柱。组合柱位于四棱柱顶面，且与四棱柱的后面相贴，左右居中。三棱柱位于四棱柱的顶面，左右居中，且该三棱柱位于组合柱的前面并与其前面相贴。图 5-1（c）所示物体由上、下两个直四棱柱和一个组合柱简单叠加组成，下部为一个水平直四棱柱，上部为一个正平直四棱柱和一个正平组合柱，三个基本形体的位置关系为：左右居中，上部的正平四棱柱与下部的水平四棱柱的后面相贴，组合柱与正平四棱柱左右居中，且组合柱位于正平四棱柱的前面。

5-1 简单叠加体的概念

通过上述示例不难看出，基本体通过简单叠加时，仍然保持其原有的独立性，基本体之间属于简单的相加和堆叠，其位置关系比较明显。

二、简单叠加体的三视图特征

观察图 5-2（a）、(b)、(c) 中的三视图分别对应于图 5-1（a）、(b)、(c) 中的三个简单叠加体。图 5-2（a）中的主视图为一个组合线框包含着一个矩形线框，俯

第五章 简单叠加体

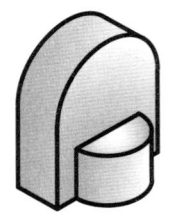  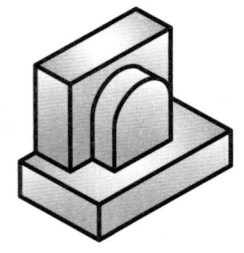

(a) 半圆柱与组合柱的简单叠加　　(b) 三、四棱柱与组合柱简单叠加　　(c) 四棱柱与组合柱简单叠加

图 5-1　简单叠加体示例

视图为一个矩形线框和一个半圆，左视图为一个大的矩形线框和一个小的矩形线框，这些线框的关系要么是包含关系，要么是整齐排列关系。图 5-2（b）中的主视图中的下部为一个独立的矩形线框，上部为一个包含着三角形线框且独立的组合线框，俯视图为一个包含着两个较小矩形线框的矩形线框，左视图中为三个独立的矩形线框堆叠在一起。图 5-2（c）中的主视图中的下部为一个矩形线框，上部为一个包含着组合线框的矩形线框。俯视图为一个包含着两个矩形线框的较大矩形线框。左视图为三个矩形线框堆叠在一起。

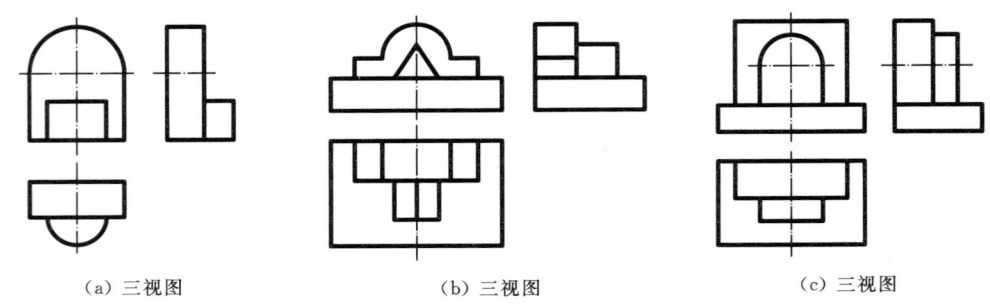

(a) 三视图　　　　　　　　(b) 三视图　　　　　　　　(c) 三视图

图 5-2　简单叠加体三视图的特点

简单叠加体中各基本体的独立性决定了其对应三视图图形的独立性，简单叠加体中各基本体的简单相加和堆叠决定了其对应三视图中线框的堆叠和包含性。因此，简单叠加体三视图具有线框的独立性、封闭性、堆叠性和包含性等特点。在识读简单三视图的时候，可以根据这种视图特点判断形体是否属于简单叠加体。

第二节　简单叠加体三视图的绘制

通过前面章节的学习，掌握了绘制基本体三视图的方法。下面介绍绘制简单叠加体三视图的方法。

叠加体是由少数基本体堆叠而成的，且简单叠加体三视图相对独立，因此，可以采用形体分析的方法，一个基本体一个基本体地绘制简单叠加体的三视图。

图 5-3（a）所示物体是简单叠加体，由前、后两部分叠加组成，前边是 U 形组合

柱，后边是长方体。根据柱体三视图的绘制方法，采用"一个基本体一个基本体"逐一绘制的方法，绘制该简单叠加体的三视图，作图步骤如图 5-3（b）、（c）、（d）、（e）所示。

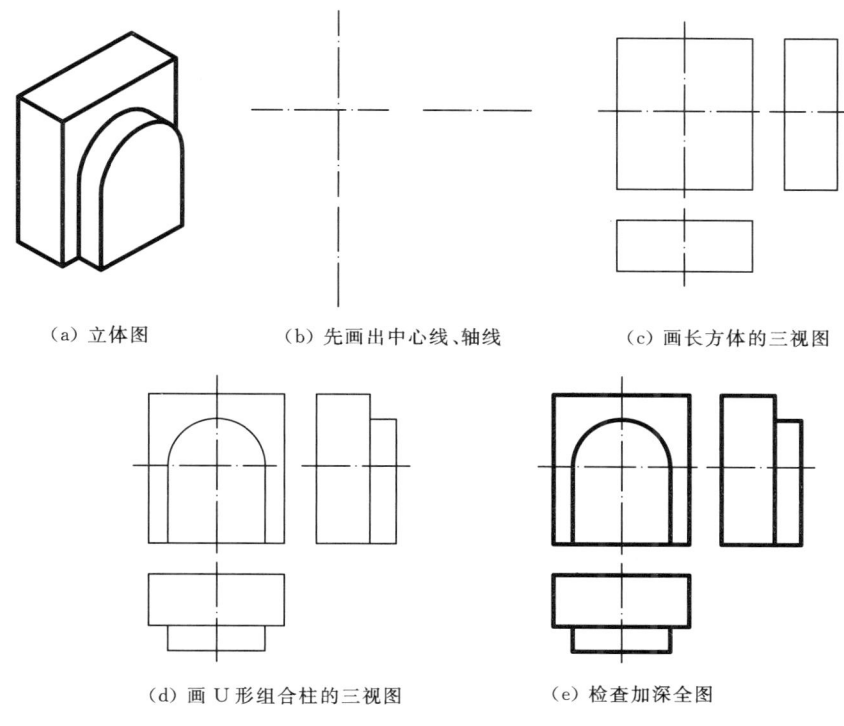

（a）立体图　　　（b）先画出中心线、轴线　　　（c）画长方体的三视图

（d）画 U 形组合柱的三视图　　　（e）检查加深全图

图 5-3　简单叠加体三视图的画法示例

第三节　简单叠加体三视图的识读

读图是根据物体的视图想象物体空间立体形状的思维过程。要学会读图就应熟悉读图依据，掌握读图方法，反复实践。

一、读图的基本依据

（1）三视图的投影规律——长对正、高平齐、宽相等。因为画图时每一部分都是按投影规律画出的，所以读图时就应根据投影规律找出每一部分在三视图中的投影范围。

（2）基本体三视图的图形特征——柱体：两个矩形，一个多边形；锥体：两个三角形，一个多边形或圆；台体：两个梯形，一个多边形或圆。熟记基本体三视图的图形特征就能迅速看懂每一部分的形状。

简单叠加体
三视图识读

（3）三视图与空间物体的对应关系——主视图表示物体的左、右方位，反映物体的长和高；俯视图表示物体的前、后方位，反映物体的长和宽；左视图表示物体的前、后方位，反映物体的高和宽。掌握三视图与空间物体的对应关系就能判定各部分的相对位置。

二、读图的基本方法

形体分析法，就是通过逐个分析组成复杂形体基本体形状的方法来分析物体的三

视图,其要点就是一部分一部分地看,具体读图步骤可分为:

(1) 识视图、分部分。识视图就是弄清各视图的观看方向以及各视图与空间物体之间的方位关系,从而建立起图物关系,这是整个看图过程中所不能忽视的问题;分部分应从一个投影重叠较少、结构关系明显的视图入手,结合其他视图,按线框把视图分解为若干部分。合理利用三视图间的投影规律是快速对视图分部分的一个重要技巧。

(2) 逐部分对投影、想形状。根据投影规律,逐一找出每个线框在其他视图中的对应投影,然后根据基本体三视图的图形特征,逐一想象出空间形状。

(3) 综合起来想整体。判断出各部分的形状之后,按它们的相互位置,综合想象出整体形状。

【例 5-1】 识读图 5-4(a)所示三视图,想象出该物体的立体形状。

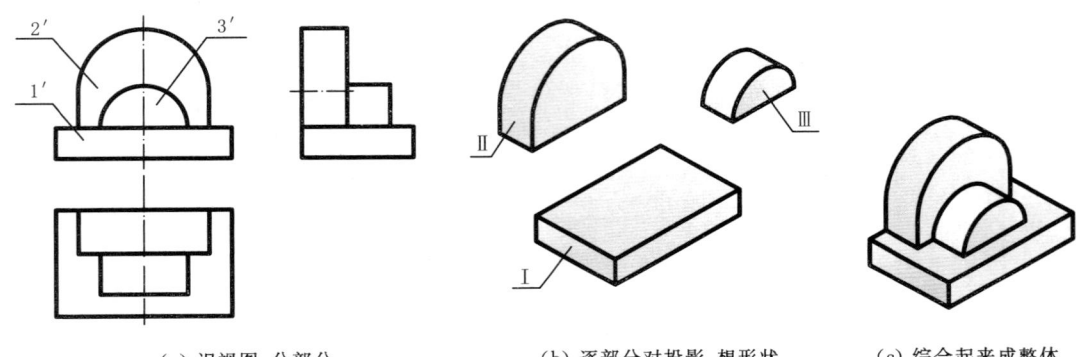

(a) 识视图、分部分　　　　(b) 逐部分对投影、想形状　　　　(c) 综合起来成整体

图 5-4　简单叠加体三视图的识读示例

分析:

(1) 识视图、分部分。观察主视图,看到主视图有矩形、半圆形和 U 形组合线框三个线框,对应左视图各线框都是凸出来的部分,可以断定这个物体是由三个基本体通过叠加的方式形成的,如图 5-4(a)所示。

(2) 逐部分对投影、想形状。先看主视图第"1′"部分矩形线框,根据投影规律对应俯视图和左视图,该部分的左视图和俯视图的投影都是矩形线框,由基本体三视图图形特征可判定该部分形体是一个长方体;主视图的第"2′"部分为 U 形组合线框,对应的左视图和俯视图都是矩形线框,因此可以判断该部分形体为一个 U 形组合柱;主视图的第"3′"部分为一个半圆形线框,对应的左视图和俯视图都是矩形线框,因此,形体为半圆柱,如图 5-4(b)所示。

(3) 综合起来想整体。根据三视图与空间物体的对应关系,U 形组合柱和半圆柱均在长方体之上,并且左右居中;由左视图可以看出,U 形组合柱在后,半圆柱在前,U 形组合柱与长方体后边相贴,它们的后面共面,整体形状如图 5-4(c)所示。

第六章 简单切割体

学习目标

1. 掌握简单切割体的图形特征和其三视图的特征。
2. 熟练掌握绘制简单切割体三视图的要点。
3. 掌握识读简单切割体三视图的基本依据。
4. 熟练掌握运用形体分析法识读简单切割体的三视图。

素质目标

1. 培养学生从简单叠加体"加"到简单切割体"减"的逆向思维意识，能够把简单切割体视作从某个基本体里不断做减法的构形过程。
2. 培养学生严谨认真、一丝不苟的工匠精神，简单切割体中切去的每一个局部都符合三视图投影规律。
3. 培养创新科学的探索精神（理解切割体原体及切去的每一个局部的三视图与空间物体的对应关系，培养空间想象力）。

第一节 基 础 知 识

一、简单切割体的图形特征

观察图 6-1（a）中的三个立体，它们不属于任何一种基本体（柱体、锥体、台体、球体等）。然而，这些形体可以看成是从一个原始基本体为水平四棱台的物体中通过切割去掉一个基本体所得剩余部分而成的简单切割体。该立体切去的基本体为一个水平倒置四棱台，切去的四棱台与原体四棱台的位置关系为：左右居中、前后居中、上下切通的简单叠加而成。图 6-1（b）所示物体可以看做是把一个原体为长方体的形体，分别在其左侧、上部、前方切割去掉一个正平直三棱柱，在其右侧、上下居中的位置切割去掉一个正平组合柱，且该组合柱从原体的前面至其后面通透。图 6-1（c）所示物体可以看作是从一个原体为侧平组合柱的物体中分别切割去掉一个侧平组合柱和一个侧平圆柱得到的，从位置上看，所切割去掉的组合柱位于原体组合柱的左侧，与原体底部平齐，前后居中。所切割去掉的圆柱位于原体前后居中、上下居中的位置，从左到右切割通透。

6-1 简单切割体的概念

通过上述示例不难看出，基本体通过简单切割后，不再保持其原有的独立性，原体被切割后不再完整，而是形成新的立体，被切割去掉的基本体在原体上往往留有棱线。

二、简单切割体的三视图特征

观察图 6-2（a）、（b）、（c）中的三视图分别对应于图 6-1（a）、（b）、（c）中的

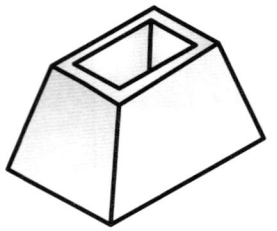　　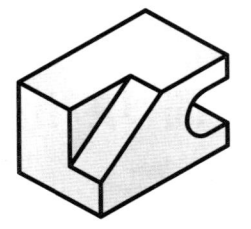　　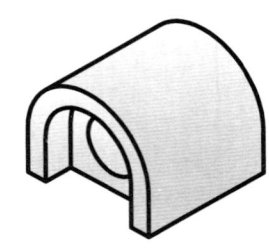

（a）四棱台切去四棱台　　（b）四棱柱中切去三棱柱和组合柱　　（c）组合柱切去圆柱和组合柱

图 6-1　简单切割体示例

三个简单叠加体。图 6-2（a）中的主视图和左视图中出现虚线线框，且呈现出大梯形线框相互嵌套，俯视图中呈现出大的矩形线框嵌套小的矩形线框，三个视图中的线框都具有大的线框嵌套小的线框。图 6-2（b）中的左视图和俯视图中出现虚线线框，主视图中的三角形线框被组合线框嵌套，左视图中的两个小的矩形线框被一个较大的矩形线框嵌套，俯视图也呈现出矩形线框的相互嵌套特征。图 6-2（c）中的主视图和俯视图都出现虚线线框，且都是表现为大矩形线框嵌套小矩形线框。左视图表现为一个较大的组合线框分别嵌套一个较小的组合线框和一个圆形线框。

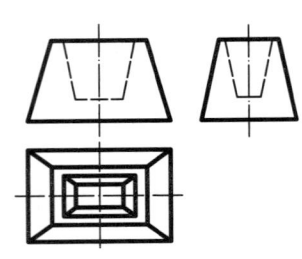　　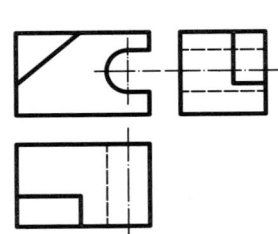　　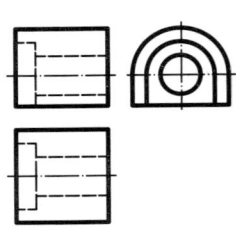

（a）简单切割体三视图　　（b）简单切割体三视图　　（c）简单切割体三视图

图 6-2　简单切割体三视图的特点

简单切割体是由原体被切割去掉后得到的，这种形成方式决定了其对应三视图中线框的"嵌套"特性和切割特性，切割体三视图中的线框往往会出现较多的虚线线框。在识读简单体三视图的时候，我们可以根据三视图中的线框的嵌套特征和明显的虚线，判断形体是否属于简单切割体。

第二节　简单切割体三视图的绘制

通过前面章节的学习，掌握了绘制基本体三视图的方法。下面介绍绘制简单切割体三视图的方法。

简单切割体可以看成是从基本体原体中切割去掉若干基本体切割部分而得到的，因此，仍然可以采用绘制简单叠加体时的方法来绘制出原体，再逐一绘制出被切割去掉的基本体，最后再擦掉切割去掉的基本体即可。简单切割体三视图的绘制要点可以归纳为：先绘制原体，再逐一绘制切割处，擦去切割部分。仍然是一个基本体一个基本体地绘制。

如图6-3（a）所示物体是切割式简单体，原体（没切割时的基本体）是直四棱柱，即常见的长方体，在上部正中挖了一个倒立的四棱台孔。

学习了基本体后，画简单切割体的三视图就要先画原体——长方体，再画切割部分——倒立四棱台，作图步骤如图6-3（b）、（c）、（d）所示。

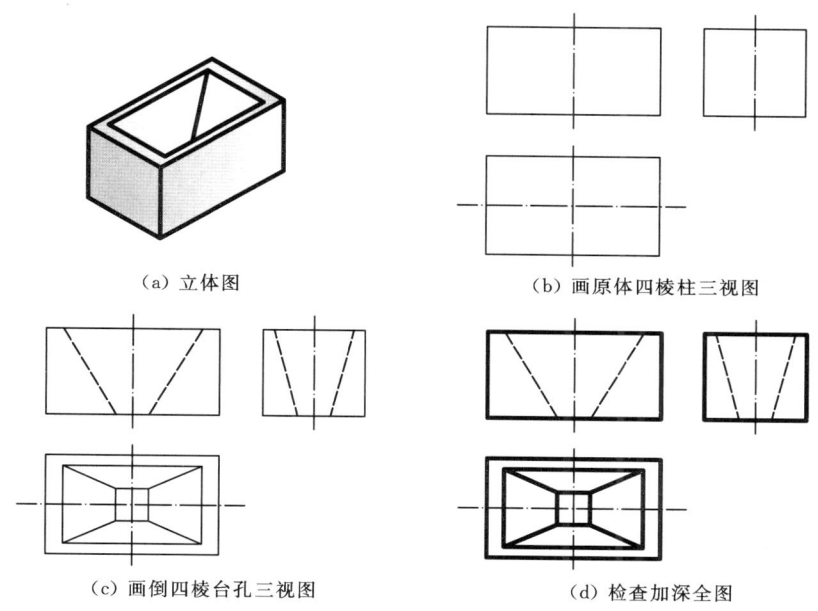

(a) 立体图　　　　　　　　(b) 画原体四棱柱三视图

(c) 画倒四棱台孔三视图　　(d) 检查加深全图

图6-3　切割式简单体三视图的画法示例

第三节　简单切割体三视图的识读

识读简单切割体的三视图就是根据物体的三视图想象出物体空间立体的过程。与识读简单叠加体三视图的方法基本一样，都要掌握识读三视图的基本依据，不断练习，提高识读简单切割体的能力，培养空间感知能力。

一、读图的基本依据

（1）三视图的投影规律。"长对正、高平齐、宽相等"是三视图的投影规律，具体来说就是：主视图所表达物体的长度和俯视图所表达物体的长度相等；主视图所表达物体的高度和俯视图所表达物体的高度相等；俯视图所表达物体的宽度和左视图所表达物体的宽度相等。

（2）基本体三视图的图形特征。常见的基本体有棱柱、棱锥、棱台、圆柱、圆锥、圆台和球等。这些基本体的三视图的图形特征是识读三视图的重要依据。棱柱的三视图图形特征为："两个视图是矩形，一个视图是多边形"。棱锥的三视图图形特征为："两个视图是三角形，一个视图是多边形"。棱台的三视图图形特征为："两个视图是梯形，一个视图是多边形"。圆柱的三视图图形特征为"两个视图是矩形，一个视图是圆"。圆锥的三视图图形特征为"两个视图是三角形，一个视图是圆"。圆台的

6-3
简单切割体的识读

三视图图形特征为"两个视图是梯形，一个视图是圆"。球体的三视图图形特征为"三个视图都是圆"。

（3）三视图与空间物体的对应关系。主视图反映物体长和高方向的尺寸和上下、左右方位；俯视图反映物体长和宽方向的尺寸和左右、前后方位；左视图反映物体高和宽方向的尺寸和上下、前后方位。掌握三视图与空间物体的对应关系就能判定各部分的相对位置。

二、读图的基本方法

形体分析法，就是通过逐个分析组成复杂形体基本体形状的方法来分析物体的三视图，其要点就是一部分一部分地看，具体读图步骤可分为：

（1）识视图、分部分。识视图即是弄清各视图的观看方向以及各视图与空间物体之间的方位关系，从而建立起图物关系，这是整个看图过程中所不能忽视的问题；分部分应从一个投影重叠较少、结构关系明显的视图入手，结合其他视图，按线框把视图分解为若干部分。合理利用三视图间的投影规律是快速对应视图分部分的一个重要技巧。

（2）逐部分对投影、想形状。根据投影规律，逐一找出每个线框在其他视图中的对应投影，然后根据基本体三视图的图形特征，逐一想象出空间形状。

（3）综合起来想整体。判断出各部分的形状之后，按它们的相互位置，综合想象出整体形状。

【例6-1】 识读图6-4（a）所示三视图，想象出该物体的立体形状。

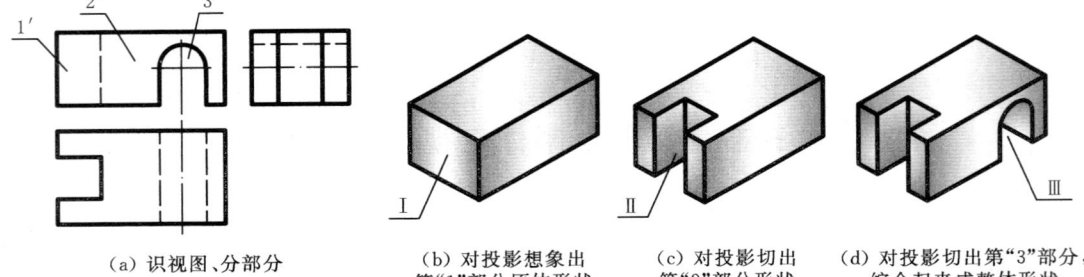

(a) 识视图、分部分　　(b) 对投影想象出第"1"部分原体形状　　(c) 对投影切出第"2"部分形状　　(d) 对投影切出第"3"部分，综合起来成整体形状

图6-4　切割式简单体三视图的识读示例

分析：

识视图、分部分。观察图6-4（a）中的三视图，视图中的线框具有明显的切割体视图特征，即"线框嵌套，且有较多的虚线"。根据主视图，可以把该切割体分成三部分，第"1"部分为整个矩形线框，视该部分为原体。主视图左侧虚线以左部分为第"2"部分，倒U形线框为第"3"部分，如图6-4（a）所示。

逐部分对投影、想形状。利用投影规律，找到主视图中的三个部分与左视图、俯视图中的对应部分。再根据基本体三视图图形特征，分别想象出各部分的形状。第"1"部分三个视图都为矩形，因此，原体为一个长方体；第"2"部分也是一个长方体，为第一个切割处；第"3"部分为一个U形组合柱，为第二个切割处。

综合起来成整体。原体为一个长方体，如图6-4（b）所示，在其左侧从上到下切割去掉一个长方体如图6-4（c）所示，在其右侧从前到后切割去掉一个U形组合柱。综合起来即为整体，如图6-4（d）所示。

三、练习读图的方法

雕刻模型。对于初学三视图的学生来讲，雕刻模型不失为一种直观的练习识读切割体三视图的有效方法。雕刻的关键在于：根据已知三视图的外轮廓特征，依次通过三面视图进行剖切雕刻，直到雕刻出来的模型与已知视图完全吻合为止。

【例6-2】 识读图6-5（a）所示三视图，刻出该物体的模型。

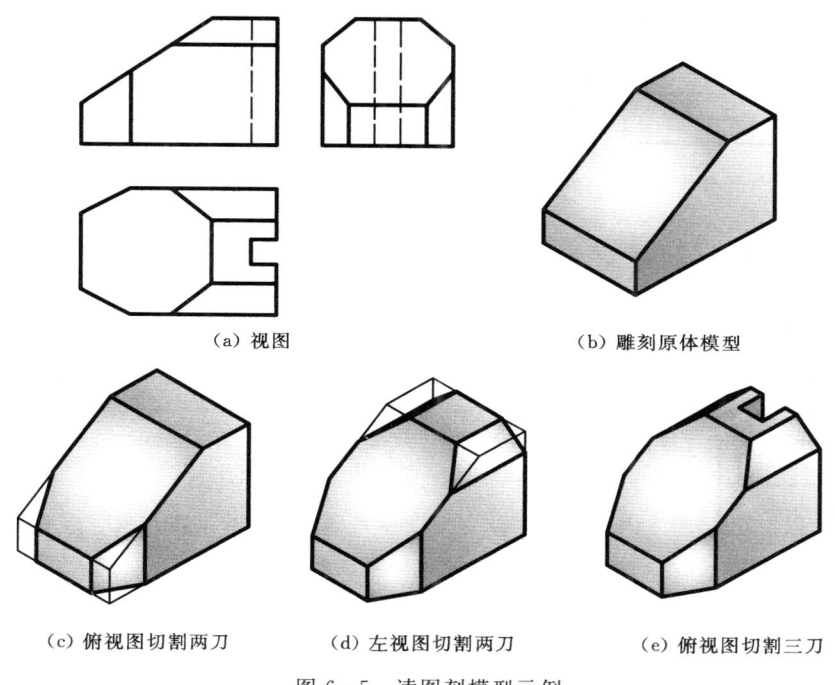

（a）视图　　　　　　　　　　　（b）雕刻原体模型

（c）俯视图切割两刀　　（d）左视图切割两刀　　（e）俯视图切割三刀

图6-5　读图刻模型示例

分析：

（1）首先，雕刻出原体模型。观察已知三视图，三视图中的线框具有明显的嵌套特征，并且线框中出现虚线，可以断定该物体是由原体切割所得，根据主视图的最外轮廓线框，可以视原体为一个基本体——正平直五棱柱，如图6-5（b）所示。

（2）其次，依次根据三视图特征逐步切割（剖切）。俯视图的左侧前后分别切割两刀，切割时，切刀铅锤放置，如图6-5（c）所示；左视图上方前后角各斜切一刀，切割时，切刀侧垂放置，如图6-5（d）所示；俯视图右侧前后居中处切三刀挖一个长方体键槽，如图6-5（e）所示。

（3）将所雕刻模型与三视图反复对照，直到所雕刻模型与已知的三视图完全对应。

四、"二补三"练习法

根据两面视图补画第三视图，该练习简称"补视图"或"二补三"。这是一种最常用的练习读图的方法，它不仅练习读图，同时也练习画图。

【**例 6-3**】 识读图 6-6（a）所示两面视图，想象出该物体的空间形状并补出第三视图。

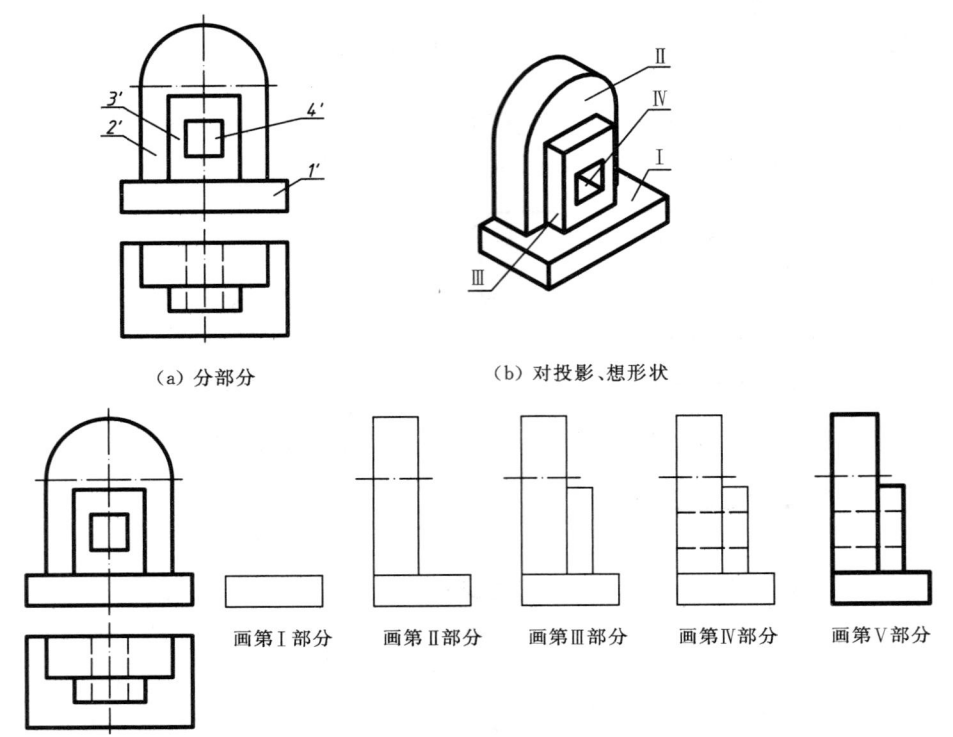

图 6-6 补视图示例

分析：

已知两面视图，补绘第三视图，这种练习称为"知二补三"。这种问题的解决思路是：现根据已知的两面视图，想象出该物体空间形状，然后再根据形体分析法的思想"化繁为简"，一个基本体一个基本体地绘制出所缺视图。该物体由两个长方体和一个U形柱三部分叠加，叠加后在前后方向又挖一个方形通孔，形状如图 6-6（b）所示。根据投影规律，按照简单切割体三视图的绘图步骤，逐一补绘，最终画出物体的第三视图，作图步骤如图 6-6（c）所示。

第七章 平面体的轴测图

学习目标

1. 正确理解轴测图的形成，了解平面体轴测图的分类，理解平面体轴测图的基本性质。
2. 熟记平面体正等测、斜二测图的轴间角和轴向伸缩系数，明确两者的不同点。
3. 掌握基本体、叠加体、切割体轴测图的画法要点，能依据平面体的三视图，准确绘制出平面体的正等测图。
4. 掌握基本体、叠加体、切割体轴测图的画法要点，能依据平面体的三视图，准确绘制出曲面体的斜二测图。

素质目标

1. 养成诚实守信品格——遵守纪律、正确做事，做正确的事（牢记正等测、斜二测图的轴间角和轴向伸缩系数）。
2. 养成遵规守矩的图学工程意识（依据平行性和可量性绘制轴测图）。
3. 传承精准严谨的工匠精神（作业一丝不苟，课堂严谨认真等）。
4. 培养创新科学的探索精神（理解正等测和斜二测的不同，合理选择使用）。
5. 培养团结合作协作——互相帮助、共同学习、协同协作（共同讨论正等测和斜二测两种方法的优缺点）。

前面学习的多面正投影图能够完整、准确地表达物体的形状和大小，并且作图简便，是工程上普遍采用的图示方法。但这种图样缺乏立体感，不能直观反映立体的空间形状。为了便于读图，工程上常采用轴测投影图作为辅助表达图样。轴测图能在一个投影图上同时反映物体长、宽、高三个方向尺寸，具有较强的立体感，便于想象物体的形状，如图7-1所示。

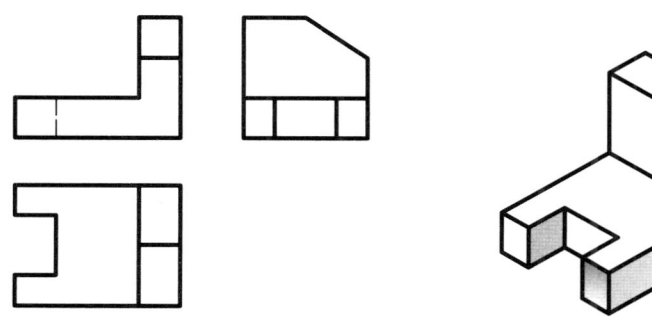

（a）正投影图　　　　　　　　（b）轴测投影图

图7-1　正投影图与轴测图

第一节 轴测图的基本知识

一、轴测图的形成

如图7-2所示，用一组平行的投射线将物体连同参考直角坐标轴（O_1X_1、O_1Y_1、O_1Z_1）沿不平行于任一坐标轴的方向一起投射在一个投影面（P）上，所得到的具有立体感的单面投影图称为轴测图（又称立体图）。

7-1 轴测图的概念视频

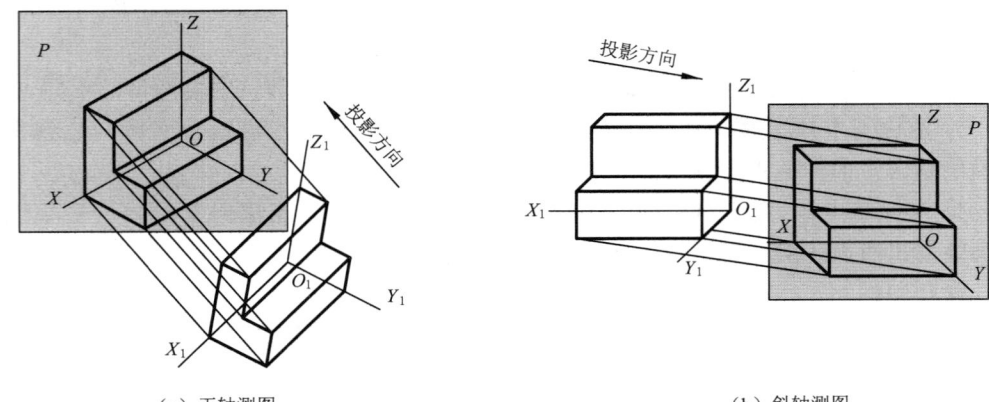

(a) 正轴测图　　　　　　　　　　　　(b) 斜轴测图

图7-2　轴测图的形成

图中：P面称为轴测投影面；坐标轴O_1X_1、O_1Y_1、O_1Z_1在轴测投影面上的投影OX、OY、OZ称为轴测轴；相邻的轴测轴之间的夹角$\angle XOY$、$\angle YOZ$、$\angle ZOX$称为轴间角；轴测轴上的单位长度与相应空间坐标轴上的单位长度的比值称为轴向伸缩系数。OX、OY、OZ三轴向伸缩系数分别用代号p、q、r表示：

$$p=\frac{OX}{O_1X_1}; q=\frac{OY}{O_1Y_1}; r=\frac{OZ}{O_1Z_1}$$

二、轴测图的分类

根据投射线与轴测投影面相对位置不同，轴测图可分为两大类：

（1）正轴测图：将物体斜放，用正投影法投影所得到的轴测图，如图7-2（a）所示。

（2）斜轴测图：将物体正放，用斜投影法投影所得到的轴测图，如图7-2（b）所示。

根据物体摆放角度或投射线倾斜方向的不同，各轴测轴的轴向伸缩系数也不同，因此轴测图又分为正（斜）等测图、正（斜）二测图、正（斜）三测图。常见轴测图包括正等测、正二测、正面斜二测、水平斜二测等，各图样特点见表7-1。

三、轴测图的基本特性

轴测图是平行投影图，平行投影的特性是轴测图的绘图基础，平行投影特性如下：

（1）平行性。空间互相平行的线段，其轴测投影仍然互相平行；空间平行于坐标轴的线段，在轴测图中必然平行于相应的轴测轴。

（2）可量性。空间与坐标轴平行的线段，它们与相应的轴测轴具有相同的轴向伸缩系数。因此，画轴测图时，平行于轴测轴的线段可以按照轴向伸缩系数确定其投影尺寸，而不平行于轴测轴的线段则不能直接测量长度，即沿轴可测。"测"是"测量"的"测"，而非"侧面"的"侧"，这也是"轴测"的意义。

表7-1　　　　　　　　　　　常见轴测图的特点

种类	参考轴测轴	轴向伸缩系数	轴测图示例	适用形体
正等测	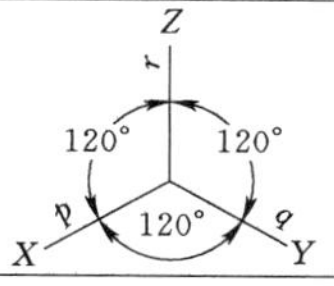 X、Y、Z三轴间夹角均为$120°$	$p=q=r=0.82$ 实际作图时取： $p=q=r=1$	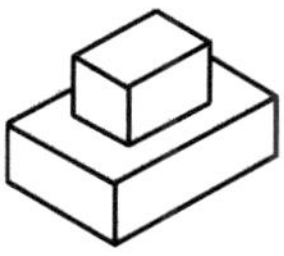	1. 外形方正平整的物体； 2. 各坐标面都有圆或圆弧； 3. 顶面带孔的物体
正二测	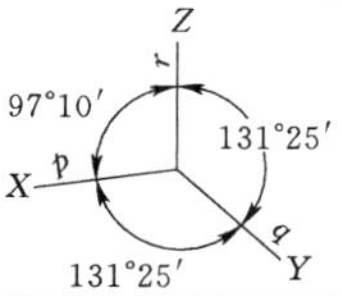 $97°10'$、$131°25'$、$131°25'$	$p=r=0.94$， $q=0.47$ 实际作图时取： $p=r=1$，$q=0.5$	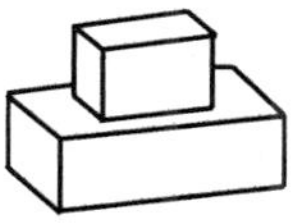	形体表面上的面、棱线具有积聚或重叠
正面斜二测	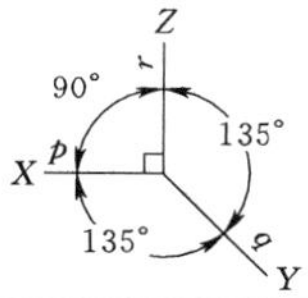 $90°$、$135°$、$135°$	$p=r=1$， $q=0.5$	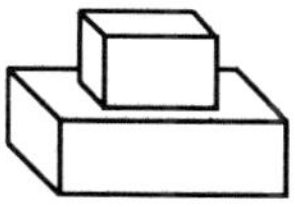	1. 底面复杂的柱类体； 2. 正面有圆或圆弧的形体
水平斜二测	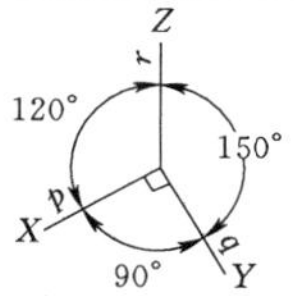 $120°$、$150°$、$90°$	$p=q=1$， $r=0.5$	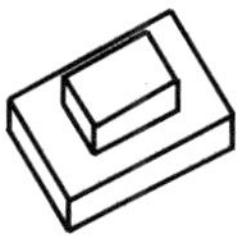	水平面有圆或圆弧的形体

第二节　平面体轴测图的画法

一、轴测图的绘制步骤

（1）选择并绘制参考轴测轴体系。

（2）分析形体视图，确定绘图方法。对于锥体或台体，应根据物体表面各点的坐标绘出点的轴测图，依次连接各点得到物体轴测图，这种方法称为坐标法；对柱体基本体，先画特征底面再绘制棱线，称为特征面法；对于叠加形体，将各部分基本体按空间位置依次画出，称为叠加法；对于切割形体，先画原体，再画出切割部分，称为切割法。其中坐标法是特征面法、叠加法、切割法的绘图基础。

（3）画轴测图时，应依据轴测投影基本特性平行性、可量性依次确定各棱线的方向和大小。

（4）擦去不可见轮廓线，检查加深可见轮廓线，完成作图。

7-2
平面体的正等测画法视频

二、平面体正等轴测图的画法及绘图示例

如图7-3（a）所示，正等测的轴间角$\angle XOY=\angle YOZ=\angle ZOX=120°$。$OZ$轴位于垂直位置，$OX$轴和$OY$轴可用$30°$三角板配合丁字尺绘出。轴间角的大小说明轴测图中长、宽、高方向的画法。

正等测的轴向伸缩系数 $p=q=r=0.82$，为了画图简便，常采用简化轴向伸缩系数 $p=q=r=1$ 作图，因而正等测图比实际物体的轴测图放大了 $\frac{1}{0.82}$ 倍，即 1.22 倍，如图 7-3（b）所示。轴向伸缩系数说明了量取长、宽、高尺寸时所采用的比例。

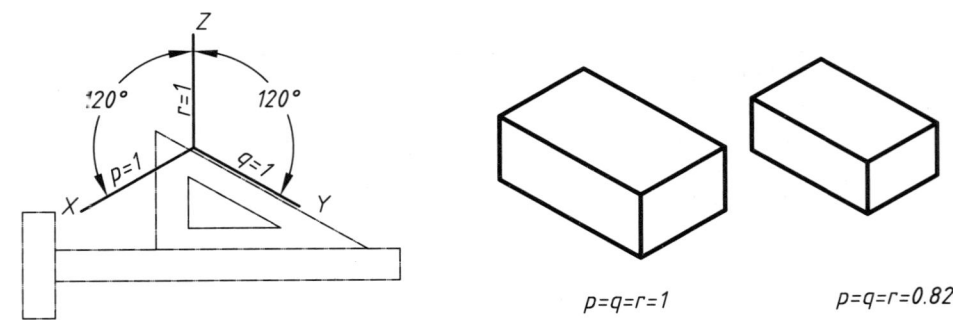

（a）正等测的轴间角　　　　　　　　　　（b）轴向伸缩系数

图 7-3　正等测的轴间角和轴向伸缩系数

画轴测图常用的方法有特征面法、叠加法、切割法。画轴测图时，轴测图上不必画出轴测轴，可画出参照轴测轴，然后以测量尺寸方便为原则选定起画点，依据"平行性""可量性"画出。

1. 特征面法

特征面法用于画基本体轴测图。特征面法画轴测图的思路是：对柱类形体，先画出反映柱体形状特征的可见底面，再画出可见的侧棱，然后画出另一底面的可见轮廓线，如图 7-4 所示；对台（或锥）类形体，先画出两底面（或底面和锥尖），再画出可见的侧棱，如图 7-5 所示。

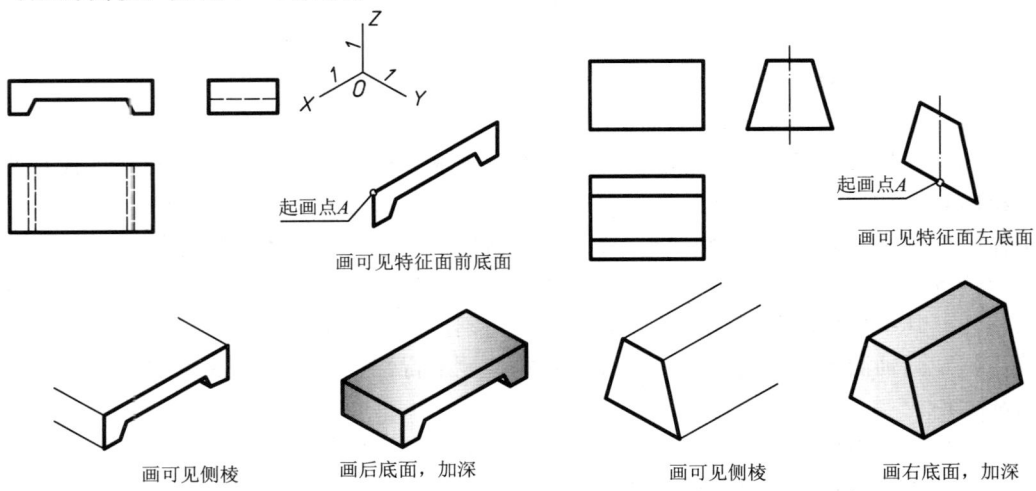

图 7-4　用特征面法画柱类形体正等测的示例

【例 7-1】 作出图 7-5（a）所示形体的正等测图。

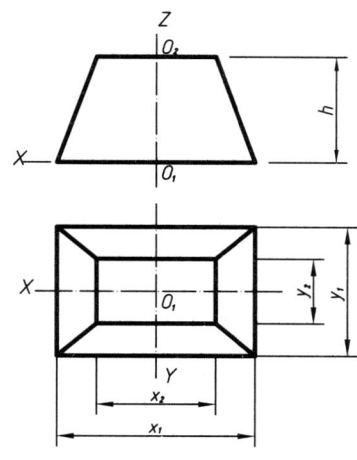
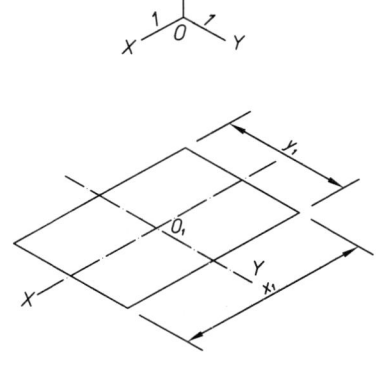

（a）在已知视图中定轴　　　　　（b）画参考轴测轴：画中心线，定位 O_1 画下底面

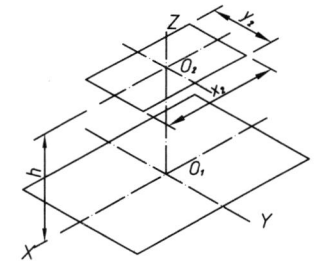
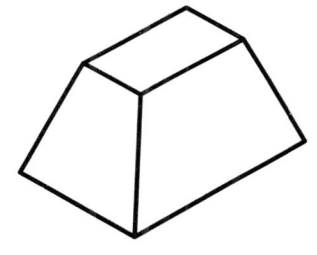

（c）画轴线，量高 h 定位 O_2 画出上底面　　　（d）连侧棱，擦去不可见轮廓线，检查加深

图 7-5　四棱台正等测图画法

分析：

（1）题目要求画正等测图，首先应确定相应参考轴测轴。

（2）根据已知视图得知，该形体为四棱台。因表面侧棱均为斜线，应采用坐标法绘制：先确定中心位置画出下底面，利用棱台高度方向平行于 Z 轴，定出上底面中心，画出上底面，依次连接上、下面 8 个端点得到侧棱即可。

轴测图的作图过程如图 7-5（b）、（c）、（d）所示。

【例 7-2】 作出图 7-6（a）所示形体的正等测图。

分析：

（1）题目要求画正等测图，首先应确定相应参考轴测轴。

（2）根据已知视图可知，该形体为六棱柱基本体。可采用特征面法绘制：先定位画出该形体俯视图的六边形特征底面及上表面，然后由各顶点画出平行于轴测轴的所有可见侧棱，最后连出另一不可见的下底面，完成形体的轴测图。

轴测图的作图过程如图 7-6（b）、（c）、（d）所示。

2．叠加法

叠加法用于画叠加体轴测图。叠加法画轴测图的思路是：从主到次逐个画出组

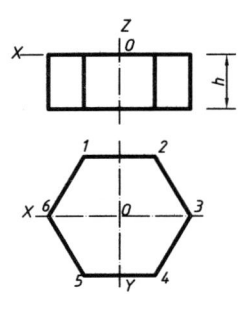 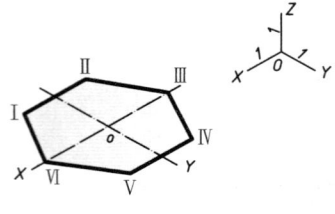

(a) 在已知视图中定轴 (b) 画参考轴测轴,定位 O 画特征上底面

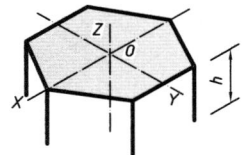 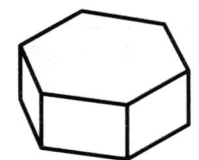

(c) 平行 Z 轴,量高 h 画可见棱线 (d) 画下底面可见边线,检查加深

图 7-6　六棱柱的正等测图画法

成形体各基本体的轴测图,擦去被遮挡的图线。叠加时一定要注意基本体之间的定位。

图 7-7 所示是用叠加法画挡土墙正等测的作图步骤。挡土墙可看成由一个直十棱柱和两个三棱柱组合而成,应先画主体直十棱柱,再按三棱柱的位置逐一将两个三棱柱画出,完成作图。

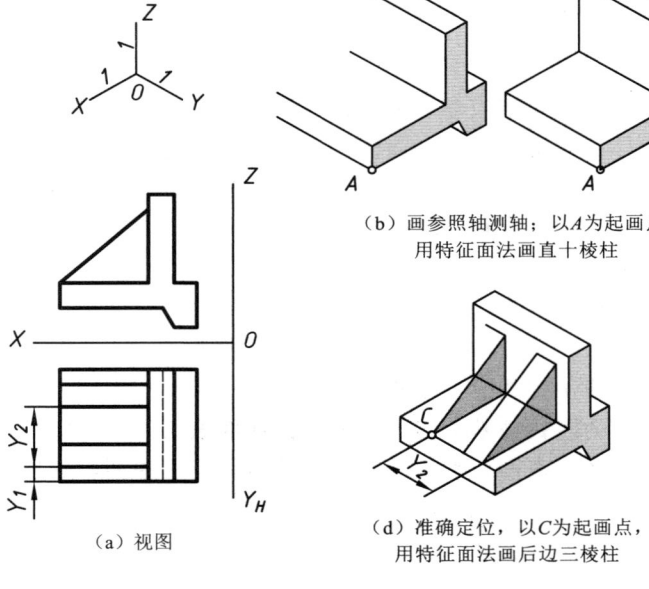
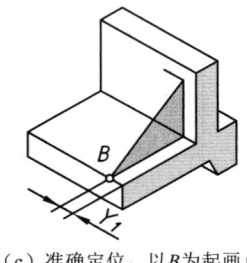
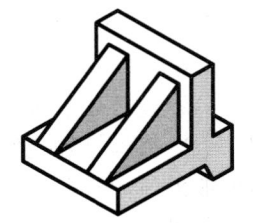

图 7-7　用叠加法画挡土墙正等测的示例

3. 切割法

切割法用于画切割体轴测图。切割法画轴测图的思路是：先画出原体，然后通过"移线"的方法依次画出切割处。切割时一定要注意切割位置的确定。

图 7-8 所示是用切割法画物体正等测的作图步骤。该物体的原体可看成是 L 形柱，在左下切出一个长方体口，前边上方切去一个三棱柱。应先画出原体 L 形柱，再按下部开口的位置通过移线法画出长方体，然后右前上方用移线法切去三棱柱，完成作图。

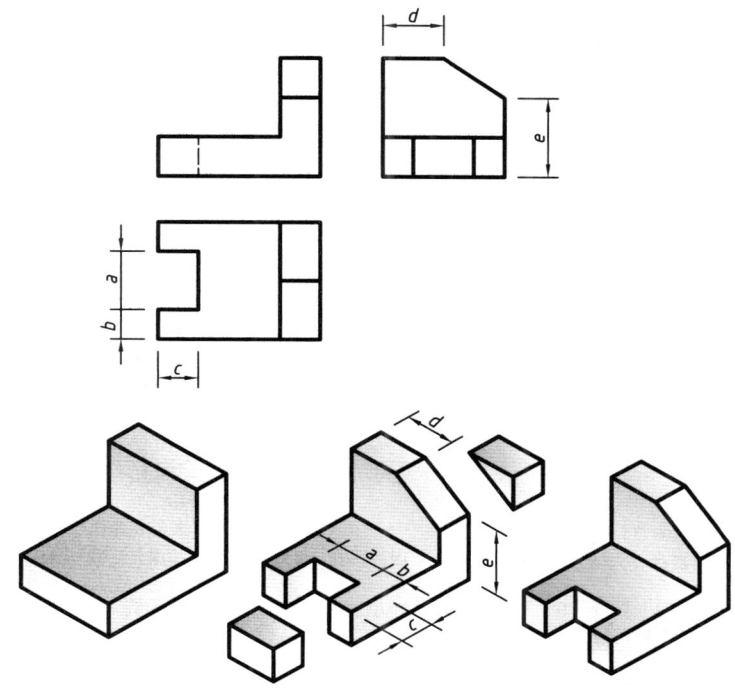

图 7-8 用切割法画物体正等测的示例

图 7-9 所示是用切割法画轻型桥台上部正等测图的作图步骤。该物体的原体可看成是直六棱柱，在前面居中上下切出一个倒置的半四棱台孔。应先用特征面法画出原体直六棱柱，再按孔的位置通过移线法画出孔，完成作图。

三、平面体斜二测图的画法及绘图示例

斜二测的画法与正等测基本相同，区别仅在于两者轴间角与轴向伸缩系数不同。

如图 7-10 所示，斜二测的轴间角 $\angle XOZ = 90°$，$\angle ZOY = \angle XOY = 135°$。$OZ$ 轴成垂直位置，OX 轴水平，OY 轴可用 45°三角板配合丁字尺画出。斜二测的轴向伸缩系数 $p = r = 1$，$q = 0.5$。

因为斜二测的 XOZ 坐标面平行于轴测投影面，所以斜二测的特点是：物体上正平面的斜二测图反映实形。

图 7-11 所示是用特征面法画柱类基本体斜二测的作图步骤。

【例 7-3】 作出如图 7-12（a）所示挡土墙的斜二测图。

7-3
平面体的斜二测画法视频

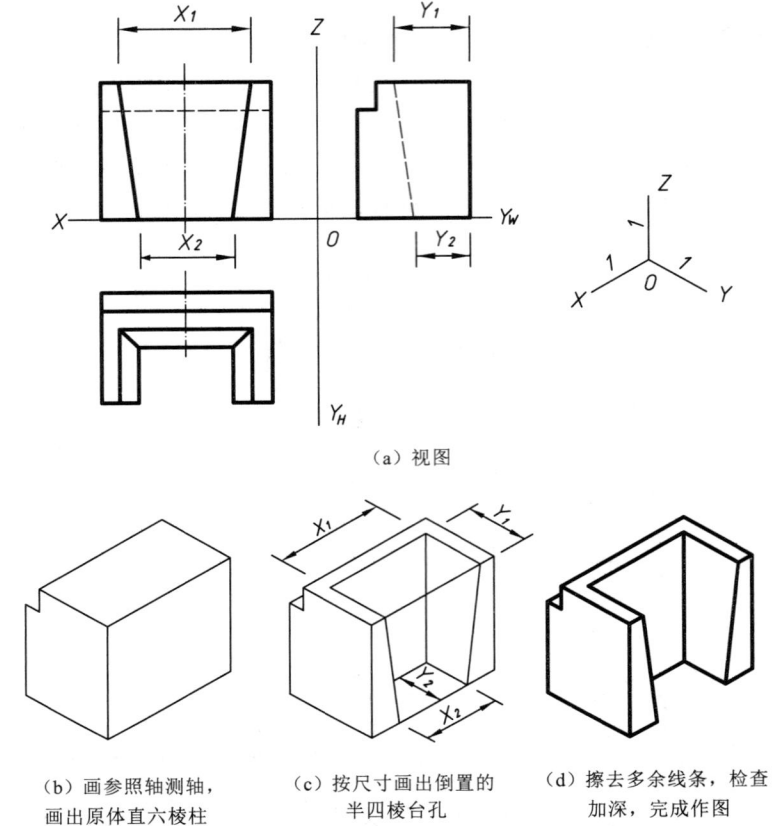

(a) 视图

(b) 画参照轴测轴，画出原体直六棱柱

(c) 按尺寸画出倒置的半四棱台孔

(d) 擦去多余线条，检查加深，完成作图

图 7-9 用切割法画轻型桥台上部正等测的示例

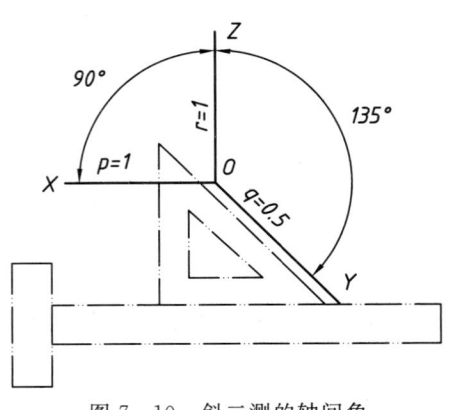

图 7-10 斜二测的轴间角和轴向伸缩系数

分析：

（1）按照要求，绘制斜二测参考轴测轴。

（2）根据已知视图得知，该形体为叠加形体。挡土墙由底板、立墙组成十字形棱柱和两块三棱柱形的支撑板组成。画图时先将十字形棱柱画出，再定位画出支撑板。画图的关键是确定两块支撑板的相对位置。

轴测图的作图过程如图 7-12（b）、(c)、(d) 所示。

【例 7-4】 作出图 7-13（a）所示柱基础的斜二测图。

分析：

（1）按照要求，绘制斜二测参考轴测轴。

（2）根据已知视图得知，该形体是既有叠加，又有切割的简单体。柱基础是由两个基本体上、下叠加而成，下部是长方体底板，上部是四棱台，四棱台的上底面又切去四棱柱。画图时，首先绘制出底板，然后采用坐标法绘制上部叠加的四棱台，最后定位画切割部分。画图的关键是确定各组成部分底面的中心位置和高度。

轴测图的作图过程如图 7-13（b）、（c）、（d）所示。

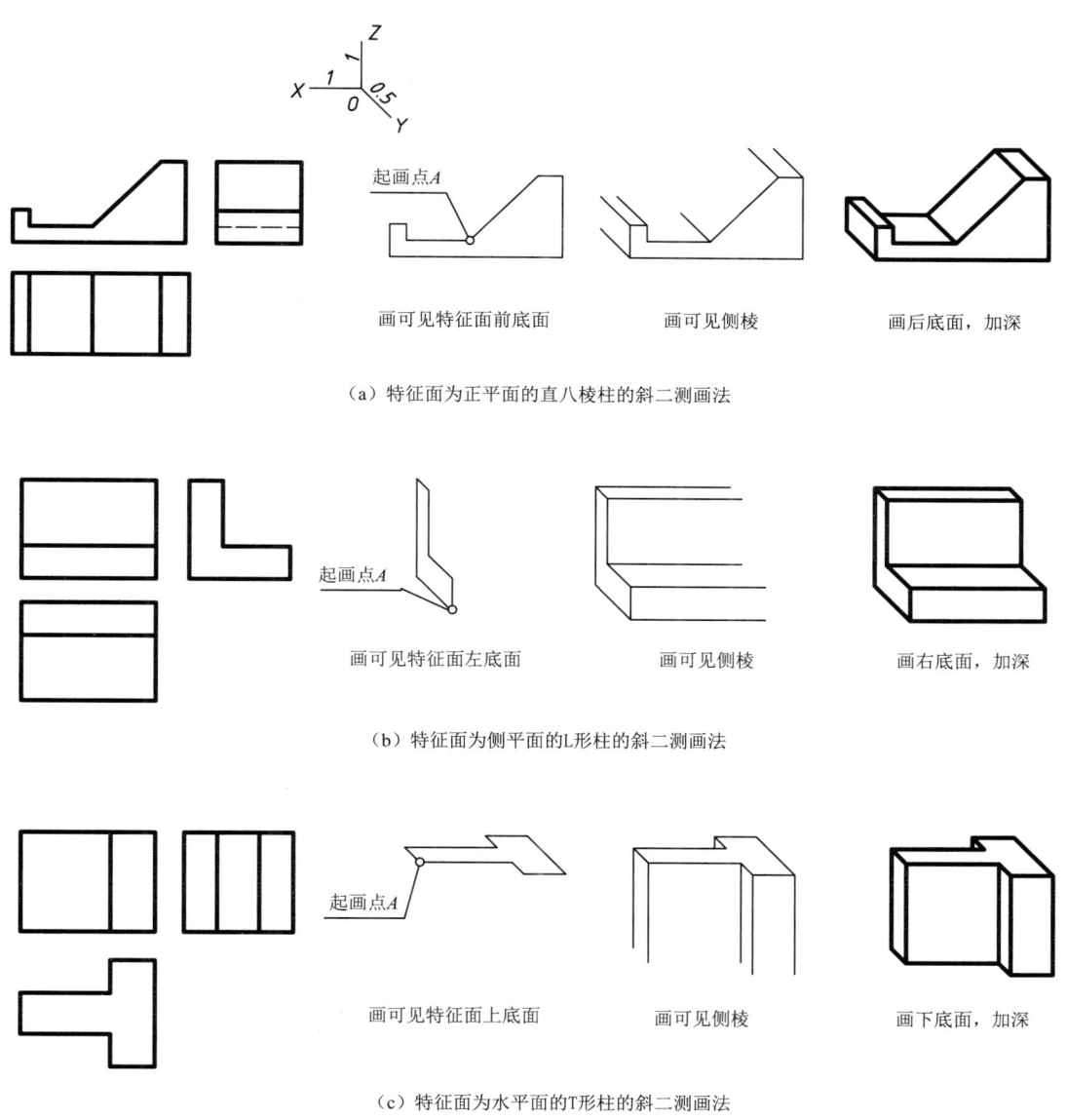

（a）特征面为正平面的直八棱柱的斜二测画法

（b）特征面为侧平面的L形柱的斜二测画法

（c）特征面为水平面的T形柱的斜二测画法

图 7-11 用特征面法画柱类基本体斜二测的示例

第七章 平面体的轴测图

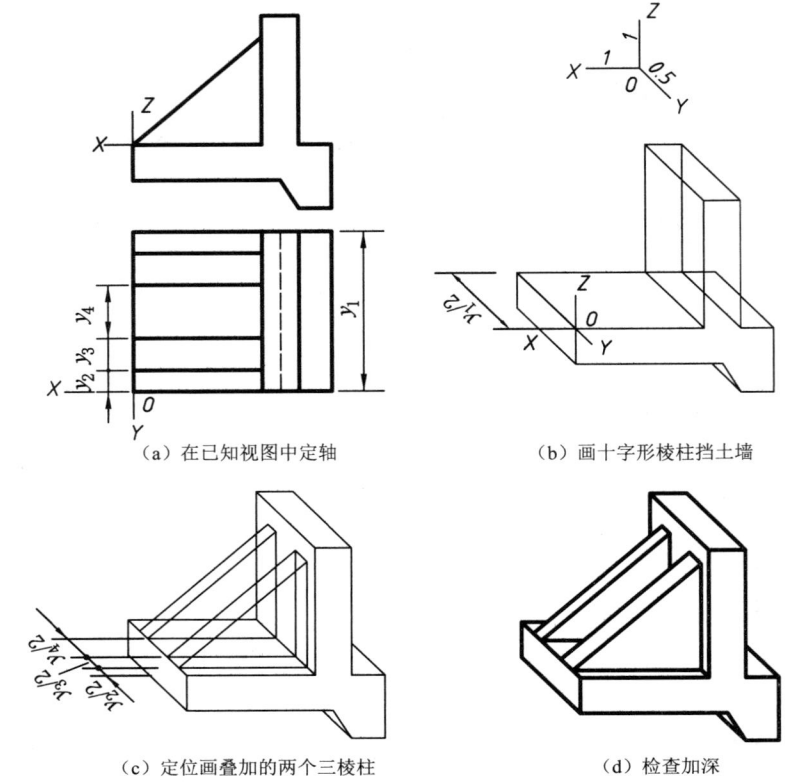

(a) 在已知视图中定轴　　(b) 画十字形棱柱挡土墙

(c) 定位画叠加的两个三棱柱　　(d) 检查加深

图 7-12　叠加法画挡土墙斜二测

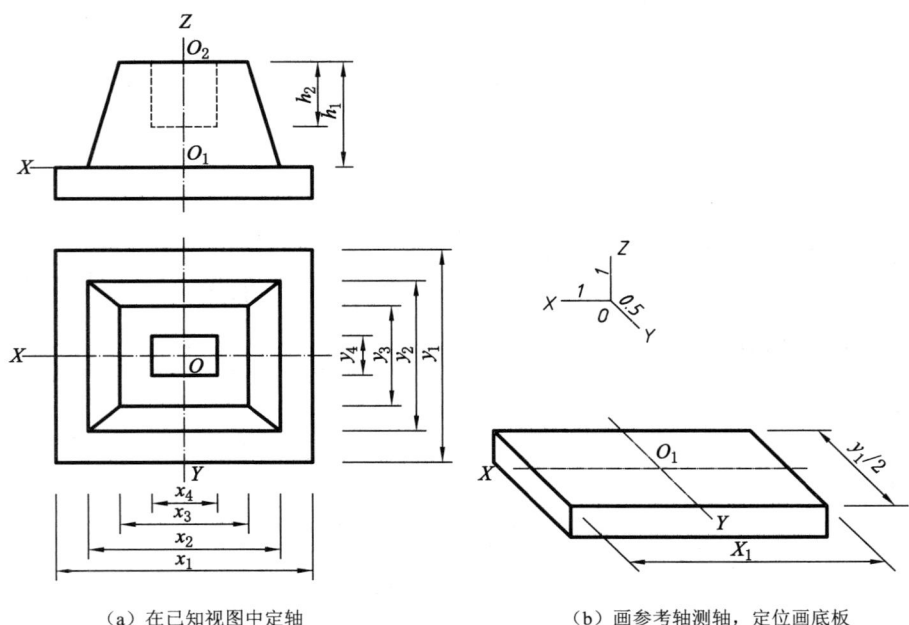

(a) 在已知视图中定轴　　(b) 画参考轴测轴，定位画底板

图 7-13（一）　柱基础斜二测图画法

第二节 平面体轴测图的画法

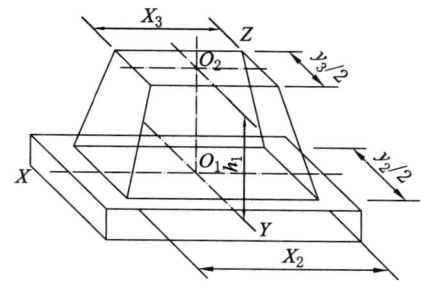 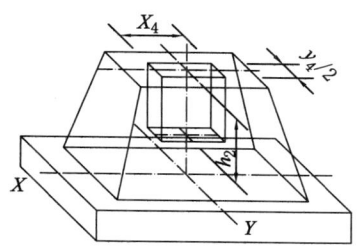

（c）定位量高画基础的下底面、上底面，连棱线　　（d）定位孔的上底面、下底面，连棱线

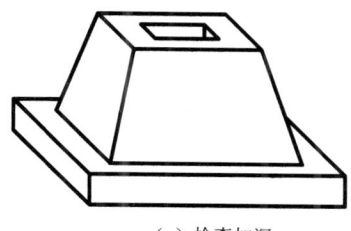

（e）检查加深

图 7-13（二）　柱基础斜二测图画法

第八章 曲面体轴测图

学习目标

1. 正确理解曲面体轴测图的形成，了解曲面体轴测图的分类，理解曲面体轴测图的基本性质。
2. 熟记曲面体正等测、斜二测图的轴间角和轴向伸缩系数，明确两者的不同点。
3. 掌握基本体、叠加体、切割体轴测图的画法要点，能依据曲面体的三视图，准确绘制出曲面体的正等测图。
4. 掌握基本体、叠加体、切割体轴测图的画法要点，能依据曲面体的三视图，准确绘制出曲面体的斜二测图。

素质目标

1. 养成诚实守信品格——遵守纪律、正确做事，做正确的事（牢记曲面体正等测、斜二测图的轴间角和轴向伸缩系数）。
2. 养成遵规守矩的图学工程意识（依据平行性和可量性绘制曲面体的轴测图）。
3. 传承精准严谨的工匠精神（作业一丝不苟，课堂严谨认真等）。
4. 培养创新科学的探索精神（理解正等测和斜二测的不同，合理选择使用曲面体的轴测图）。
5. 培养团结合作协作——互相帮助、共同学习、协同协作（共同讨论曲面体的正等测和斜二测两种方法的优缺点）。

曲面体轴测图的画法与平面体相同，掌握物体上圆的画法是绘制曲面体轴测图的关键，掌握基本曲面体轴测图的画法是绘制曲面体轴测图的基础。常用的基本曲面体是底面平行坐标面的圆柱、圆台（锥）。

一、曲面体正等轴测图的画法

1. 底面平行坐标面的基本体正等测的画法

绘制底面平行坐标面的圆柱、圆台（锥）的正等测的方法是：先画出两底面圆，再做出两底面的公切线表示柱面或锥面。

由于正等测投影各坐标面都倾斜于轴测投影面，所以平行于各坐标面圆的正等测都是椭圆。画正等测图中平行于坐标面的底面圆，一般采用菱形法。菱形法是用四段圆弧近似画出椭圆，它只适用于正等测。

图 8-1 所示是水平圆柱（底面为水平面）正等测的画图步骤。

先画圆柱的可见底面。以圆底面中心为起画点，根据图 8-1（a）所示圆柱底面的方位，平行相应的轴测轴画圆的中心线，然后根据圆的半径定出一对共轭直径的端点 A、B、C、D，过这四个点画圆的外切正方形的正等测菱形图，A、B、C、

8-1
曲面体的正等测画法视频

D 为椭圆与菱形各边的切点,过切点作菱形各边的垂线得四个交点 1、2、3、4,即为四段圆弧的圆心,分别以 1、2 为圆心,$1B$ 为半径,画 BC、AD 圆弧,再分别以 3、4 为圆心,$3A$ 为半径画 AB、CD 圆弧,完成上底面,如图 8-1(b)所示。

再依次画轴线定出下底面圆心,用菱形法画下底面,作上、下底面公切线,擦去不可见轮廓线及辅助线,加深,完成作图,如图 8-1(c)、(d)、(e)所示。

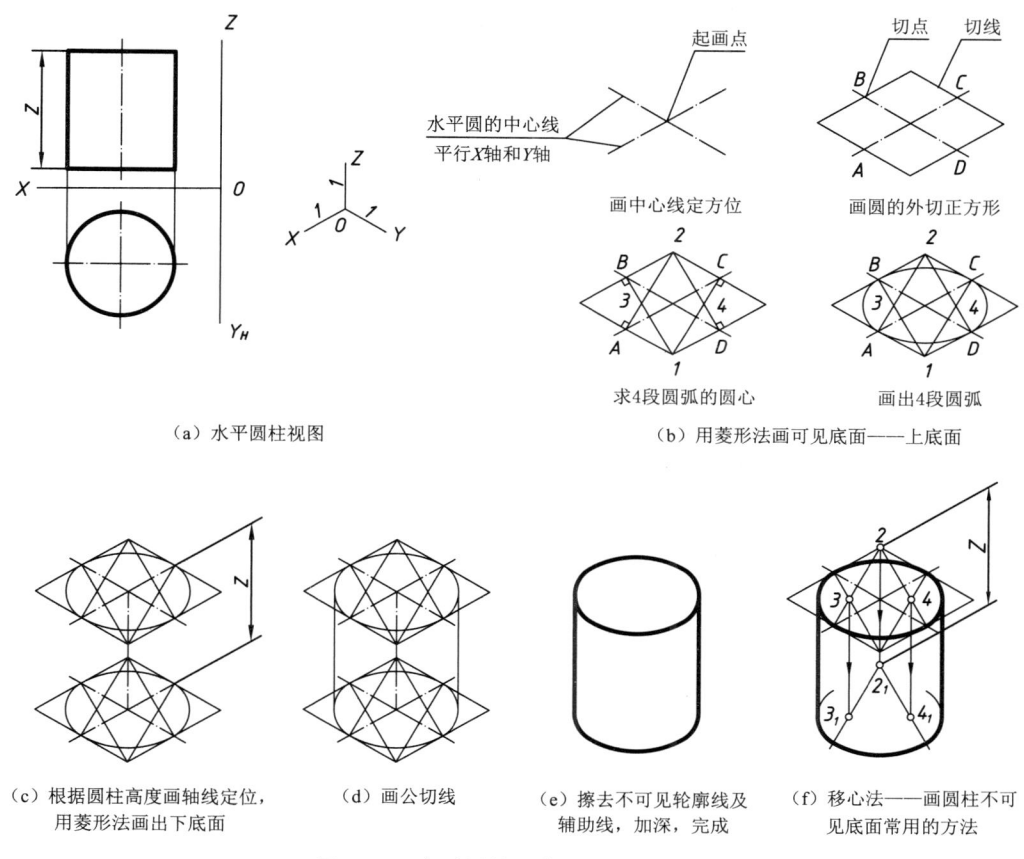

图 8-1 水平圆柱正等测的画图步骤

为了减少作图线,画圆柱下底面三段可见的圆弧时,可以从上底面的各圆弧的圆心(2、3、4)沿轴线方向量取圆柱两底面间距,直接得到下底面三段圆弧的圆心,然后用相应的半径画出下底面三段圆弧,这种作图方法称为"移心法",如图 8-1(f)所示。

图 8-2 所示是正平圆柱(底面为正平面)和侧平圆柱(底面为侧平面)的正等测图,画法与上相同,可见底面用菱形法绘制,不可见底面用移心法画出。

同上方法可绘制圆台(或圆锥)的正等测,只是两底面大小不同(或一个是锥尖),不能应用移心法。

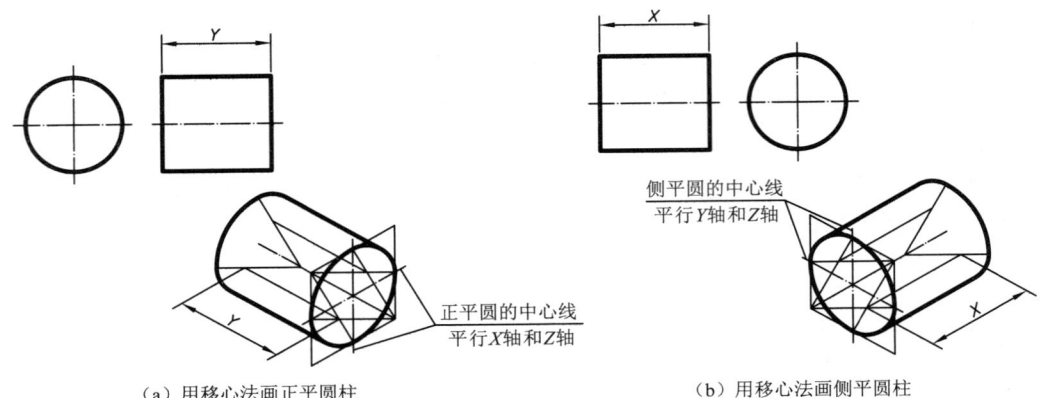

(a) 用移心法画正平圆柱　　　　　　(b) 用移心法画侧平圆柱

图 8-2　正平圆柱和侧平圆柱的正等测图

2. 应用举例

【例 8-1】　画出图 8-3（a）所示闸墩的正等测。

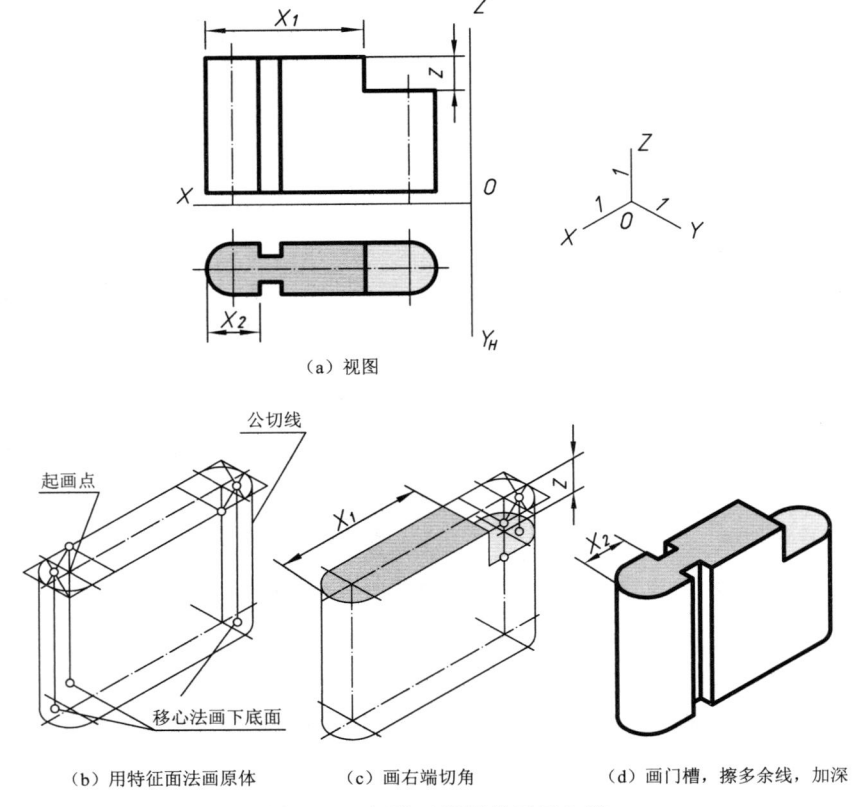

(a) 视图

(b) 用特征面法画原体　　　(c) 画右端切角　　　(d) 画门槽，擦多余线，加深

图 8-3　闸墩正等测的画图步骤

分析：

闸墩是一个切割体，原体是上下底面为水平面的组合柱，右端切角，左端前后各切出一个长方体形门槽。用切割法画闸墩正等测图，起画点宜选在组合柱上底面圆的

圆心处。作图步骤如图 8-3（b）、（c）、（d）所示。

【例 8-2】 画出图 8-4（a）所示物体的正等测。

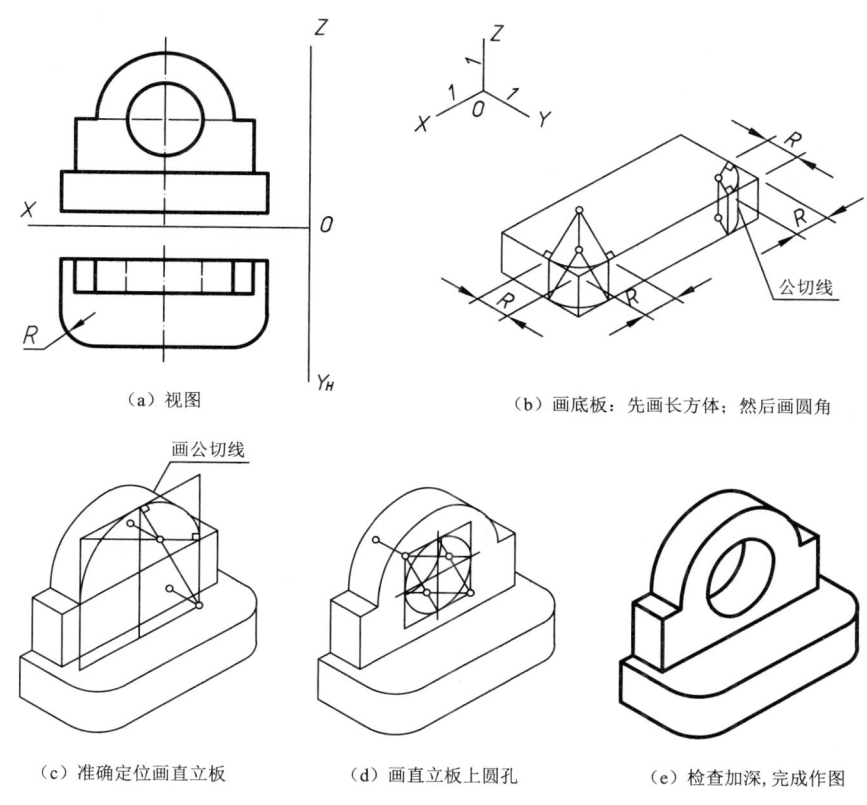

图 8-4 曲面体正等测的画法示例

分析：

该物体是一个既有叠加又有切割的综合体，由底板和直立板两部分叠加，底板上有两个圆角，直立板上挖了一个圆通孔，画该物体的正等测应综合运用上述方法。作图步骤如图 8-4（b）、（c）、（d）、（e）所示。

作图时应注意以下两点：

（1）画底板的圆角时，应在作圆角的边上量取圆角半径 R 得切点，过切点作边线的垂线，然后以两垂线的交点为圆心，以圆心到切点的距离为半径画弧，即为上底面圆角正等测图，再用移心法画出下底面圆角，然后画出上下底面圆角的公切线。

（2）直立板圆孔后壁的圆是否可见，这将取决于孔径与板厚之间的关系。若直立板厚小于椭圆短轴，则后面的圆可见，反之为不可见。

【例 8-3】 作出图 8-5（a）所示桥墩的正等测图。

分析：

（1）按照要求，绘制正等测参考轴测轴。

（2）根据已知视图得知，该形体由两个基本体上、下叠加而成，桥墩的上部又可看作是由 2 个 1/2 圆台和一个梯形棱柱左右叠加形成，下部是长方体底板，用叠加法

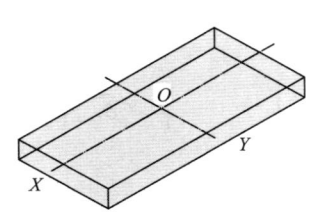
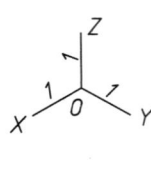

(a) 在已知视图中定轴　　(b) 画参考轴测轴，画底板长方体

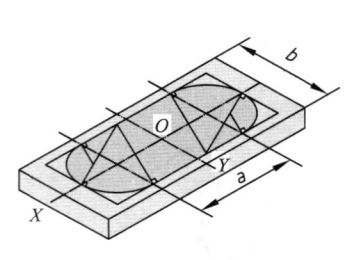
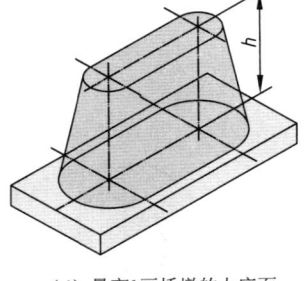
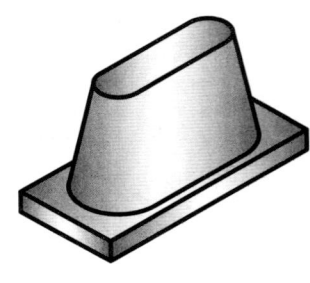

(c) 定位画桥墩的下底面　　(d) 量高 h 画桥墩的上底面　　(e) 擦掉不可见轮廓线，检查加深

图 8-5　桥墩正等测图画法

将各个基本体逐个画出，先画长方体底板，再定圆台中心用四圆心法画出组合圆台上、下底面轮廓，作上下底面公切线，可得桥墩的轴测图。

轴测图的作图过程如图 8-5 (b)、(c)、(d)、(e) 所示。

二、曲面体斜二测图的画法

1. 底面平行坐标面的基本体斜二测图的画法

绘制底面平行坐标面的圆柱、圆台（锥）的斜二测图的方法思路与正等测图相同，但绘制圆的方法不同。

图 8-6 所示是三种位置圆柱的斜二测图。由于斜二测图的 XOZ 坐标面平行于轴测投影面，所以正平圆柱的底面圆在斜二测图中反映实形，可直接画出。水平圆柱及侧平圆柱的底面在斜二测图中为椭圆，需运用"坐标法"画出，坐标法是先在视图上画出一组平行于坐标轴的辅助线，然后作出这些辅助线与圆周交点的轴测图，再光滑连成椭圆。

曲面体斜二测画法视频

2. 应用举例

【例 8-4】　画出图 8-7 (a) 所示八字形翼墙出水口的斜二测图。

分析：

该物体可看成是一个叠加体，由底板、八字形翼墙和带孔的胸墙三部分组成，因为底板和翼墙同宽并且前后底面均为正平面，所以底板和翼墙两部分的斜二测图可一起画。

作图步骤如图 8-7 (b)、(c)、(d)、(e) 所示。

画斜二测时应注意：

第八章 曲面体轴测图

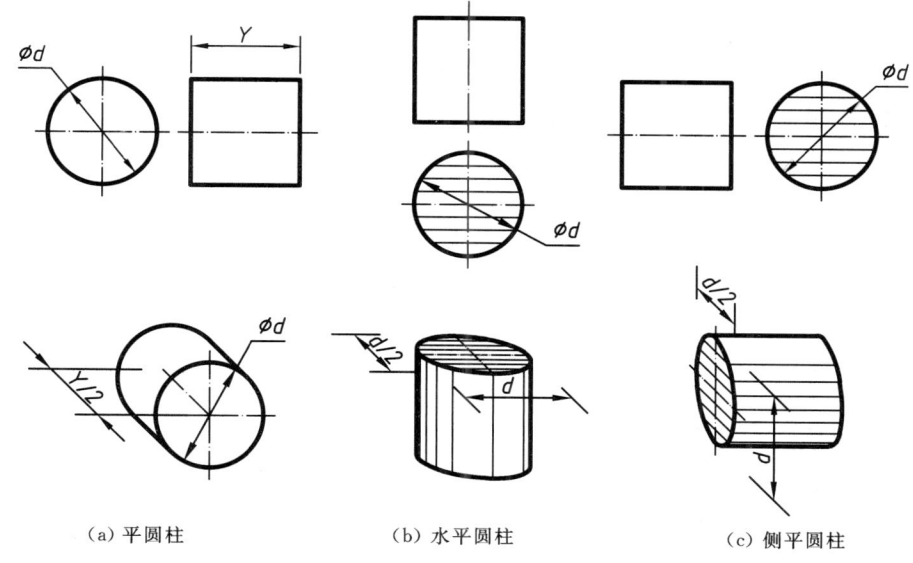

(a) 平圆柱　　　　　(b) 水平圆柱　　　　　(c) 侧平圆柱

图 8-6 三种位置圆柱斜二测的画法

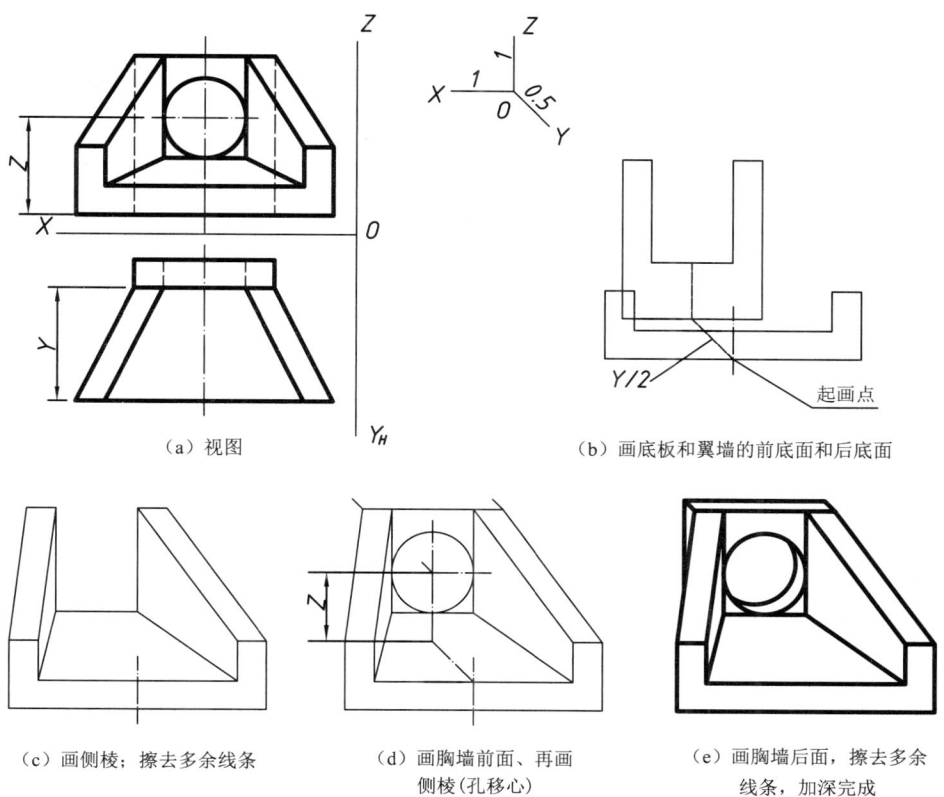

(a) 视图

(b) 画底板和翼墙的前底面和后底面

(c) 画侧棱；擦去多余线条

(d) 画胸墙前面、再画侧棱(孔移心)

(e) 画胸墙后面，擦去多余线条，加深完成

图 8-7 八字形翼墙出水口斜二测的画法步骤

73

(1) Y 轴的轴向伸缩系数为 0.5，因此宽度方向尺寸要缩短一半。
(2) 平行于 XOZ 坐标面的各平面形状，一般应从前向后依次完成。
(3) 圆柱不可见底面的圆心，沿轴线方向用移心法求出比较简便。

【例 8-5】 作出图 8-8（a）所示涵洞的斜二测图。

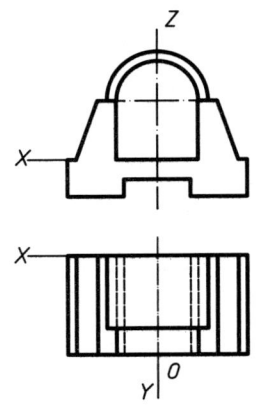 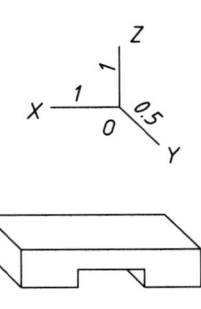

（a）在已知视图中定轴　　　　　　（b）用特征面法画凹字形底板

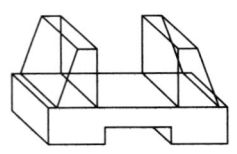 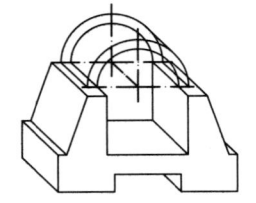 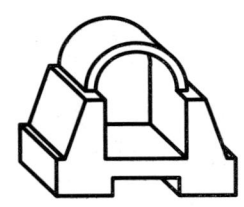

（c）定位画梯形棱柱边墙　　（d）特征面法画1/2正平圆筒拱圈　　（e）检查加深

图 8-8　涵洞斜二测图画法

分析：

(1) 按照要求，绘制斜二测参考轴测轴。

(2) 根据已知视图得知，涵洞是由底板、两侧边墩、1/2 圆筒三部分叠加成的组合形体。作图时分部分依次绘制，可用特征面法画出底板和左右两侧叠加的边墩，再根据 1/2 圆筒与边墩的相对位置，用特征面法画出 1/2 圆筒。

轴测图的作图过程如图 8-8（b）、(c)、(d)、(e) 所示。

【例 8-6】 画出图 8-9（a）所示小桥的斜二测。

分析：

小桥可看成是一个前后底面为正平面的组合柱，应先用特征面法画出前底面的实形，再画出可见侧棱，然后画出后底面的可见轮廓线。作图步骤如图 8-9（b）、(c) 所示。

三、轴测图的选择

不同的轴测图或同一种轴测图，选择的投影方向不同，所画出的轴测图表达效果也不同。选择轴测图时，一般从以下两个方面来考虑。

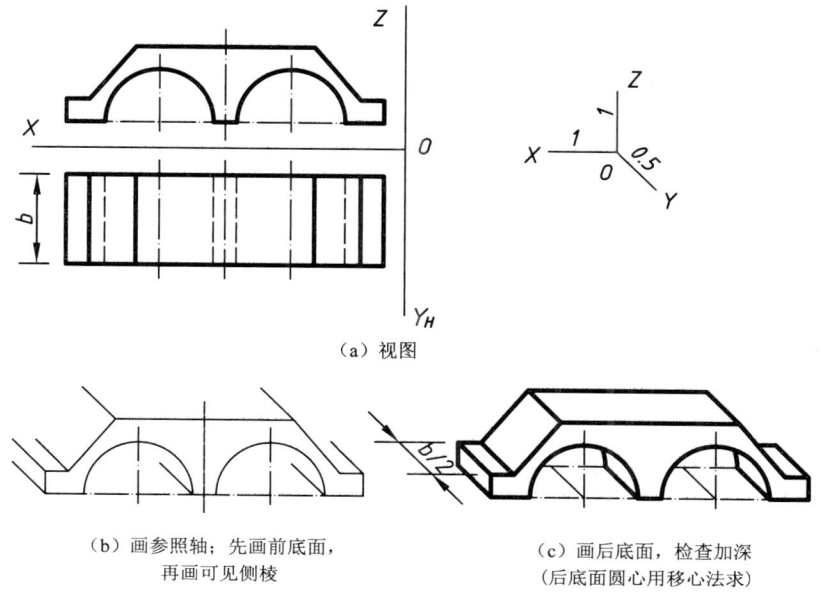

图 8-9 小桥斜二测的画法步骤

1. 直观性好

(1) 正等测图反映三个面都比较直观,而斜二测图仅能直观地反映前面,其他两个面较差,应依形体特征选择轴测图。

(2) 要使轴测图直观性好就应按物体特征选择投影方向,图 8-10 中列出了四种不同方向所画出的物体的正等测,可按主观表达意愿和物体的特征进行选择。

图 8-11 所示的渡槽,上部形状复杂,显然选择反映形体前顶左的"前左俯视"投影方向比选择形体前底左的"前左仰视"投影方向的直观性好。

2. 作图简便

当物体单一方面具有圆或圆弧及其他复杂形状时,选择斜二测图反映一个面的实形的作图方法比较简便;当物体多个坐标面上有圆或圆弧时,用正等测作图简便。如图 8-12 中列出了正等测各种位置圆以及斜二测各种位置圆。

四、徒手画轴测图

为了简便、迅速地交流设计意图,可采用铅笔徒手来绘制轴测图,称为轴测草图。轴测草图的作图步骤与使用绘图仪器绘制轴测图一样。轴测草图绝不是潦草的图样,形体各部分的大小要保持比例关系,应尽量做到直线平直,曲线平滑,同类线条的粗细基本均匀,深浅一致。这样的图形才具有立体感。

画轴测草图应掌握下列绘图知识(表 8-1):

(1) 图纸不必固定,可根据需要而转动,握笔姿势要轻松,手不能紧贴纸面,以方便移动。

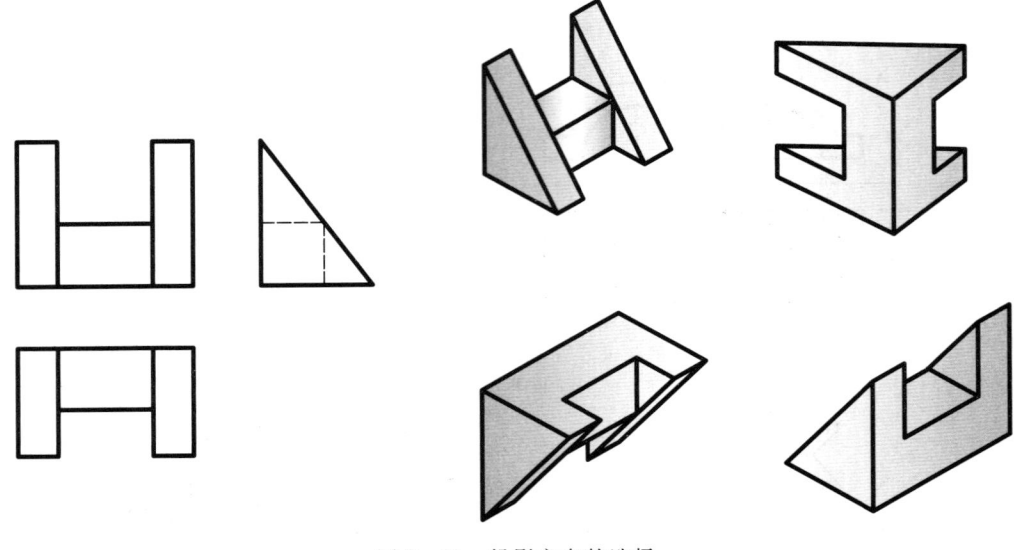

图 8-10 投影方向的选择

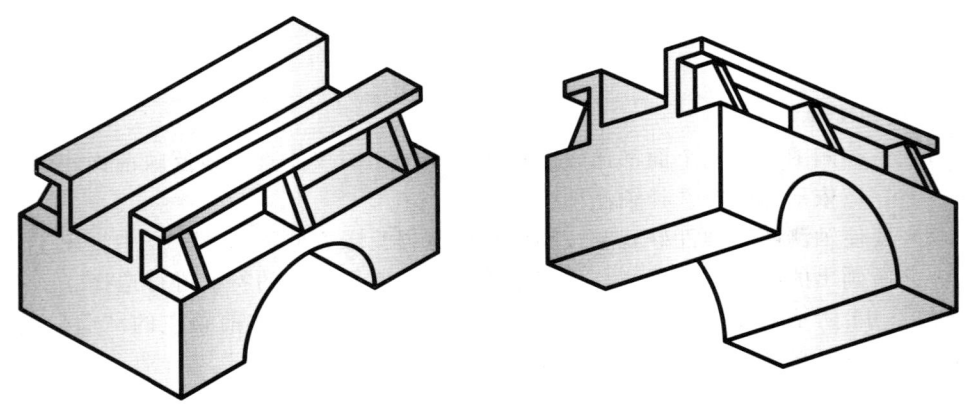

图 8-11 工作桥投影方向选择示例

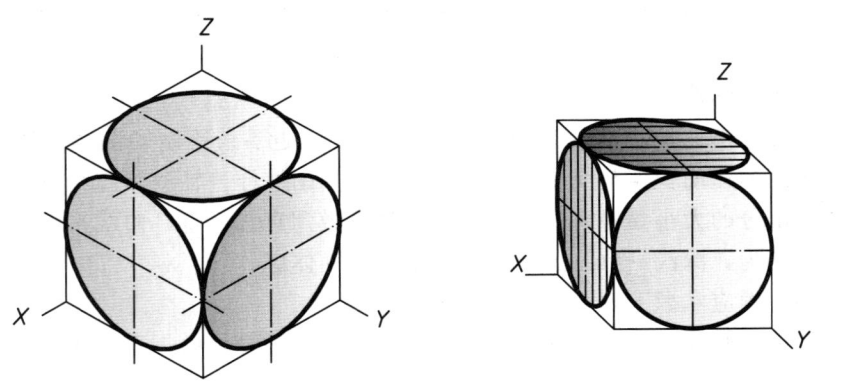

图 8-12 各种位置圆

表 8-1　　　　　　　　　　　　　　　　　轴测草图的画法

项目	说明	图例
徒手画直线	30°、45°、60°等常见角度，可根据直角三角形两直角边的近似比例关系定出两端点画线	
徒手画轴测轴	1. 画水平线时，自左向右运笔；画铅直线时，自上而下运笔。 2. 画倾斜线，可以转动图纸，转到要画的线成水平或铅直位置时再画	
徒手画小圆	先画中心线定出圆心，然后目测在中心线上找到圆心为半径的四个点；过这四个点画圆弧连成小圆	
徒手画椭圆	将圆的外切正方形画出，这样容易决定椭圆长短的方向和比例	

（2）作图前先要选择轴测图的类型，画出参考轴测轴。正等测绘制轴间角120°即是30°倍角；斜二测绘制轴间角90°和135°，135°即是45°倍角。

（3）徒手绘制轴测图的首要任务仍然是分析视图，选择轴测图种类及投射方向并确定合适的绘图方法。

（4）在两点间画直线，笔尖落在起点，眼睛注视终点，以便掌握方向。

（5）画水平线，可将图纸倾斜放置，左低右高，用小手指摁在纸上使手腕一起移动。画线方向是从左至右；画垂直线时，将图纸放正，用小手指支在纸面上，用握笔的手指动作，画线方向是从上至下；画倾斜线时，可将图纸转动，将倾斜线转成水平线位置来画。

（6）画圆时，先画中心线和通过圆心的45°线，在这些线上画出短弧，然后逐步扩大各短弧描绘成圆。

（7）在绘制水平、正平、侧平圆柱时主要是绘制各面上的椭圆。在作平行与坐标面的圆的正等轴测图——椭圆时，最好将圆的外切正方形画出，这样容易决定椭圆长短轴的方向和比例。画小圆角轴测投影时，应先画出外切正方形，然后用简化画法找圆心徒手描出圆弧。

第九章 点线面的投影

学习目标

1. 掌握点的三投影规律；理解点的坐标含义；能根据点的投影图，迅速判定出空间位置。

2. 了解直线和平面的分类和定义；能根据坐标或两面已知投影，正确绘制直线和平面的三面投影图。

3. 熟记各种位置直线和平面的投影特性，能根据直线和平面的投影图，迅速判定出空间位置。

4. 理解体表面取点的作图原理；能由体表面上点的一面投影，正确求画出另外两面投影。

素质目标

1. 养成遵规守矩的图学工程意识（依据正投影特性和三视图投影规律绘制点、线、面的三视图）。

2. 传承精准严谨的工匠精神（根据直线和平面的投影图，迅速判定出空间位置）。

3. 培养创新科学的探索精神（理解点、直线、平面投影与空间物体的对应关系，培养空间想象力从而解决复杂物体）。

4. 作业一丝不苟，课堂严谨认真（点虽小也要认真明确空间位置）。

5. 培养团结合作协作——互相帮助、共同学习、协同协作（同学是点，宿舍是线，班级是面，构成班集体）。

点、直线、平面是构成物体的基本几何元素，研究它们的投影，可提高对物体投影的分析能力和空间想象能力，是解决复杂物体画图与读图的基础。

第一节 点 的 投 影

一、点的三视图的形成

空间点的位置，可由它的直角坐标值来确定，一般书写形式为：$A(x, y, z)$。

将相互垂直的三个投影面作为直角坐标系，投影轴作为坐标轴，O 点作为坐标原点，则相应坐标值就是点到各投影面的距离。

如图 9-1（a）所示，将 A 点置于三投影面体系中，过 A 点分别向三投影面作投射线（垂线），垂足 a、a'、a'' 即为点在三个投影面上的投影。

规定：空间点用大写字母标记，如 A、B、…；它们在 H 面上的投影用相应的小写字母标记，如 a、b、…；在 V 面上的投影用相应的小写字母加一撇标记，如 a'、

第一节 点的投影

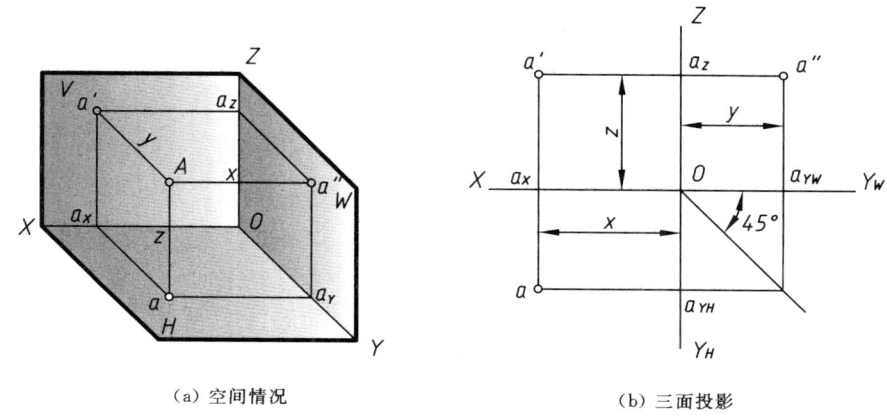

(a) 空间情况　　　　(b) 三面投影

图 9-1　点的三视图的形成和投影规律

b'、…；在 W 面上的投影用相应的小写字母加两撇标记，如 a''、b''、…。

A 点在 H 面上的投影 a 称为点的水平投影，由坐标值 x、y 所决定，它分别反映 A 点到 W、V 两个投影面的距离。

A 点在 V 面上的投影 a' 称为点的正面投影，由坐标值 x、z 所决定，它分别反映 A 点到 W、H 两个投影面的距离。

A 点在 W 面上的投影 a'' 称为点的侧面投影，由坐标值 y、z 所决定，它分别反映 A 点到 V、H 两个投影面的距离。

移去空间点 A，按照第二章中所规定的投影面展开方法，将三投影面展开，得点 A 的三面投影图，如图 9-1（b）所示。

点的一个投影，只能反映点到两个投影面的距离（坐标值），不能确定点的空间位置。点的任意两面投影，即可反映点到三个投影面的距离（三个坐标），确定点在空间的位置。

二、点的三面投影规律

由图 9-1（a）分析，点的各投影在投影面内向坐标轴所作的垂线与投射线、坐标轴一起组成一个长方体，它们有如下关系：

$Aa'' = a'a_z = aa_y = x$，x 坐标即为空间点 A 到 W 面的距离；

$Aa = a'a_x = a''a_y = z$，z 坐标即为空间点 A 到 H 面的距离；

$Aa' = aa_x = a''a_z = y$，y 坐标即为空间点 A 到 V 面的距离。

由此可得点的三面投影规律，如图 9-1（b）所示：

$a'a \perp OX$，即点的正面投影 a' 和水平投影 a 的连线垂直 OX 轴（长对正）；

$a'a'' \perp OZ$，即点的正面投影 a' 和侧面投影 a'' 的连线垂直 OZ 轴（高平齐）；

$aa_x = a''a_z$，即点的水平投影 a 到 OX 轴的距离等于点的侧面投影 a'' 到 OZ 轴的距离（宽相等）。

在点的三视图中，为了便于投影分析，要求用细实线按点的投影规律将点的投影连接起来，点的水平投影和侧面投影要用 45°斜线来体现宽相等。

三、点的坐标与空间位置

点的空间位置取决于坐标值的大小。点的三个坐标值都不为零时,点在空间;点的一个坐标值为零时,点在投影面上;点的两个坐标为零时,点在投影轴上;点的三个坐标值都为零时,点在坐标原点。

四、两点的相对位置和重影点

1. 两点的相对位置

由于点的 x、y、z 坐标反映了空间点相对于 W、V、H 三投影面的距离,因此确定两点的相对位置只需要比较两点对应坐标值的大小。x 值大者在左;y 值大者在前;z 值大者在上。如图 9-2 中 $X_A>X_B$、$Y_A<Y_B$、$Z_A>Z_B$,可知 A 点在 B 点的左、后、上方。

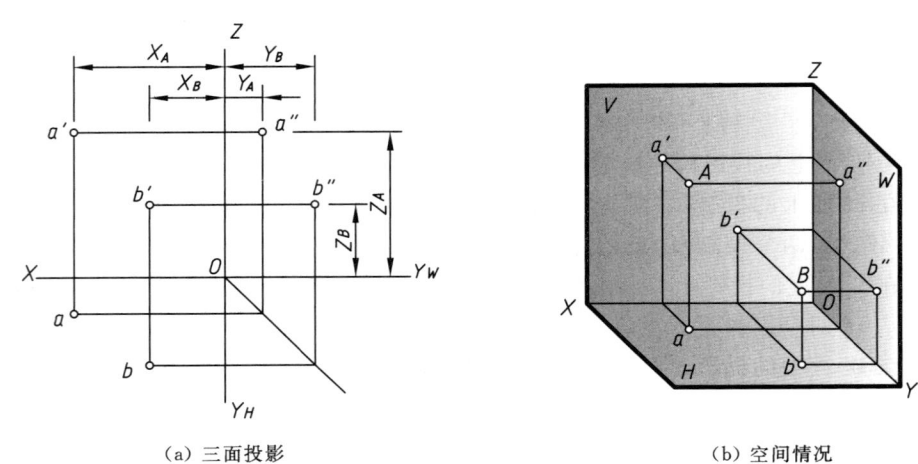

(a) 三面投影　　　　　　　　　　　　(b) 空间情况

图 9-2　两点的相对位置

2. 重影点

处于同一投射线上的空间两点,它们在投射线垂直的投影面上的投影重合为一点,这两点称为该投影面的重影点。

如图 9-3 中 A、B 两点是对 V 面的重影点。当两点的投影在某一投影面上重合时,必有一点遮住了另一点,这就需要进行可见性判断,判断的方法是:在两点不重合的投影上,比较不相同的坐标值的大小,坐标值大者可见,小者不可见。重影点中不可见点的字母应加括号表示。

五、点的投影图与直观图的画法

例题 9-1

【例 9-1】 已知空间点 A 到三个投影面 V、H、W 的距离分别为 15、20、10,画出 A 点的三面投影图。

分析:

由所给条件可得:A 点的 x 坐标为 10、y 坐标为 15、z 坐标为 20,即 A(10,15,20)。

作图时应先画出投影轴,然后根据点的坐标和投影规律依次画出点的三视图,作图步骤如图 9-4 所示。

第一节 点 的 投 影

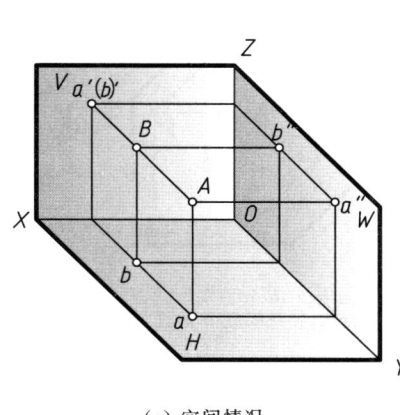

(a) 空间情况

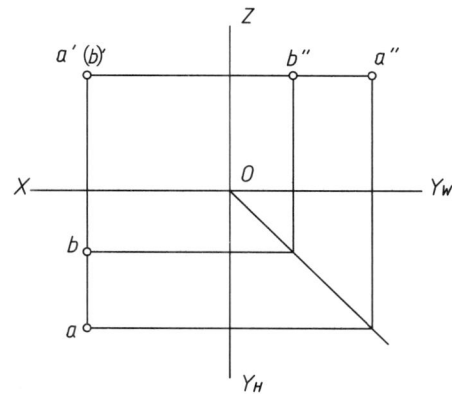

(b) 三面投影

图 9-3 重影点

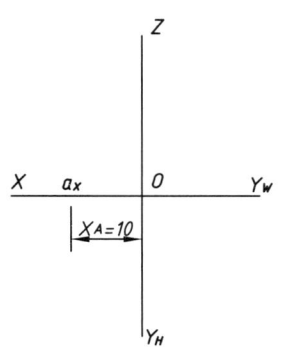

(a) 先画出投影轴，然后从原点 OX 轴向左量 10 得 a_x

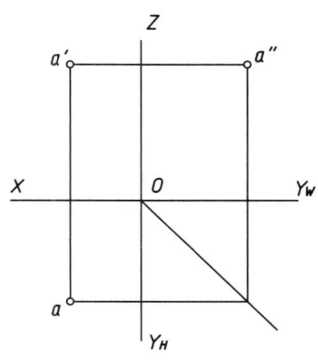

(b) 过点 a_x 作 OX 轴的垂线，从 a_x 向下量 15 得 a，从 a_x 向上量 20 得 a'

(c) 由 a 和 a' 根据点的投影规律得 a''

图 9-4 点的三视图作图步骤

【**例 9-2**】 根据图 9-5（a）所示 B 点的三视图，画出 B 点的直观图。

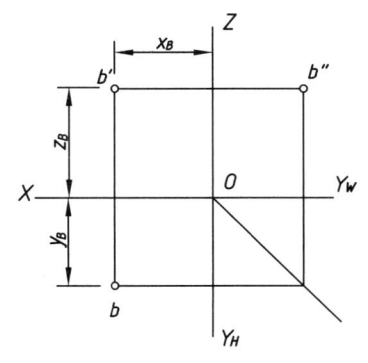

(a) 已知

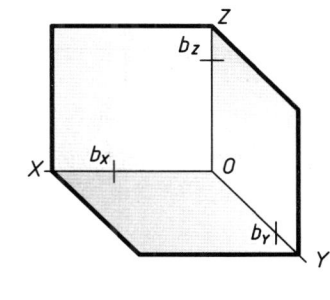

(b) 先画投影轴的直观图，然后根据点的坐标沿轴截得 b_x、b_y、b_z

图 9-5（一） 画点的直观图示例

例题 9-2

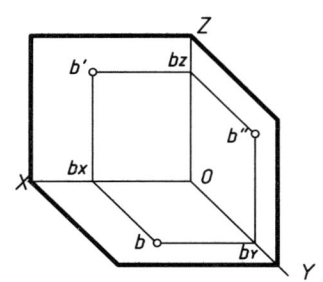 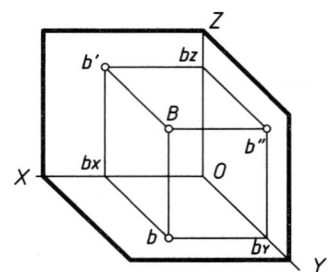

(c) 过 b_x、b_y、b_z 作相应轴的平行线，得点 B 的三投影直观图

(d) 过 b、b'、b'' 分别作 X、Y、Z 轴平行线，得空间点 B 的直观图

图 9-5（二）　画点的直观图示例

分析：

点的直观图中，三投影轴的位置一般画成 OX 轴水平，OZ 轴铅垂，OY 轴与水平线成 45°。画投影面时，投影面的边框与相应的投影轴平行，也可省略。

B 点直观图的作图步骤如图 9-5（b）、(c)、(d) 所示。

第二节　直线的投影

一、直线的投影图与直观图的画法

直线的投影一般仍为直线。画直线段的投影，可先画出直线段两端点的投影，然后用粗实线将其同面投影连成直线即得，如图 9-6 所示。

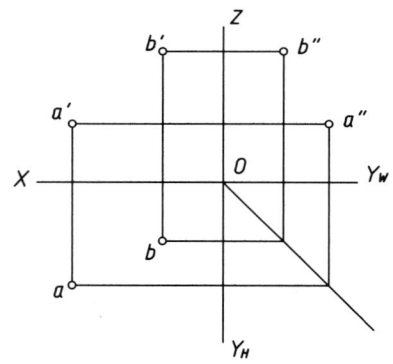 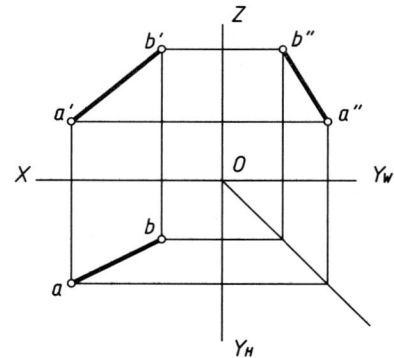

(a) 先画出直线两端点的投影　　　　　(b) 连接同面投影及空间点，完成直线直观图

图 9-6　直线三面投影图的画法

画直线的直观图时，可先画出直线上两点的直观图，然后用粗实线分别连接两点的同面投影和空间两点即得，如图 9-7 所示。

二、各种位置的直线及投影特性

在三面投影体系中，直线的位置分为三类：一般位置直线、投影面平行线、投影面垂直线。后两类统称为特殊位置直线。

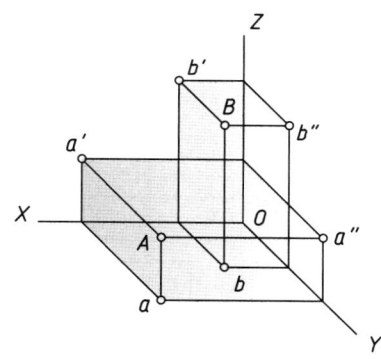
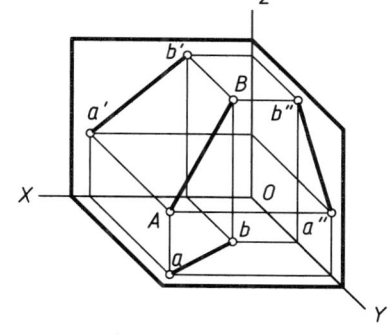

(a) 先画出直线两端点的投影　　　　(b) 连接同面投影及空间点，完成直线直观图

图 9-7　直线直观图的画法

1. 一般位置直线

相对三投影面都倾斜的直线称为一般位置直线，直线与 H、V、W 三投影面的倾角分别用 α、β、γ 表示，如图 9-8 所示。

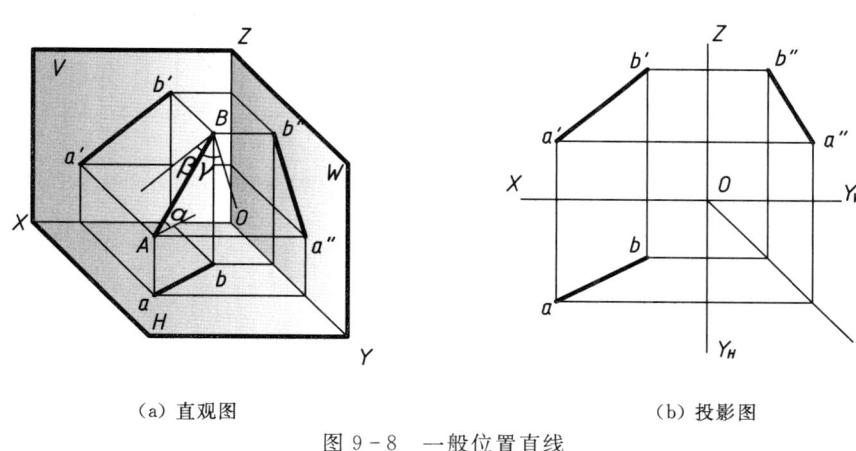

(a) 直观图　　　　　　　　　　　(b) 投影图

图 9-8　一般位置直线

一般位置直线的投影特性为：三投影均为斜线且小于实长，三投影与投影轴的夹角不反映空间直线与投影面的倾角。

2. 投影面平行线

平行一个投影面，倾斜于另外两个投影面的直线称为投影面平行线。投影面平行线分为三种：

正平线——平行于 V 面，倾斜于 H、W 面；
水平线——平行于 H 面，倾斜于 V、W 面；
侧平线——平行于 W 面，倾斜于 V、H 面。

各种投影面平行线的直观图、三投影图及投影特性见表 9-1。

3. 投影面垂直线

垂直于一个投影面，平行于另外两个投影面的直线称为投影面垂直线。投影面垂

直线也可分为三种:

正垂线——垂直于 V 面,平行于 H、W 面;
铅垂线——垂直于 H 面,平行于 V、W 面;
侧垂线——垂直于 W 面,平行于 V、H 面。

表 9-1　　　　　　　　　　　投 影 面 平 行 线

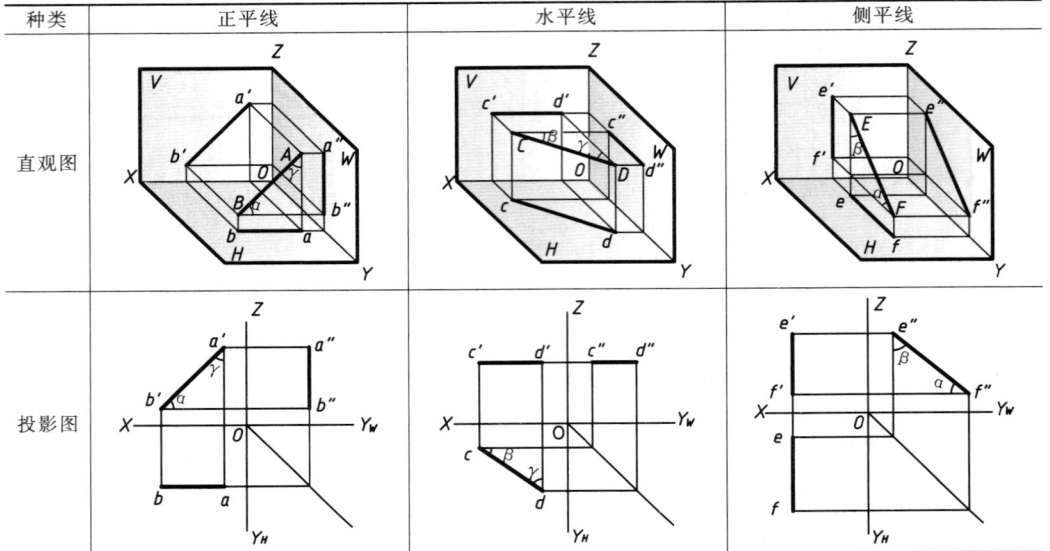

投影特性:①在与直线平行的投影面上的投影为一斜线,反映实长和实际倾角;②其余两投影的长度小于实长,并分别平行相应的两投影轴。

各种投影面垂直线的直观图、三投影图及投影特性见表 9-2。

表 9-2　　　　　　　　　　　投 影 面 垂 直 线

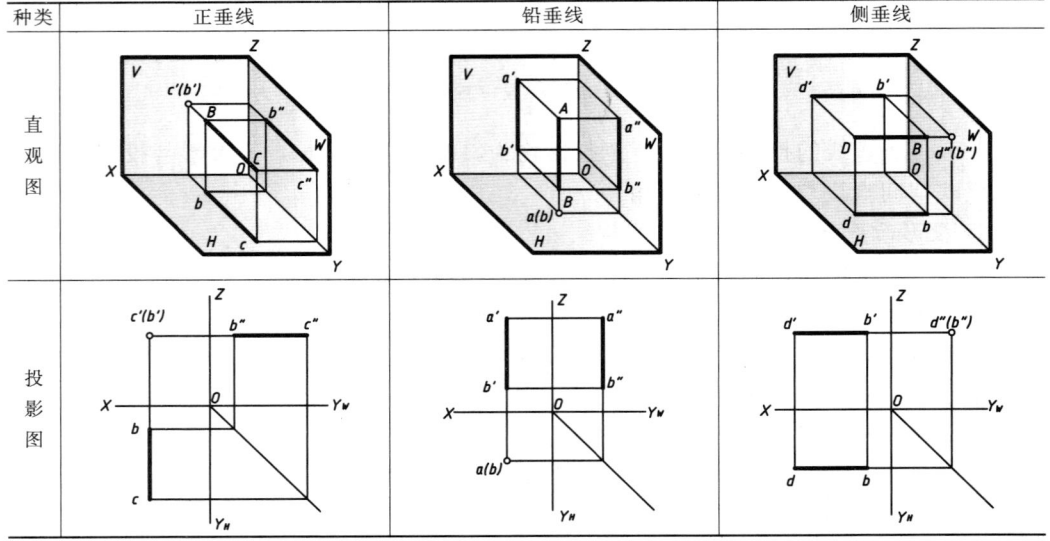

投影特性:①在与直线垂直的投影面上的投影积聚为一点;②其余两投影反映实长,并分别垂直于相应的投影轴。

比较三类直线的投影特性可以看出：

直线只要有两个投影倾斜于投影轴，即为一般位置直线；直线只有一个投影为斜线，即为投影面的平行线；直线的一个投影积聚为点，即为投影面的垂直线。

三、直线上点的从属性、比例性

(1) 从属性：点在直线上，点的各面投影必在该直线的同面投影上，这个特性称为从属性。反之，点的各面投影只要有一个不在直线的同面投影上，则点就一定不在该直线上。

如图 9-9（a）所示，K 点的三面投影 k、k'、k'' 分别在直线 AB 的同面投影 ab、$a'b'$、$a''b''$ 上，并且三投影间符合点的投影规律，由此可判定 K 点必在直线 AB 上，如图 9-9（b）所示。

(2) 比例性：直线上的 K 点将直线 AB 分成两段，其比例关系投影后不变，这个性质称为比例性，如图 9-9 所示。

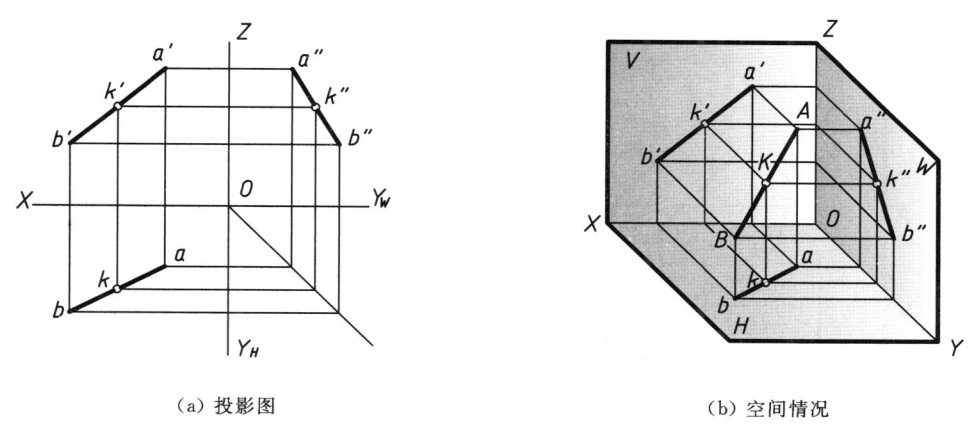

(a) 投影图　　　　　　　　　　　　(b) 空间情况

图 9-9　直线上点的从属性

四、两直线的相对位置

两直线的相对位置有平行、相交、交叉三种情况，前两种位置直线统称为同面直线，后一种称为异面直线。

1. 两直线平行

如图 9-10 所示，$AB//CD$，直线与投射线形成的平面 $ABba//CDdc$，它们与水平投影面的交线互相平行，即 $ab//cd$。同理可证明 $a'b'//c'd'$、$a''b''//c''d''$。

由此可得平行两直线的投影特性：空间两直线平行，它们的同面投影必定相互平行。反之，各组同面投影都互相平行的两直线，在空间必然互相平行。

当两直线是一般位置时，只要有两对同面投影互相平行就可判定两直线在空间平行。

若两直线在空间同时平行于某投影面，判定两直线是否平行的关键点，是要看它们在所平行的投影面上的投影是否平行，投影平行在空间才平行，如图 9-11 所示。

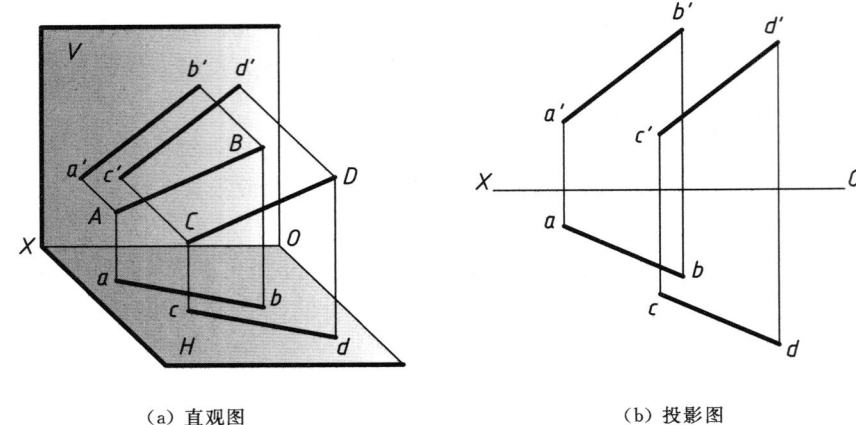

(a) 直观图　　　　　　　　　　　　(b) 投影图

图 9-10　两直线平行

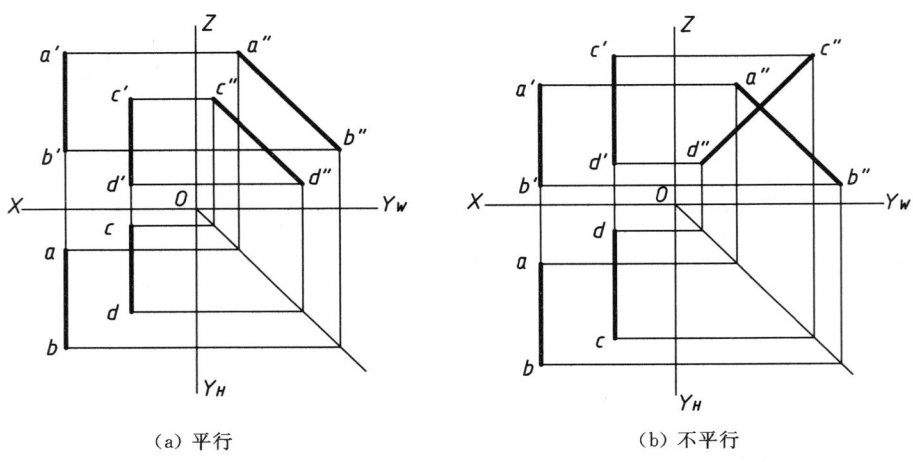

(a) 平行　　　　　　　　　　　　(b) 不平行

图 9-11　两直线平行的判定

2. 两直线相交

相交两直线必有一交点，交点为两直线的共有点。如图 9-12 所示，AB 与 CD 交于 K 点，K 点的三投影必符合点的投影规律，即 $k'k \perp OX$，$k'k'' \perp OZ$，$kk_x = k''k_z$；K 点在 AB 上，k' 应在 $a'b'$ 上，k 在 ab 上，k'' 在 $a''b''$ 上；K 点在 CD 上，k' 应在 $c'd'$ 上，k 在 cd 上，k'' 在 $c''d''$ 上。

由此可得相交两直线的投影特性：若空间两直线相交，它们的同面投影必定相交，并且交点的投影符合点的投影规律；反之，两直线的各组同面投影都相交，而且交点符合空间点的投影规律，这两直线在空间一定相交。

两直线相交成直角时，称为垂直相交或正交。

如图 9-13（a）所示，已知直线 AB 与直线 BC 在空间相互垂直，AB 平行于 H 面。因为 $AB \perp BC$、$AB \perp Bb$，由几何定理可知：AB 必垂直于 BC 和 Bb 所决定的平

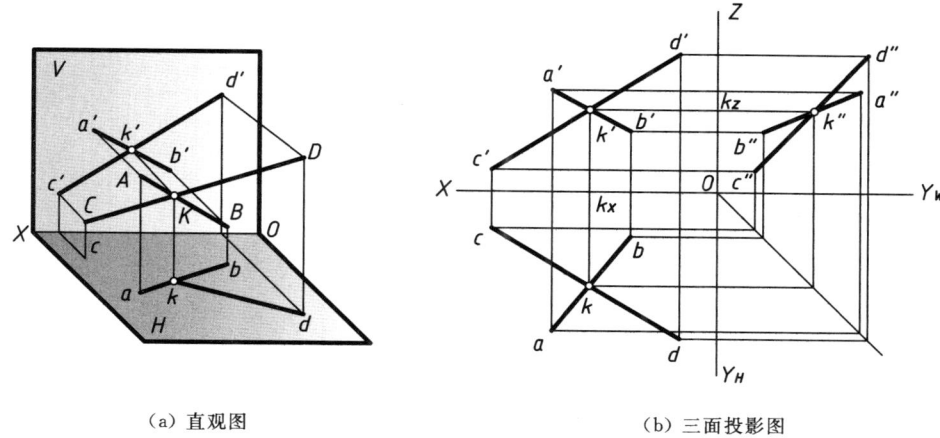

（a）直观图　　　　　　　　　　（b）三面投影图

图 9-12　两直线相交

面 Q 及 Q 面上的任一直线，如 BC_1、BC_2、cb、…，又已知 $AB/\!/ab$，所以 ab 也必垂直于 Q 面及 Q 面上的任一直线，即 $ab \perp cb$，其投影如图 9-13（b）所示。

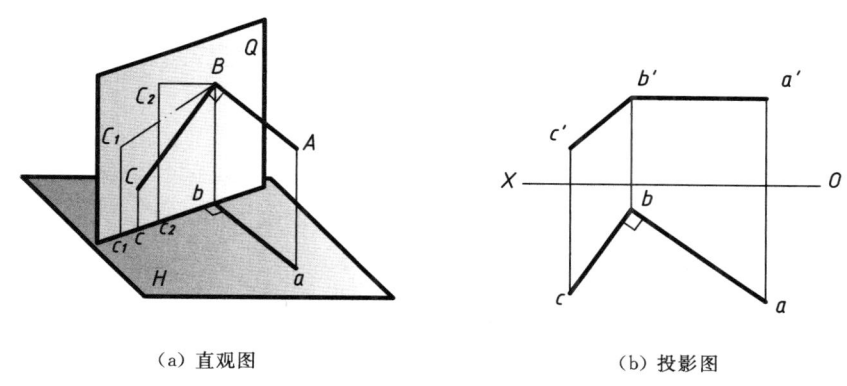

（a）直观图　　　　　　　　　　（b）投影图

图 9-13　两直线垂直相交

由此可得：如果两直线垂直相交，只要其中一条直线平行于某投影面，则两直线在该投影面上的投影垂直相交，即交角投影为直角。此特性称为直角投影定理。

应指出的是：两直线一个投影为直角，在空间不一定垂直，只有符合直角投影定理在空间才是一对垂直的直线。

3. 两直线交叉

两直线既不平行又不相交称为交叉。

交叉两直线的投影特性是：各面投影既不符合两直线平行的投影特性，也不符合两直线相交的投影特性，如图 9-14 所示。

交叉两直线的投影也可能有一组、两组甚至三组是相交的，但它们的交点不符合点的投影规律，是重影点的投影，如图 9-15（a）所示。

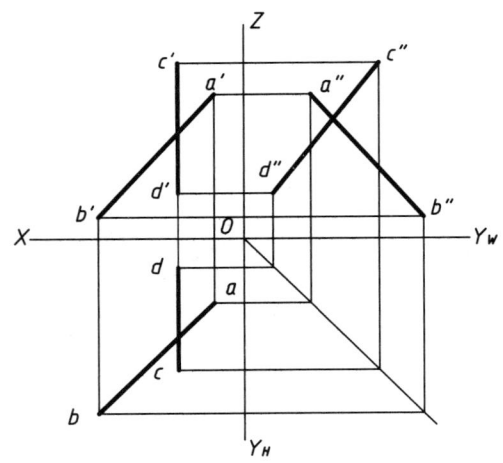

图 9-14 两直线交叉

判断交叉两直线重影点可见性的步骤为：从重影点入手画一根垂直于投影轴的直线到另一个投影，就可以得到重影点不重合的两个投影点，两个点中坐标值大的点为可见点，坐标值小的点为不可见点，不可见点的投影应加括号，如图 9-15（b）所示。

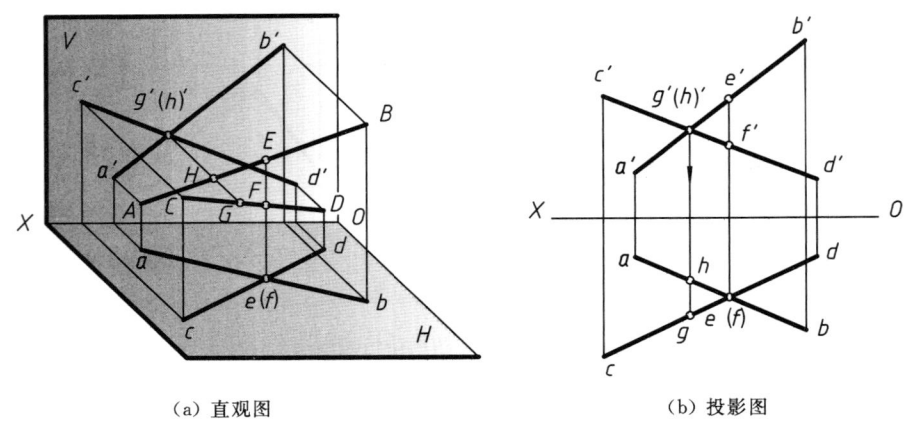

（a）直观图　　　　　　　（b）投影图

图 9-15 交叉两直线重影点的分析

第三节　平　面　的　投　影

一、平面投影图的画法

画平面投影图的方法一般是：先画出各顶点的投影，然后将它们的同面投影依次连接。图 9-16 所示是已知平面的两面投影求第三投影的作图过程。

第三节 平面的投影

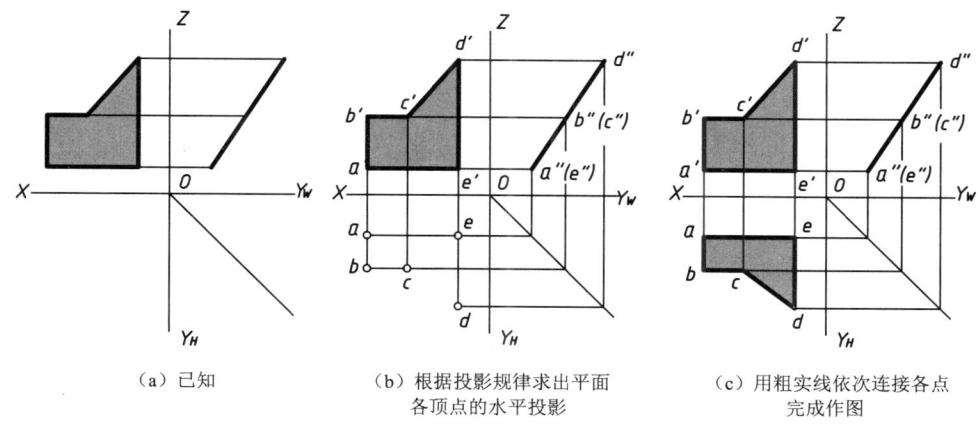

(a) 已知　　(b) 根据投影规律求出平面各顶点的水平投影　　(c) 用粗实线依次连接各点完成作图

图 9-16　已知平面的两面投影求作第三投影的示例

二、各种位置的平面及投影特性

在三投影面体系中,平面的位置分为三类:一般位置平面、投影面平行面、投影面垂直面。后两类统称为特殊位置面。

1. 一般位置平面

相对三投影面都倾斜的平面称为一般位置平面,如图 9-17 所示。平面对 H、V、W 三投影面的倾角分别用 α、β、γ 表示。

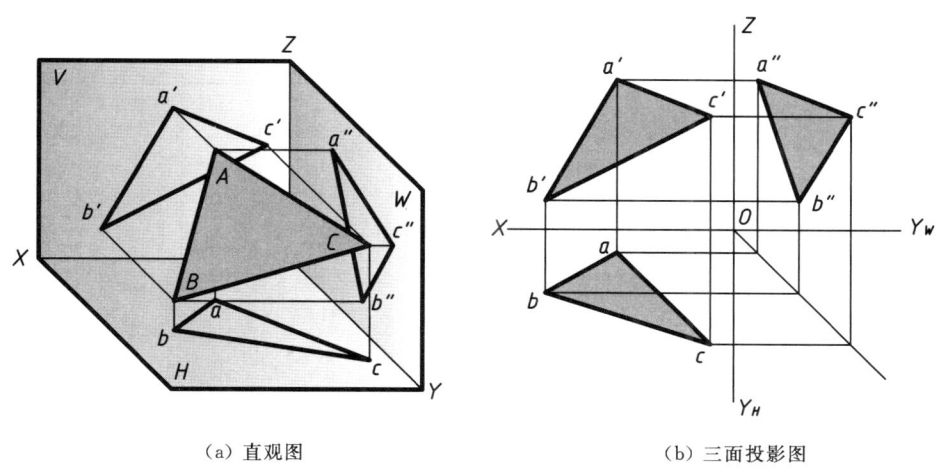

(a) 直观图　　(b) 三面投影图

图 9-17　一般位置平面

一般位置平面的投影特性是:三投影均为类似形,而且不反映该平面与投影面的倾角。

2. 投影面平行面

平行于一个投影面,垂直于另外两个投影面的平面称为投影面平行面。投影面平行面分三种:

正平面——平行于 V 面,垂直于 H、W 面;

水平面——平行于 H 面，垂直于 V、W 面；
侧平面——平行于 W 面，垂直于 V、H 面。

各种投影面平行面的直观图、三投影图及投影特性见表 9-3。

表 9-3　　　　　　　　　　　　　投　影　面　平　行　面

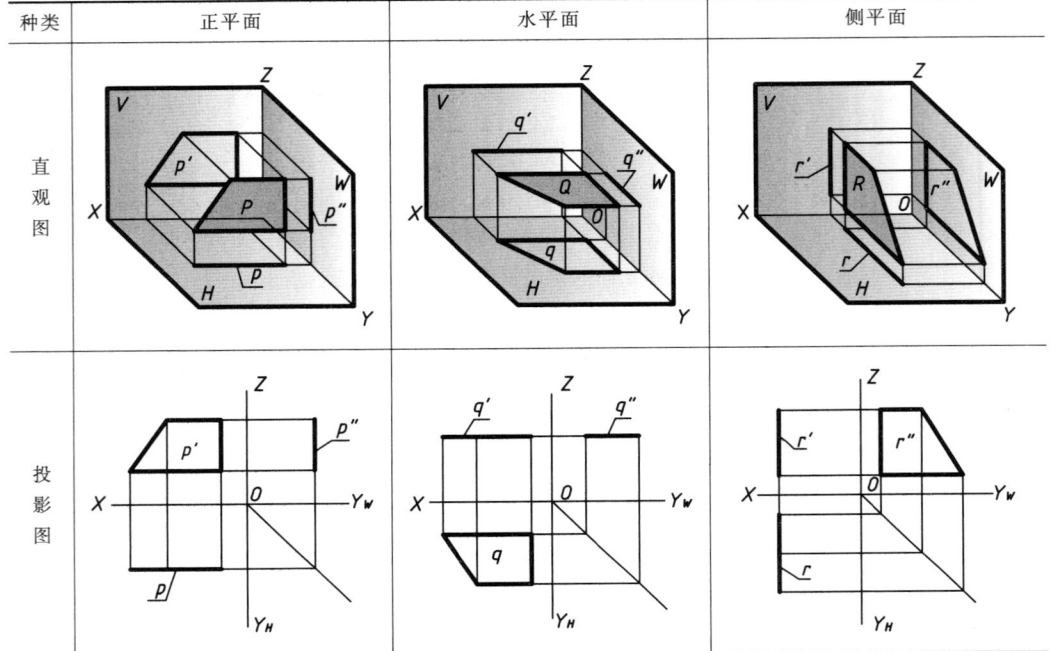

投影特性：①与平面所平行的投影面上的投影反映真实；②其余两投影均积聚为直线，分别平行于相应的投影轴。

3．投影面垂直面

垂直于一个投影面，倾斜于另外两个投影面的平面称为投影面垂直面。投影面垂直面也分三种：

正垂面——垂直于 V 面，倾斜于 H、W 面；
铅垂面——垂直于 H 面，倾斜于 V、W 面；
侧垂面——垂直于 W 面，倾斜于 V、H 面。

各种投影面垂直面的直观图、投影图及投影特性见表 9-4。

比较三类平面的投影特性可以看出：平面的投影中有一投影积聚为一斜线，即为投影面的垂直面；平面的投影只要有一个积聚为平行投影轴的直线，即为投影面的平行面；平面的三个投影均为类似图形，为一般位置平面。

三、平面上的直线和点

1．平面上的直线

由几何学可知直线在平面上的条件是：如果一直线通过平面上的两点，或者通过平面上的一点且平行于平面上的另一直线，则此直线必在该平面上，如图 9-18 所示。

第三节 平面的投影

表 9-4　　　　　　　　　　　投 影 面 垂 直 面

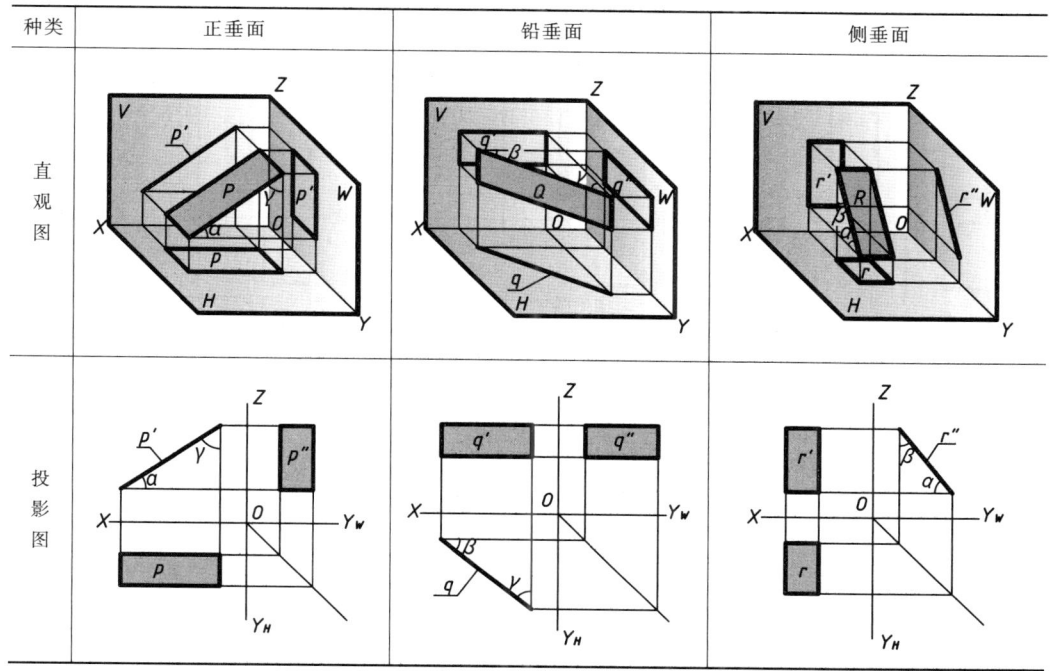

投影特性：①与平面所垂直的投影面上的投影积聚为一斜线，反映该平面与投影面的倾角；②其余两投影均为类似形。

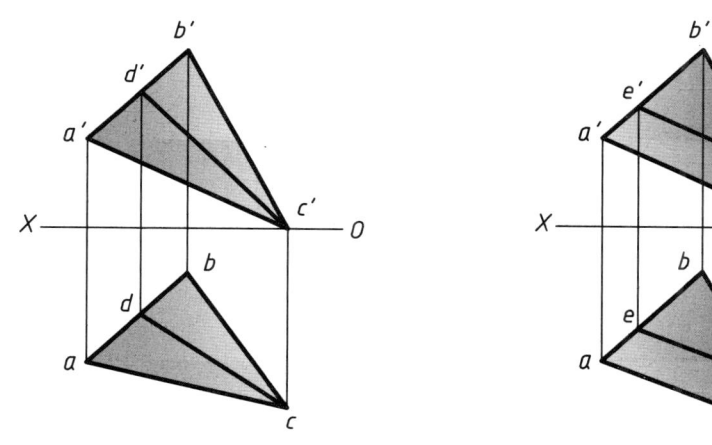

(a) CD 过平面上两点，是平面上的直线　　　(b) EF 过平面上一点并平行于 AC 边，是平面上的直线

图 9-18　平面上的直线

2. 平面上的点

点在平面上的几何条件是：点在平面内的任一直线上，则该点必在此平面上。

在平面上取点，特殊位置平面可利用积聚性直接求，作图步骤如图 9-19 所示。一般位置平面应先在平面上作一条辅助直线，然后在辅助直线的投影上取得点的投影。这种作图方法称为辅助直线法。用辅助直线法在平面上取点的作图步骤如图9-20所示。

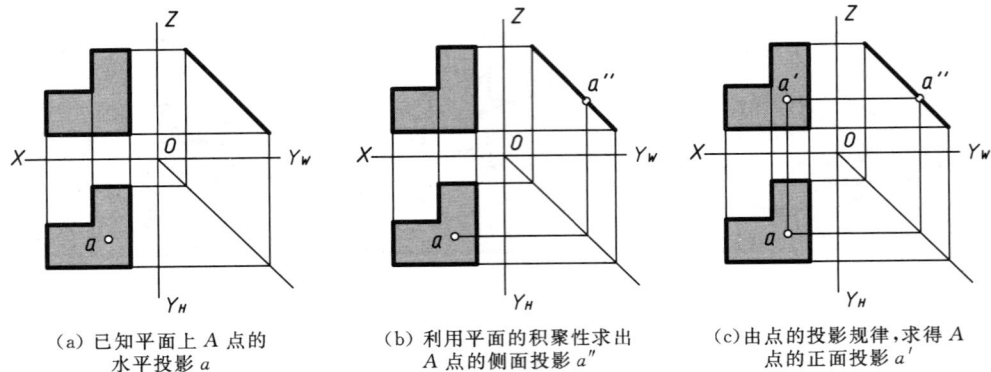

(a) 已知平面上 A 点的水平投影 a

(b) 利用平面的积聚性求出 A 点的侧面投影 a″

(c) 由点的投影规律，求得 A 点的正面投影 a′

图 9-19 利用积聚性求平面上的点

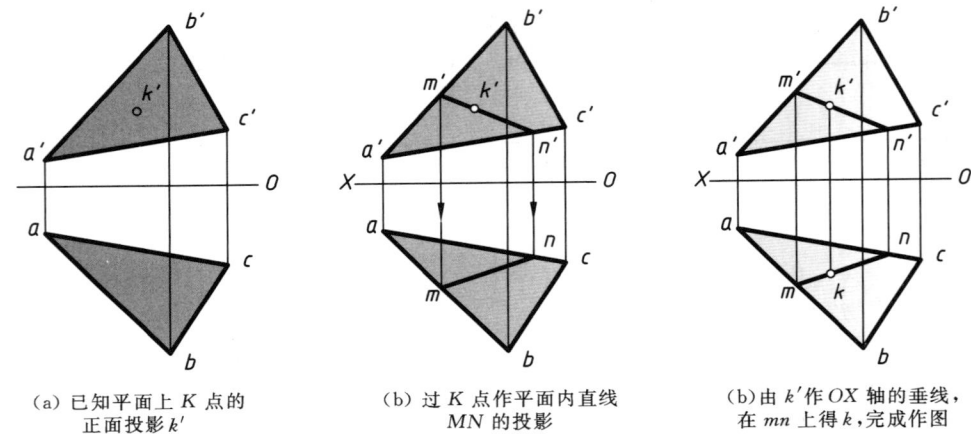

(a) 已知平面上 K 点的正面投影 k′

(b) 过 K 点作平面内直线 MN 的投影

(b) 由 k′ 作 OX 轴的垂线，在 mn 上得 k，完成作图

图 9-20 用辅助直线法在平面上取点

第十章 立体表面取点

学习目标
1. 掌握积聚性法在平面体、曲面体表面取点的方法。
2. 了解辅助线法在平面体、曲面体表面取点的过程。

素质目标
1. 养成遵规守矩图学工程意识（依据投影规律判定点在三视图中的位置）。
2. 传承精准严谨的工匠精神（按照投影规律求做每一个点的投影）。
3. 培养创新科学的探索精神（会结合CAD等三维软件，研究点的空间位置）。

第一节 平面体表面取点

平面体表面取点，就是根据平面体某表面上点的已知投影求未知投影。平面体表面取点应首先根据已知条件，分析点所在平面的空间位置，然后利用积聚性或作辅助线求出点的其余投影。

一、积聚性法

当物体表面相对投影面处于特殊位置时，投影具有积聚性，即该表面上所有点的投影都在面的积聚性投影上。求投影面平行面和投影面垂直面上点的投影，可利用面的积聚性投影直接求得，这种方法称为积聚性法。

做题思路：①看懂形体，确定点所在的面；②分析点所在的面的空间形状和投影特性；③利用垂直面的积聚性，求出的投影，最后再判定点的可见性。

【**例 10-1**】 如图 10-1 所示，已知六棱柱表面上点 A、点 B、点 C 的一面投影，求它们的另外两面投影。

分析：

点 A：点 A 位于六棱柱的左底面上，可利用正面投影的积聚性，先找到点 A 的正面投影，再求出水平投影。

点 B：点 B 位于六棱柱的棱线上，利用直线上点的投影，直接求出点 B 的侧面投影和点 B 的水平投影。

点 C：点 C 位于六棱柱的侧面上，侧面的积聚性投影在它的左视图中，所以先找点 C 的侧面投影，再求出它的水平投影。

例题 10-1

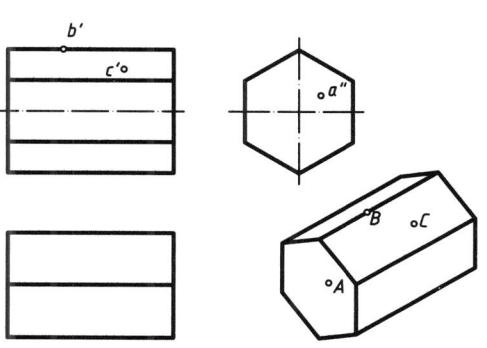

图 10-1 求作六棱柱上点 A、点 B、点 C 的三面投影

作图步骤:如图 10-2、图 10-3、图 10-4 所示。

点 A:六棱柱的左底面,在主、俯视图上积聚为两条直线,可利用它的积聚性,先找到点 A 的正面投影,再按照投影规律求出水平投影。面上积聚的点均为可见。

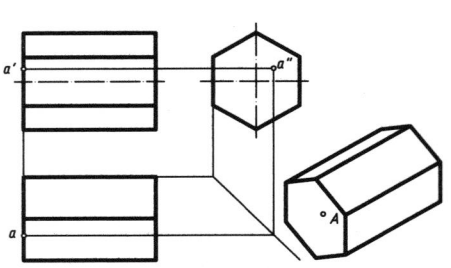

图 10-2 求作六棱柱点 A 的三面投影

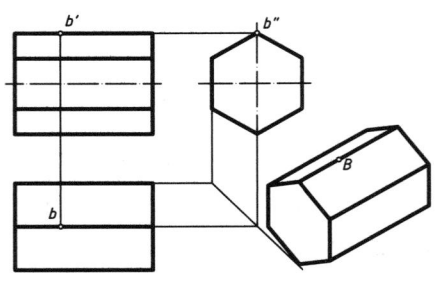

图 10-3 求作六棱柱点 B 的三面投影

点 B:棱线在左视图上积聚为点,先找到点 B 的侧面投影,再求点 B 的水平投影。棱线上积聚的点也为可见。

点 C:侧面在左视图上积聚为线,所以先找点 C 的侧面投影,再按投影规律求出它的水平投影。点 C 的三面投影均为可见。

判定可见性的原则是:点所在面的投影可见,点的该投影可见;点所在面的投影不可见,点的该投影也不可见。不可见

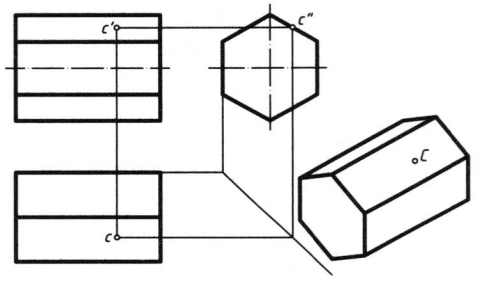

图 10-4 求作六棱柱点 C 的三面投影

点的投影标记应加括号,但面的积聚投影上不可见的点,可省略括号。

二、辅助直线法

当立体表面为一般位置面时,它的三面投影都没有积聚性,在这些面上取点应用辅助直线法。

【**例 10-2**】 如图 10-5 所示,已知三棱锥表面上 K 点的正面投影 k',求 K 点的水平投影和侧面投影。

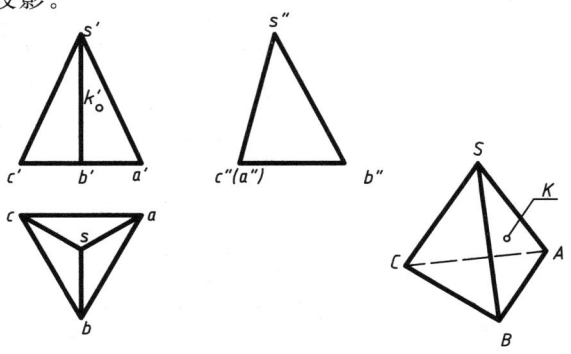

图 10-5 求作三棱锥上点 K 的三面投影

第一节 平面体表面取点

分析：

看懂形体，先找到点 K 所在的 SAB 侧面的三面投影，SAB 侧面的三投影都是线框无积聚性，为一般位置平面，该面上的点要用辅助直线法求画。

作图步骤：如图 10-6、图 10-7 所示。

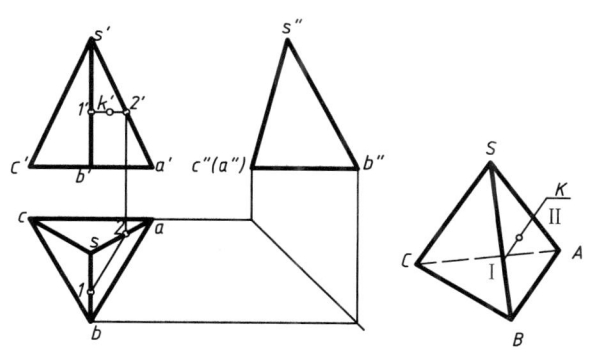

图 10-6 过点 K 做辅助直线 ⅠⅡ，找到点 K 的第二面投影

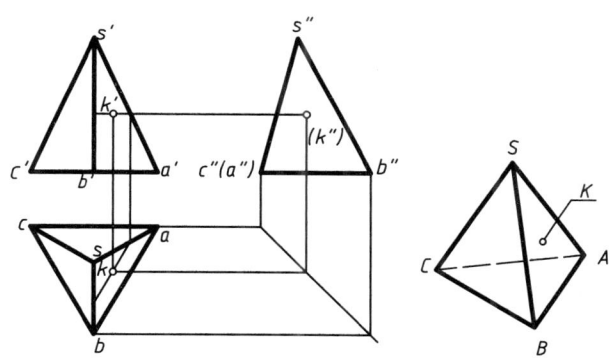

图 10-7 利用投影规律，求出点 K 的第三面投影

过点 K 作一条平行于 AB 的辅助直线 ⅠⅡ，直线 ⅠⅡ 的正面投影 1'2' 平行于 a'b'，并交于 s'a' 棱线上，利用投影规律"长对正"，求出直线 ⅠⅡ 的水平投影 2，12∥ab。点在线上，点的投影自然在线的投影上，这样就求出了点 K 的水平投影 k，根据投影规律求出 k″。判定可见性，SAB 面的水平投影可见，该面上 K 点的水平投影 k 也可见。

SAB 面的侧面投影不可见，该面上 K 点的侧面投影 k″ 也不可见，应标记为 (k″)。

归纳： 体表面取点时，首先要判定点所在的面，分析面相对投影面的位置，如果平面是垂直面或平行面，就利用积聚性法求点的投影；若是一般位置平面，就要采用辅助线法求得。

应指出的是，平面体各棱线上的点，均可根据投影规律直接求得。

第二节 曲面体表面取点

一、积聚性法

在曲面体表面上取点和在平面上取点的基本方法相同,即当曲面体表面的一个投影具有积聚性时,可利用积聚性投影直接求得点的投影。

应指出的是,曲面无论有没有积聚性,轮廓素线上的点均可以直接求得。

【例 10-3】 如图 10-8 所示,已知圆柱面上点 A、点 B、点 C 的一面投影,求作点 A、点 B、点 C 的另外两面投影。

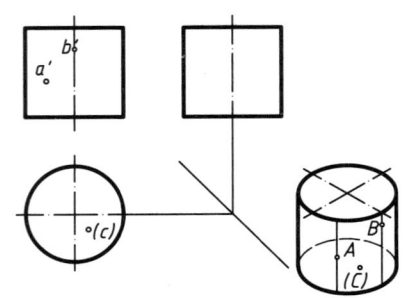

图 10-8 求圆柱上点 A、点 B、点 C 的三面投影

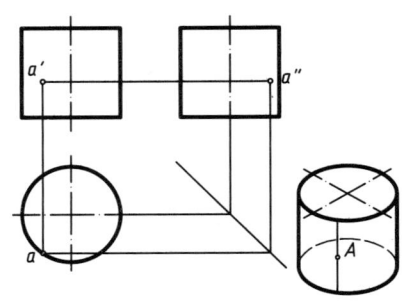

图 10-9 求圆柱上点 A 的三面投影

分析:

利用圆柱的积聚性,先在反映圆的特征视图俯视图上求点的投影,再求第三面投影。

作图步骤:如图 10-9、图 10-10、图 10-11 所示。

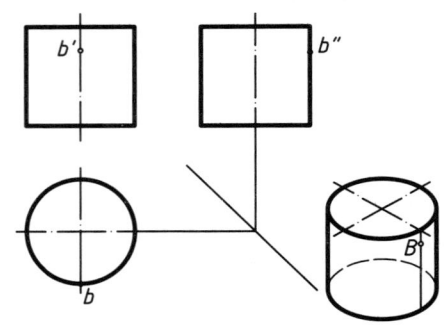

图 10-10 求圆柱上点 B 的三面投影

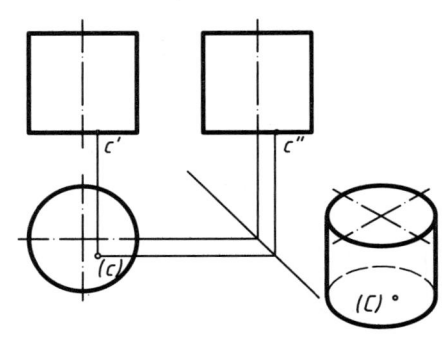

图 10-11 求圆柱上点 C 的三面投影

在求作点 A 的三面投影时,利用圆周的积聚性,先求出点 A 的俯视图,再求左视图。点 A 的俯视图可见,点 A 在左半圆周上,左视图也可见。

点 B 是最前轮廓素线上的点,找到最前轮廓素线的三面投影位置,利用它的特殊性,可直接求作。最前轮廓素线在俯视图积聚为一个点,所以点 b 也在该点上,点 B 俯视图可见,最前轮廓素线在左视图可见,点 B 也可见。

点 C 在圆柱的下底面上,俯视图不可见,下底面在主视图、左视图均积聚为直线，所以点 C 的另外两面投影也在直线上。点 C 的主视图、左视图均可见。

二、辅助线法

对于圆锥、圆台体的圆锥面，各投影都没有积聚性，则需要用辅助线法来求。

【**例 10-4**】 如图 10-12 所示，已知圆锥面上 A 点的正面投影 a'，求 A 点的水平投影和侧面投影。

分析：

如图 10-12 所示，A 点在圆锥面上，圆锥面的投影无积聚性，应用辅助线法求。

圆锥面是直线面，可利用素线作辅助线，称为素线法。圆锥面又是回转面，该面上可作出一系列圆，所以又可利用圆作辅助圆，称为辅助圆法。

例题 10-4

作图：

方法一：用辅助素线法求 a 及 a''。

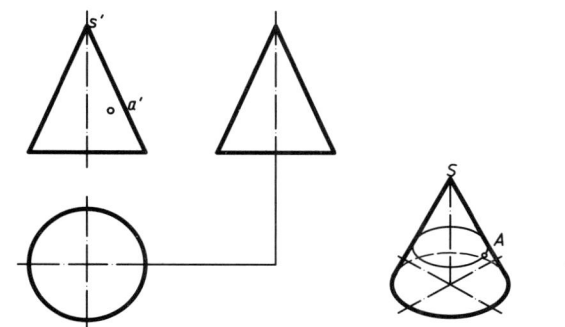

图 10-12 圆锥体表面取点

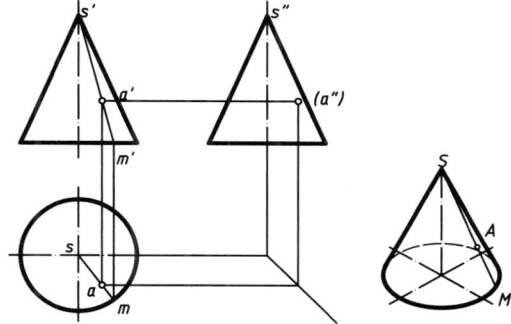

图 10-13 辅助素线法求圆锥点 A 的三面投影

如图 10-13 所示，过锥尖 s'、点 a' 做圆锥上的一条素线，延长交底圆周 m'。M 点在底圆周上，根据投影规律由 m' 可直接求出 m，再连接 sm，即得辅助素线的水平投影。点 A 在素线上，a 的水平投影也在 sm 上，最后按照投影规律求出侧面投影。由于点 A 是在右半侧，点 A 在左视图上不可见。

方法二：用辅助圆法求 a 及 a''。

如图 10-14 所示，过 A 点在圆锥面上作一辅助圆，辅助圆的水平投影是与底面同心的圆，正面投影和侧面投影均为水平直线。过 a' 作一水平线交两侧轮廓素线，长度即为辅助圆的直径，以水平投影中心 S 为圆心，上述长度的一半为半径画圆得辅助圆的水平投影，根据投影规律可求出辅助圆的侧面投影。同理，由直线上点的从属性和点的投影规律可求出 a 及 a''，a'' 不可见。

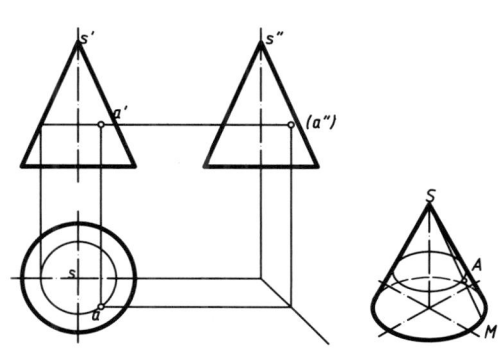

图 10-14 辅助圆法求圆锥点 A 的三面投影

第十一章 立体的表面交线

学习目标
1. 熟记平面体、圆柱截交线的形状。
2. 能依据截平面的位置,迅速判定出截交线的形状;能依据相交两立体的形状和它们的相对位置,判定出相贯线的形状;能准确判定非圆曲线截交线和相贯线上特殊点的个数。
3. 能用体表面取点法,正确画出平面体、圆柱的截交线和平面体与曲面体相交的相贯线。

素质目标
1. 养成遵规守矩图学工程意识(能判定各种交线的空间形状)。
2. 传承精准严谨的工匠精神(对于切割体,切掉的棱线要擦去;对于叠加体,贯进形体内部的棱线要擦去)。
3. 培养创新科学的探索精神(会结合CAD等三维软件,研究形体交线的空间形状)。

立体的表面交线分为截交线和相贯线,平面截切立体所产生的表面交线称为截交线,两立体相交所产生的表面交线称为相贯线,如图11-1所示。这些交线在工程形体中比较常见,应掌握立体表面交线的画法与识读。

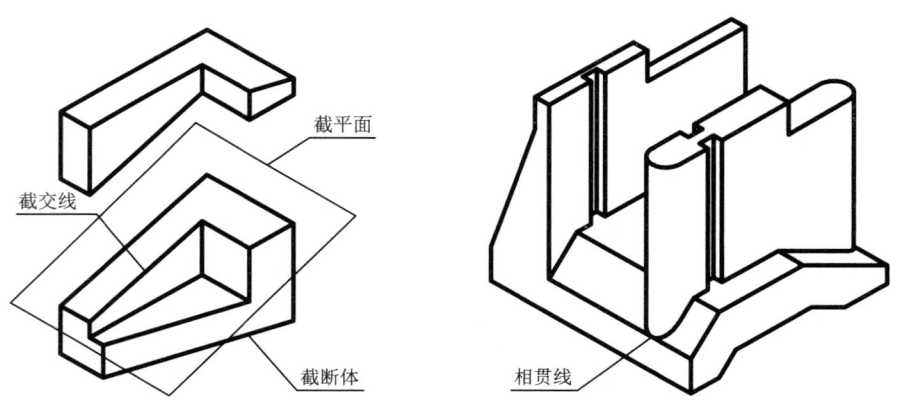

图 11-1 立体表面交线

第一节 平面体的截交线

如图11-2所示,基本体被平面截断后的部分称为截断体,截断基本体的平面称为截平面,截平面与基本体表面的交线称为截交线。

第一节 平面体的截交线

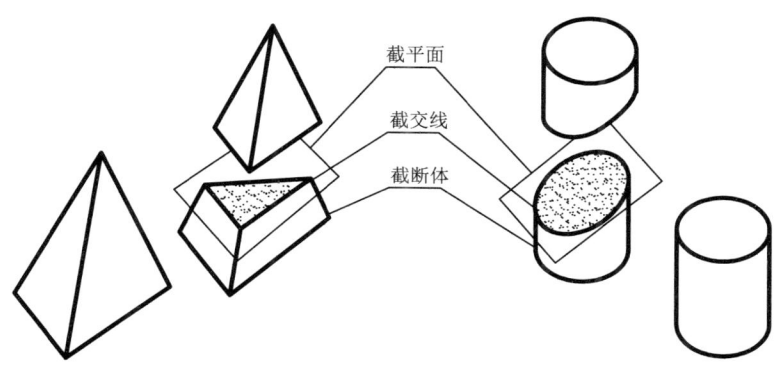

图 11-2 截交线的概念

一、平面体截交线的形状

平面体的截交线都是平面多边形，多边形的顶点是平面体上各棱线（包括底边线）与截平面的交点，有几个交点即为几边形。如图 11-2 所示，三棱锥被截断三条棱线，截交线为三角形。

二、平面体截交线的画法

截交线的求作思路：截交线都是截平面与基本体表面的共有线，因此截交线具有"共有性"。

求作平面体截交线的方法就是先求出截平面与平面体上被截棱线的各交点，然后依次连接成多边形，即为截交线。

【例 11-1】 图 11-3（a）所示为 T 形棱柱被一个正垂面截切，补画俯视图。

分析：

截平面切断了 T 形棱柱上所有棱线，截交线为八边形，如图 11-3（b）所示。截平面是正垂面，截交线的正面投影积聚成一斜直线，侧面投影与 T 形棱柱左视图重合，水平投影应为类似形。

由已知条件补画截断体视图的思路是：

（1）识读视图。根据截切位置判断出截交线的空间形状。

（2）分析截交线的投影。想象出截交线各面投影的形状，确定已知，求出未知。

（3）画图。首先画出原体，然后将截切处看作面，逐一求画，即"先体后面"。

作图步骤如图 11-3（c）、（d）、（e）、（f）所示。

例题 11-1

【例 11-2】 图 11-4（a）所示为三棱锥被一般位置平面截切，完成其俯视图和左视图。

分析：

三棱锥被一个一般位置平面截切，如图 11-4（b）所示。原体三棱锥的俯视图和左视图已知，需求出俯视图、左视图中截交线的投影。

三棱锥被截切断 3 根棱线，截交线为三角形，截平面是一般位置平面，一般面的投影特性是三视图均为类似形，所以截交线的水平投影和侧面投影均为三角形的类似形。

例题 11-2

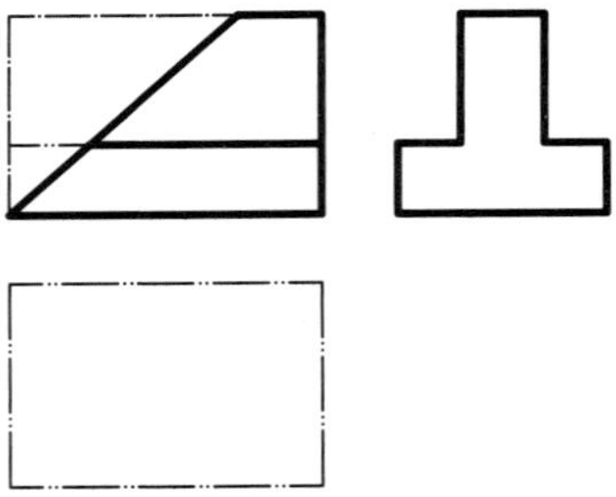

第十一章 立体的表面交线

(a) 已知条件

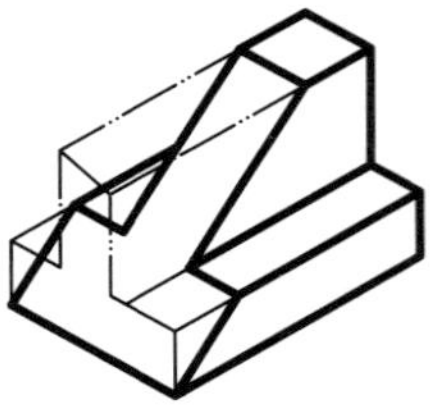

(b) 想象出空间形状

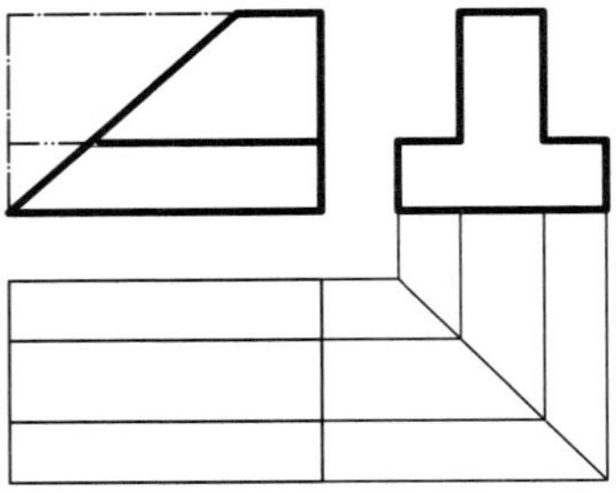

(c) 画出原体的俯视图

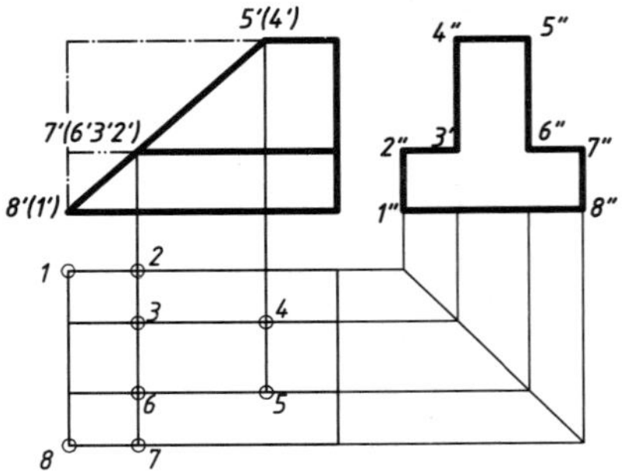

(d) 依次在主、左视图中标出截交线各顶点的投影，然后根据投影规律求出俯视图中截交线各顶点的投影

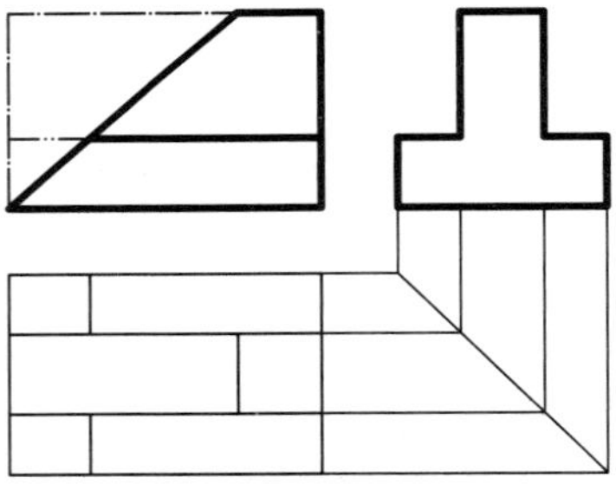

(e) 依次连接截交线水平投影各点

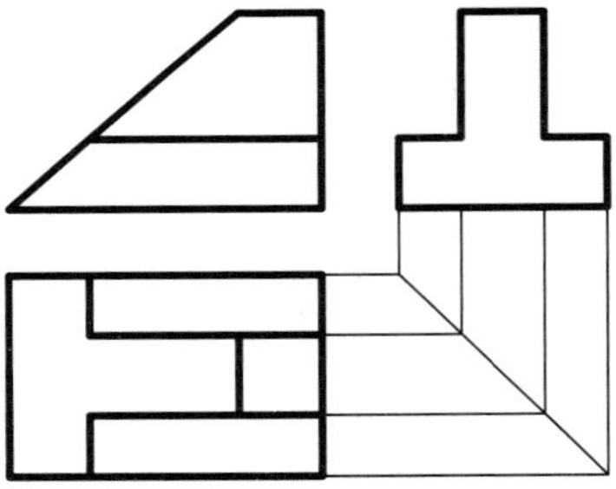

(f) 检查加深，完成作图

图 11-3　T形棱柱被正垂面截切作图步骤

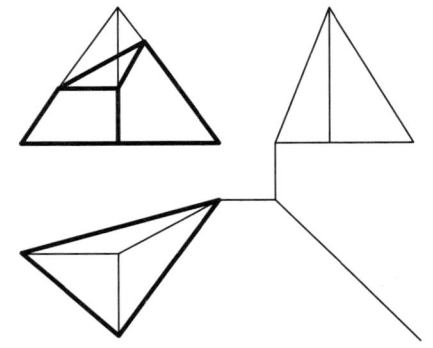

(a) 已知条件

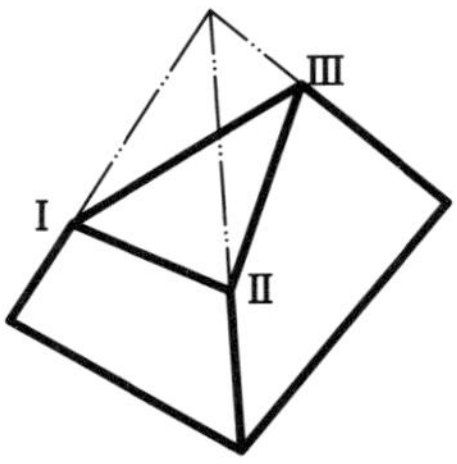

(b) 想象出空间形状

图 11-4（一）　三棱锥被一般面截切作图步骤

100

第二节 曲面体的截交线

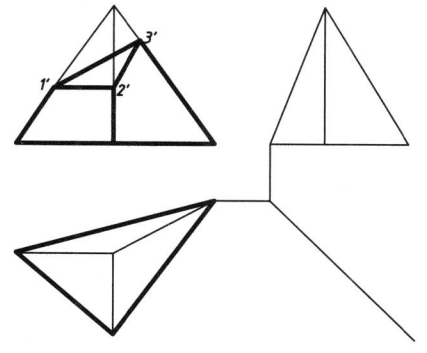

（c）标出主视图中截交线各顶点

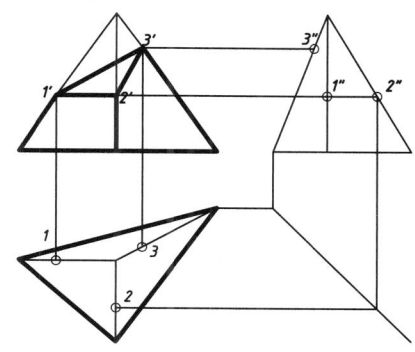

（d）求出俯视图、左视图中截交线各顶点投影

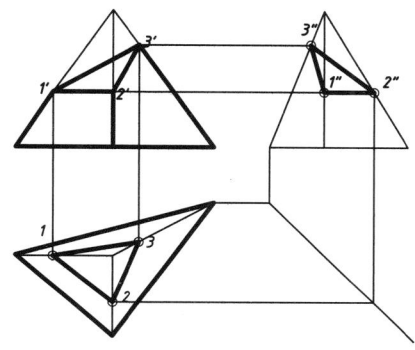

（e）依次连接主视图、左视图中截交线各点

（f）检查加深，完成和图

图 11-4（二） 三棱锥被一般面截切作图步骤

作图步骤如图 11-4（c）、（d）、（e）、（f）所示。

第二节 曲面体的截交线

一、曲面体截交线的形状

截平面截切曲面体时，与曲面体轴线相对位置不同，所产生的截交线形状也不相同。

1. 平面截切圆柱

由于截平面与圆柱轴线的相对位置不同，平面截切圆柱所得截交线有矩形、圆、椭圆三种形状，具体见表 11-1。

2. 平面截切圆锥

由于截平面与圆锥轴线的相对位置不同，平面截切圆锥所得截交线有圆、椭圆、抛物线、双曲线、三角形五种形状，具体见表 11-2。

二、曲面体截交线的画法

求作思路：因为截交线具有"共有性"，所以截交线上的每一个点都是截平面与立体表面的共有点，这些共有点的连线就是截交线。

第十一章 立体的表面交线

表 11-1　　　　　　　　　　　　圆柱截切的三种形状

截平面位置	与轴线平行	与轴线垂直	与轴线倾斜
截交线形状	矩形	圆	椭圆
轴测图	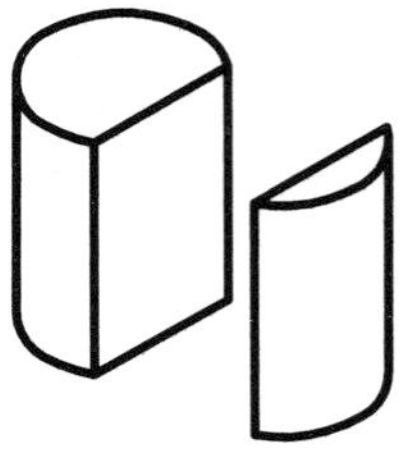	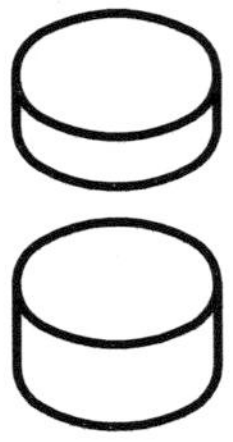	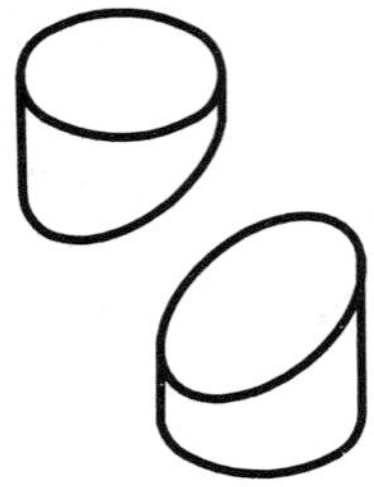
投影图	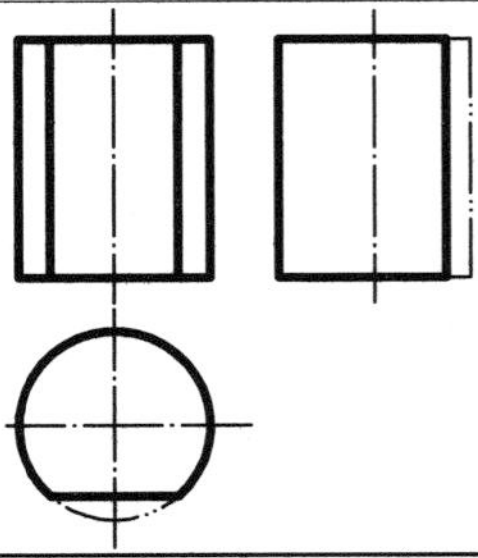	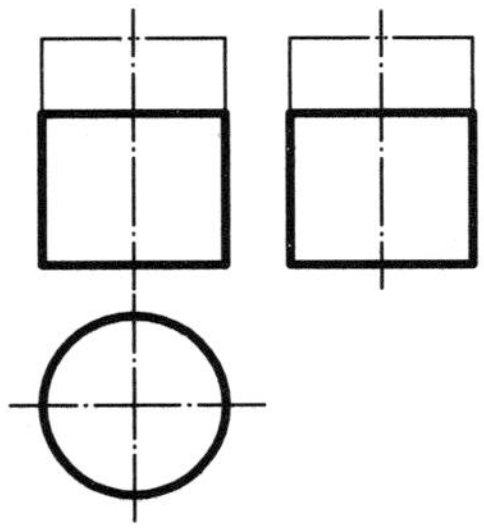	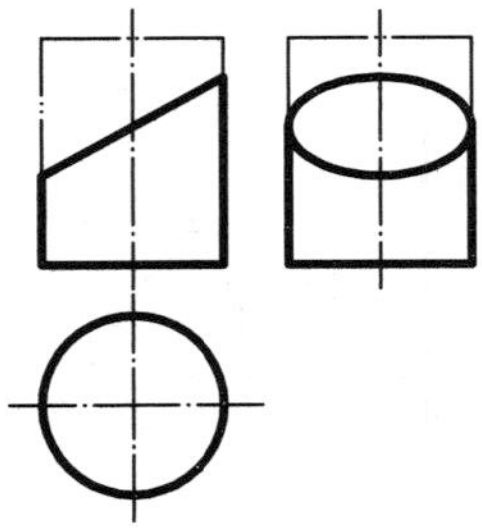

表 11-2　　　　　　　　　　　　圆锥被截切的五种形状

截平面位置	截交线形状	轴测图	投影图
过锥顶	三角形		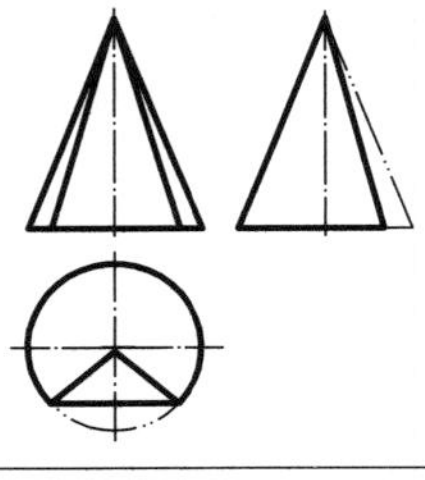
垂直于轴线	圆		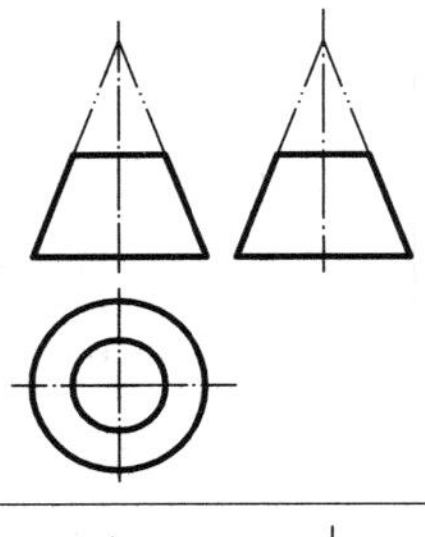
倾斜于轴线与所有素线相交 $\alpha < \beta$	椭圆		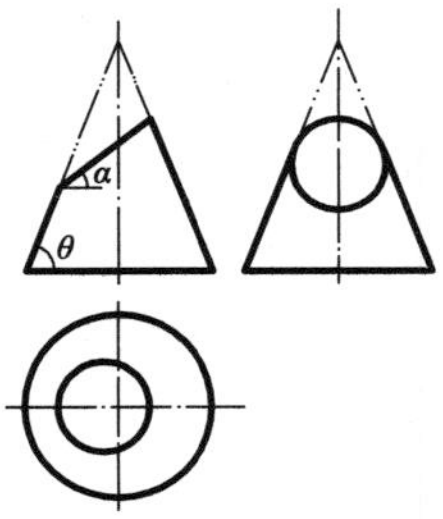

续表

截平面位置	截交线形状	轴测图	投影图
倾斜于轴线平行于一条素线 α＝β	抛物线与直线组成	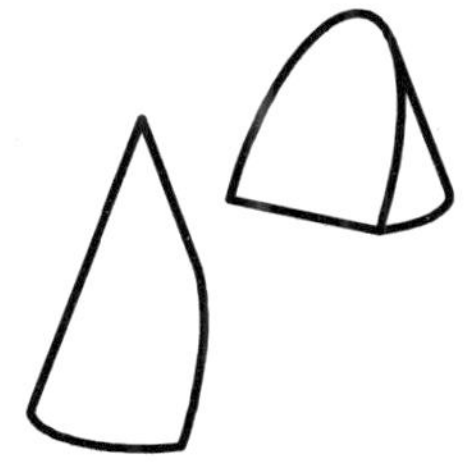	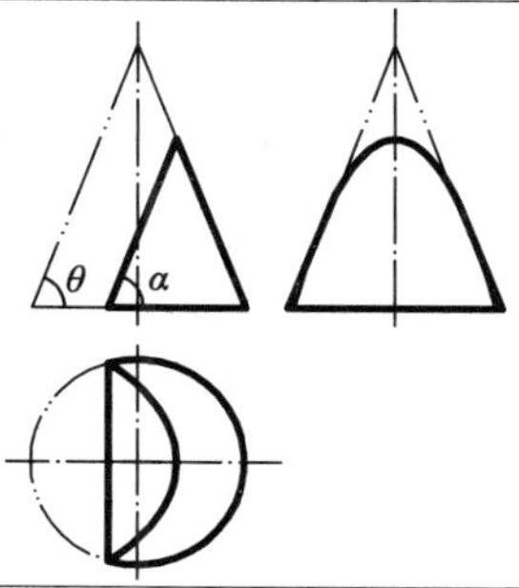
平行或倾斜于轴线与两条素线平行 α＞β	双曲线与直线组成	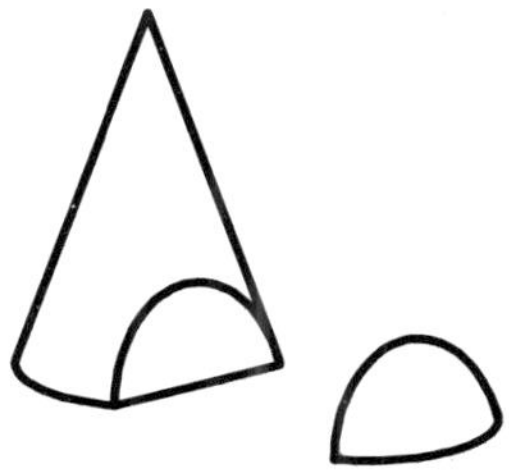	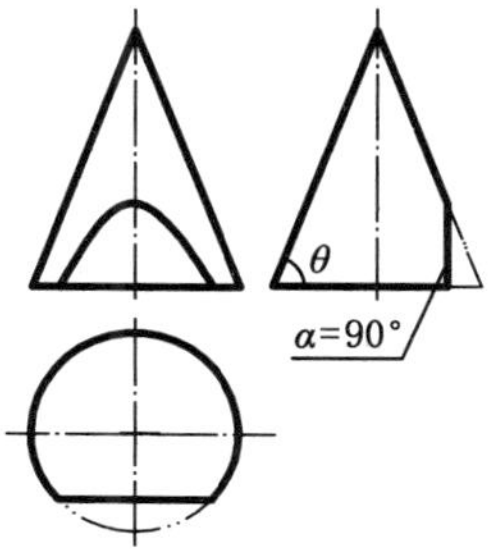

求曲面体截交线的投影，分为以下两种情况：

（1）截交线为直线或平行于投影面的圆时，投影可由已知条件根据投影规律直接画出。

（2）截交线为椭圆、抛物线等非圆曲线，需求出曲面和截平面上的一系列共有点，然后依次连接。求共有点常用的方法是"体表面取点法"。

为了使所求的截交线形状准确，在求非圆曲线截交线的投影时，应首先求出截交线上截平面与轮廓素线的交点，这些交点称为特殊点。为了让画出的截交线更精准，还可以在截交线特殊点的中间，再求出一些中间点。

【例 11-3】 图 11-5（a）所示圆柱被一个正垂面截切，求截交线的投影，完成三视图。

分析：

圆柱被正垂面倾斜于轴线截切，截交线为椭圆。如图 11-5（b）所示，椭圆截交线上有四个特殊点 A、B、C、D，这四个特殊点就是截平面与轮廓素线的交点。椭圆是截平面与圆柱面的共有线，所以椭圆的正面投影与截平面的积聚投影重合，侧面投影与圆周重合，只需求出截交线的水平投影。

例题 11-3

作图步骤如图 11-5（c）（d）（e）（f）所示。

1）先求截交线上特殊点。在侧面投影圆上标出 a''、b''、c''、d''，再"高平齐"在正面投影上标出 a'、b'、c'、d'，然后根据投影规律求出水平投影 a、b、c、d。

2）求截交线上中间点。中间点可任意取，为了作图方便，通常取几个对称点。首先在侧面投影上标出 e''、f''、g''、h''，再"高平齐"在正面投影上标出 $e'(f')$、$g'(h')$，然后根据投影规律求出水平投影 e、f、g、h。

3）依次光滑连接各点，形成一个椭圆，擦去被切掉的图线，加深全图。

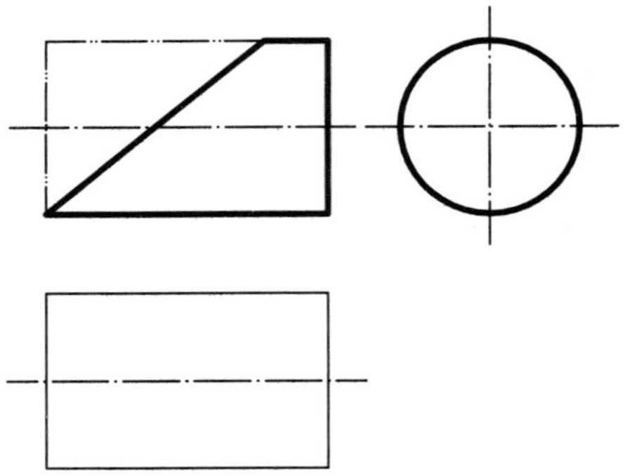

(a) 已知条件 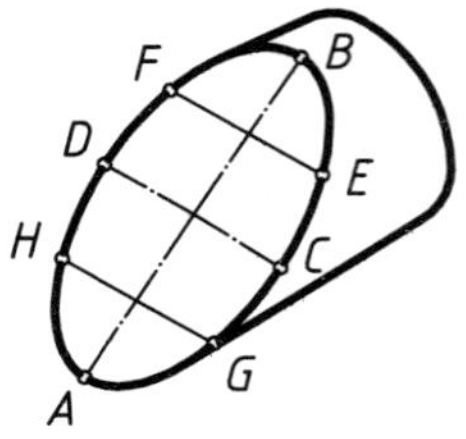　　　　　　　　　　(b) 想象出空间形状

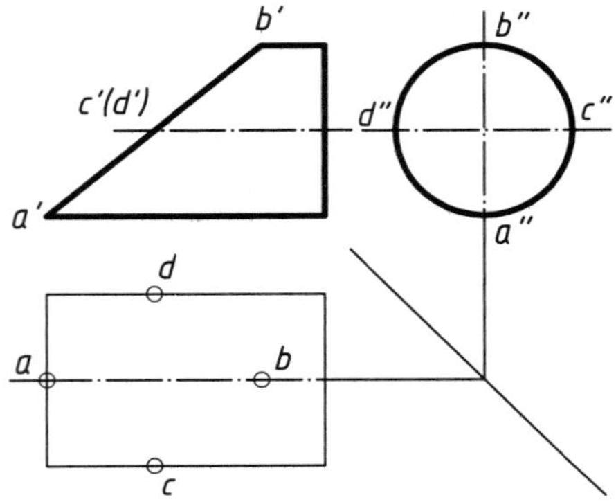

(c) 先求特殊点 A、B、C、D 的投影 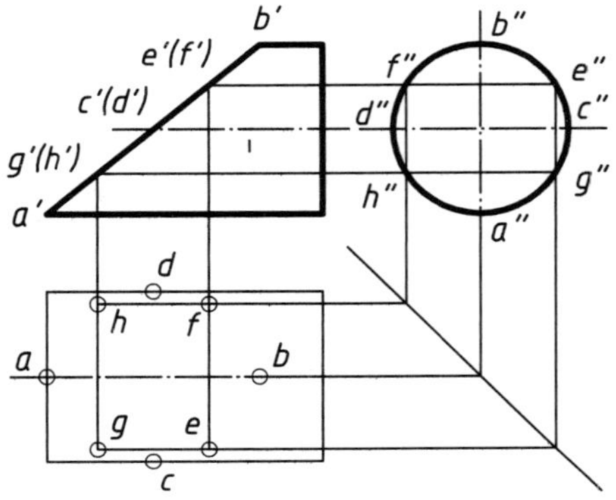　　　(d) 再求中间点 E、F、G、H 的投影

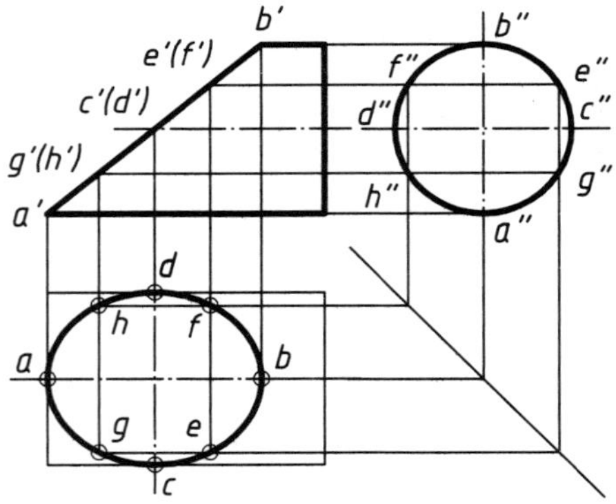

(e) 依次光滑连接各点 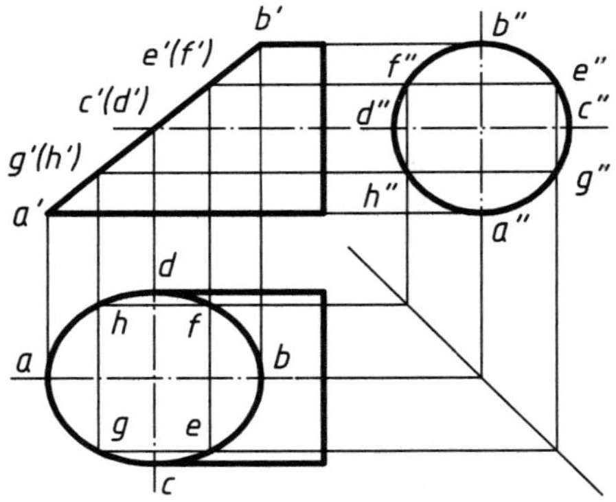　　　　　　(f) 检查加深，完成作图

图 11-5　圆柱被正垂面截切作图步骤

【例 11-4】　求图 11-6（a）所示圆柱切角截交线的投影，完成三视图。

分析：

圆柱被两个平面截切，R 为水平面，Q 为正垂面，如图 11-6（b）所示。截平面 R 平行轴线截切，截交线为矩形，截平面 Q 倾斜于轴线截切，截交线为大半椭圆，椭圆上有五个特殊点 A、B、C、D、E。三条截交线的正面投影均与截平面的积聚

第二节 曲面体的截交线

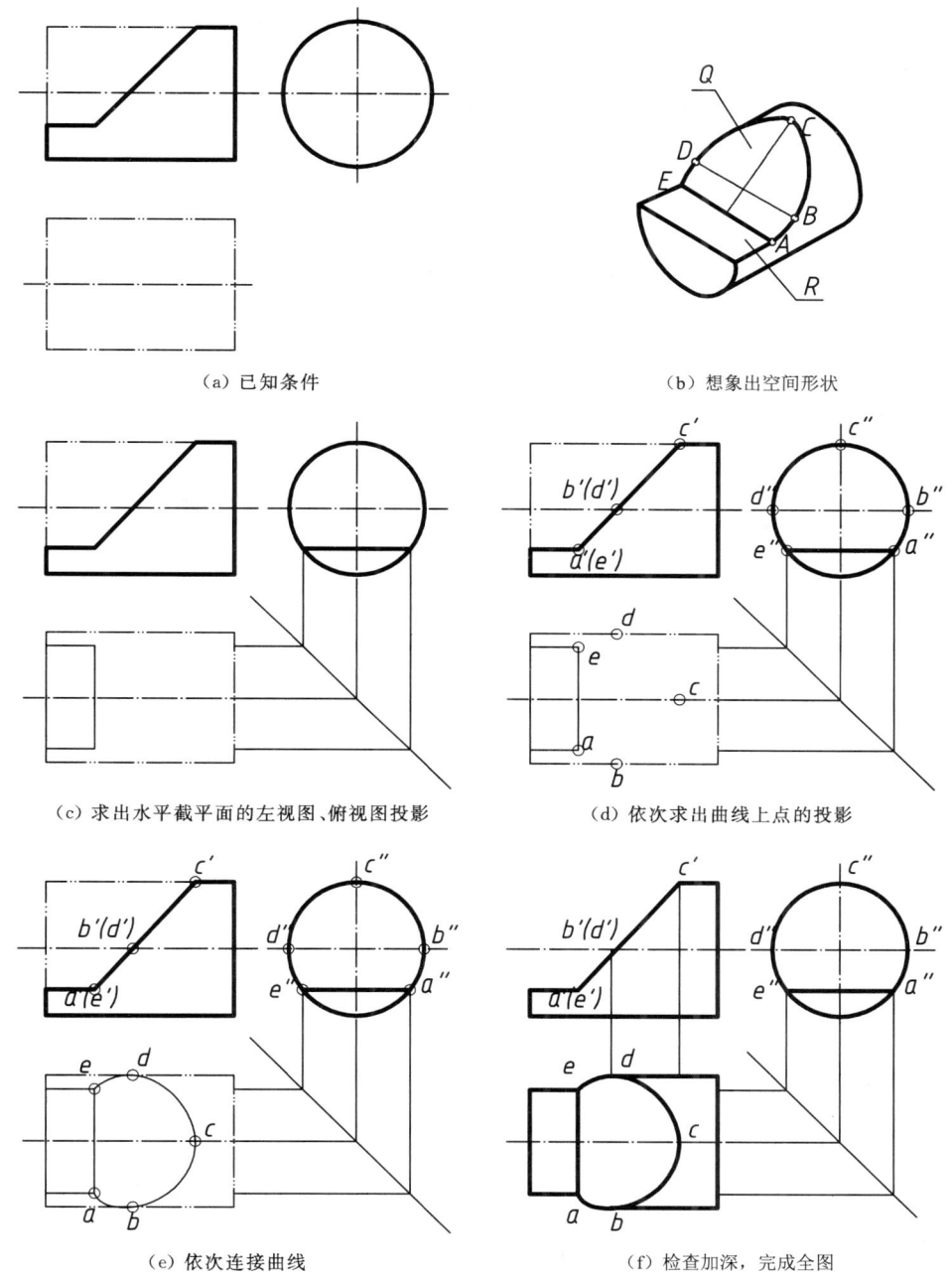

图 11-6 求圆柱截切截交线投影及三视图

投影重合；侧面投影中，椭圆的截交线投影与圆周重合，矩形截交线为一条直线；水平投影中，矩形反映实形，椭圆为类似形，需求出。切口交线应一个面一个面的求。

作图步骤：

如图 11-6（c）、(d)、(e)、(f) 所示。

(1) 求 R 面截交线的投影。由正面投影补出侧面投影一条线，然后根据投影关系求出水平投影矩形。

(2) 求 Q 面截交线的投影。从正面投影和侧面投影入手求出特殊点的水平投影，然后依次光滑连接各点。

(3) 擦去被切掉图线，加深全图。

第三节 平面体与曲面体的相贯线

一、平面体与曲面体相贯线的形状

平面体与曲面体相交所产生的相贯线形状与平面截切曲面体的截交线形状相同，一般为平面曲线或组合线。

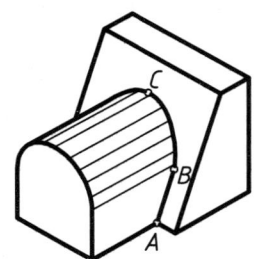 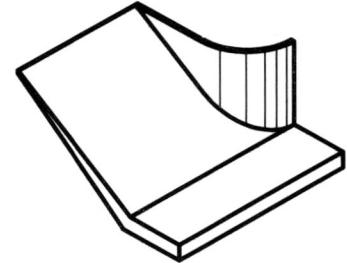

图 11-7 平面体与曲面体相贯线形状的分析

二、平面体与曲面体相贯线的画法

平面体与曲面体的相贯线与平面截切立体所产生的交线形状相同，因此，求相贯线的方法也类同。

做题思路：

(1) 看懂相交两立体的形状。根据相交两立体的形状和位置判断出相贯线的空间形状。

(2) 分析相贯线的投影。想象出相贯线各面投影的形状，确定已知，求出未知。

(3) 画图。首先画出相交两立体，然后逐一求出各条相贯线，即"先体后线"。

【例 11-5】 图 11-8（a）所示梯形棱柱和组合柱相交，求相贯线的投影，完成俯视图。

分析：

如图 11-8（b）所示，梯形棱柱和组合柱的相贯线是平面曲线，既在梯形棱柱上，也在组合柱上，是这两者共有的交线，可以利用共有性来求。相贯线主视图在两者之间的斜线上，是正垂面，左视图积聚在组合柱的外轮廓线上，根据正垂面的投影特性（一斜线两类似线框），俯视图应是类似形。以圆柱轴线为界，轴线下面 AB 段是两平面的交线，相贯线是直线，轴线上面的是平面和曲面的交线，是椭圆的一部分，相当于用一个正垂面斜切圆柱的截交线，作图方法同圆柱被截切一样。

作图步骤:

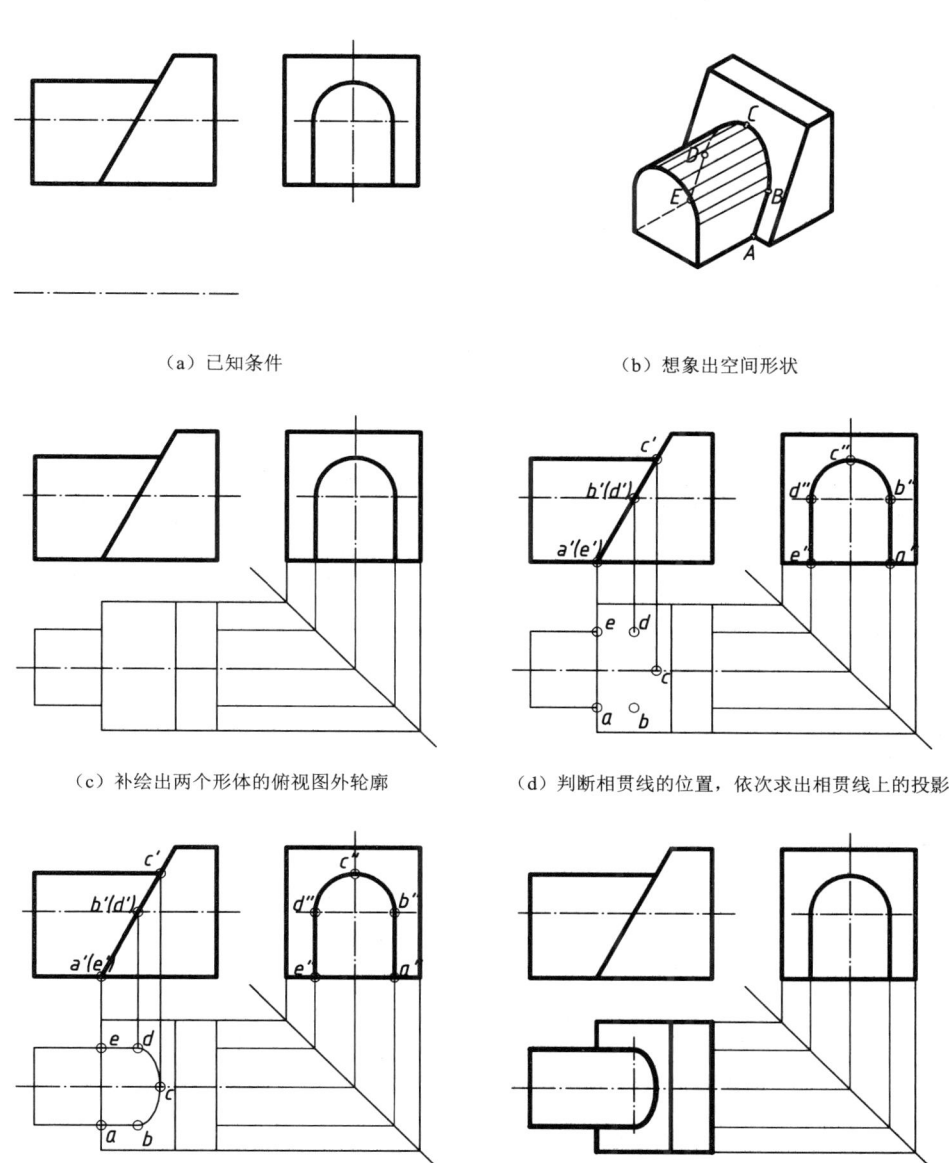

(a) 已知条件

(b) 想象出空间形状

(c) 补绘出两个形体的俯视图外轮廓

(d) 判断相贯线的位置,依次求出相贯线上的投影

(e) 依次连接相贯线

(f) 检查加深,完成作图

图 11-8 求梯形棱柱和组合柱相贯线作图步骤

【例 11-6】 图 11-9 (a) 所示护坡(直棱柱)与翼墙(组合柱)相交,求相贯线的投影,完成三视图。

分析:

如图 11-9 (b) 所示,护坡与翼墙平面段的交线 CD 是直线段,与翼墙曲面段的交线 AC 是平面曲线(四分之一椭圆),椭圆段交线上有 A、C 两个特殊点,相贯线

107

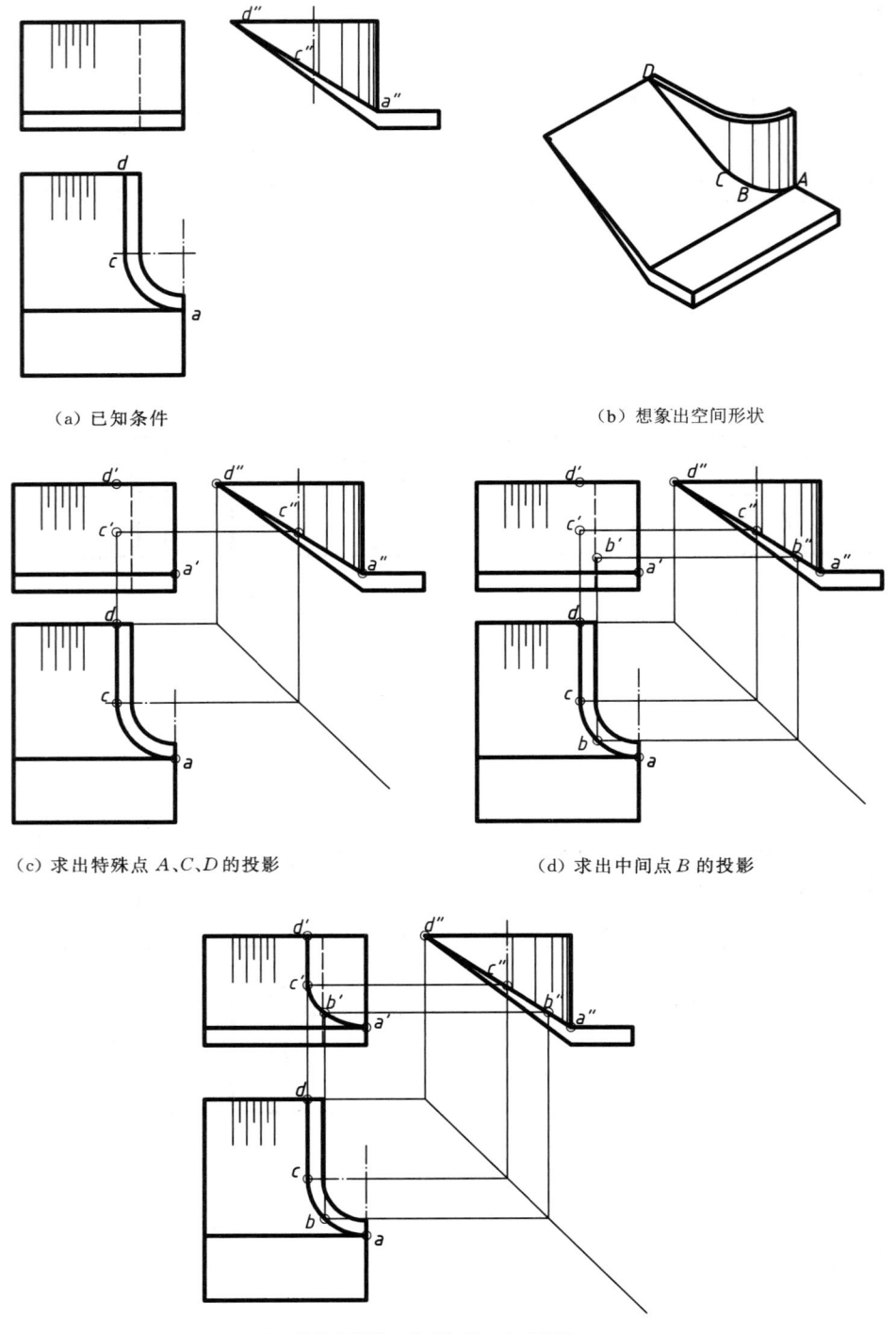

图 11-9 翼墙与护坡相贯线作图步骤

第三节 平面体与曲面体的相贯线

是护坡斜平面与翼墙外平面的共有线,直线段相贯线正面投影为直线,需求出。椭圆段相贯线正面投影为椭圆类似形,需求出。

作图步骤:

如图 11-9 (c)、(d)、(e) 所示。求直线相贯线 CD,只需找两端点,求该椭圆段相贯线应先求特殊点,再求一个中间点 B,确定曲线的曲率方向。

例题 11-6

第十二章 叠加类组合体

学习目标
1. 能够正确运用形体分析法绘制和识读叠加体。
2. 能依据叠加体轴测图，正确绘制出三视图。
3. 能依据叠加体的三视图，想象出它的空间形状。

素质目标
1. 传承精准严谨的工匠精神（绘制与识读叠加体时要遵循投影规律、基本体的投影特征、标准规范等）。
2. 培养创新科学的探索精神（通过叠加体三视图与空间形体的对应关系，培养空间想象的能力）。
3. 培养逻辑思维与辩证思维能力（通过叠加体的绘制与识读，引出多角度分析问题）。

第一节 组合体的组合形式

由基本体进行叠加或切割而形成的立体称为组合体。在前边章节已经学习了简单的组合体，本章主要学习各种组合体的画图方法、读图方法。

一、分析形体的方法

1. 形体分析法

形体分析法是以基本体或简单体为单元，将组合体先分解后综合的一种分析方法。简单地说是一个基本体一个基本体地分析。

如：图 12-1（a）所示是闸室段，闸室段可以看成由凹形柱体、2 个被挖掉四棱柱的梯形柱体和 1 个半圆筒叠加而成。

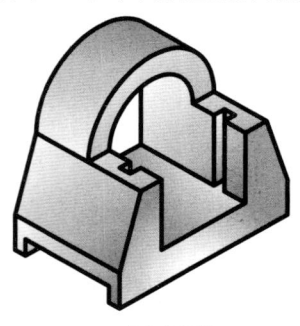　　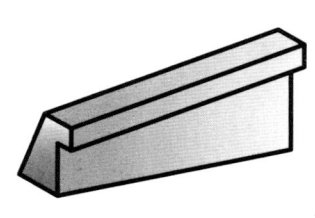

（a）形体分析法　　　　　　　　　　（b）线面分析法

图 12-1 分析形体示例

第一节 组合体的组合形式

2. 线面分析法

线面分析法是以线面为单元,先分析组合体各面的空间形状再综合的一种分析方法。简单地说就是一个面一个面地分析。

如:图12-1(b)所示是翼墙,由左右两端面和六个侧面组成。

在组合体画图、识读的过程中,以形体分析法为主、线面分析法为辅。一般都是运用形体分析法假想把组合体分解成若干基本体,然后再弄清它们之间的相对位置、组合方式及表面连接关系;用形体分析法难以判断形体时,采用线面分析法进行分析。

二、组合体的组合形式

组合体的组合形式分为叠加、切割、综合三种形式。

1. 叠加体

由若干个基本体叠加而成的组合体称为叠加式组合体,简称叠加体,见图12-2(a)。

2. 切割体

由基本体切割而成的组合体,称为切割式组合体,简称切割体,见图12-2(b)。

3. 综合体

既有叠加又有切割的综合式组合体,称为综合式组合体,简称综合体,见图12-2(c)。

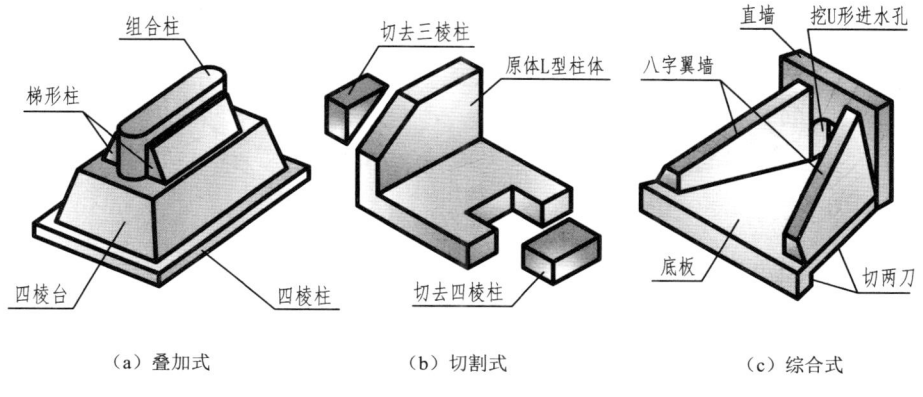

(a) 叠加式　　　　　(b) 切割式　　　　　(c) 综合式

图12-2 组合体的组合形式

三、组合体各部分之间表面连接关系

组合体各部分之间的表面连接关系可分为相贴、相切和相交。

1. 相贴

相贴是指组合体两部分之间的平面相互接触。两体相贴时,非相贴表面不平齐有分界线,平齐无分界线。

如图12-3所示物体,是由L形柱体和梯形柱体上下叠加而成,两物体前面共面无交线、后面不共面有交线、左面不共面有交线、右面共面无交线。

2. 相切

相切是指组合体两部分之间平面与曲面、曲面与曲面光滑连接。平面与曲面、曲面与曲面相切时,在相切处没有交线。

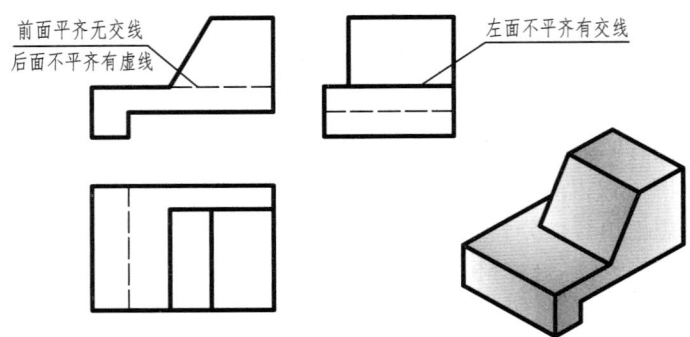

图 12-3 相贴示例

如图 12-4 所示物体,是由圆筒与组合柱两部分叠加而成,这两部分是相切的关系,即组合柱的侧面与圆筒的圆柱面相切,相切处无交线,但应注意两个切点在视图中的对应关系。

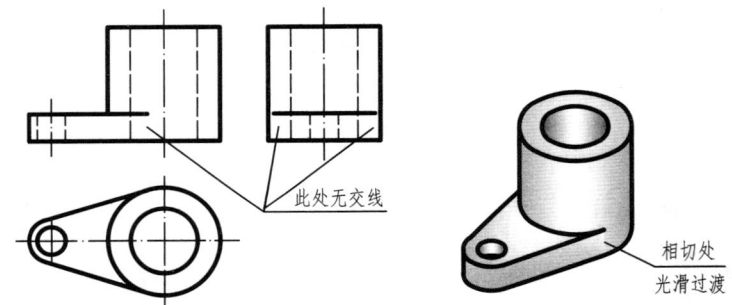

图 12-4 相切示例

3. 相交

相交是指组合体两部分之间表面彼此相交。两体相交时,相交处有交线即相贯线。

如图 12-5 所示物体,是由圆筒与组合柱两部分叠加而成,其关系为相交,相交处应有交线,即相贯线。

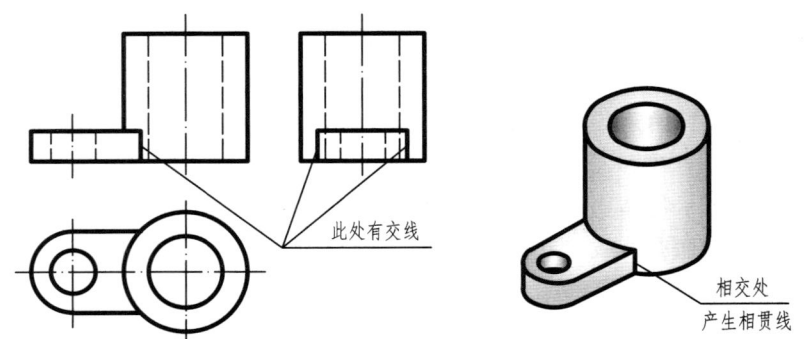

图 12-5 相交示例

第二节 叠加类组合体的画法

叠加体是由若干个基本体叠加而成的组合体。物体在进行叠加时应注意组合体的表面连接关系（相贴、相切、相交）。

一、叠加体画法步骤

（1）分析形体，绘制各基本体的三视图。
（2）分析各部分之间表面连接关系。
（3）擦去多余的图线，检查加深、完成作图。

二、叠加体画法举例

叠加体的画法要点是一部分一部分地画，画每一部分时先画特征视图，注意处理各部分连接处的分界线。

【例 12-1】 绘制图 12-6（a）所示形体的三视图。

作图：

（1）形体分析。该形体是叠加类组合体，可以分解为如图 12-6（b）所示上下两

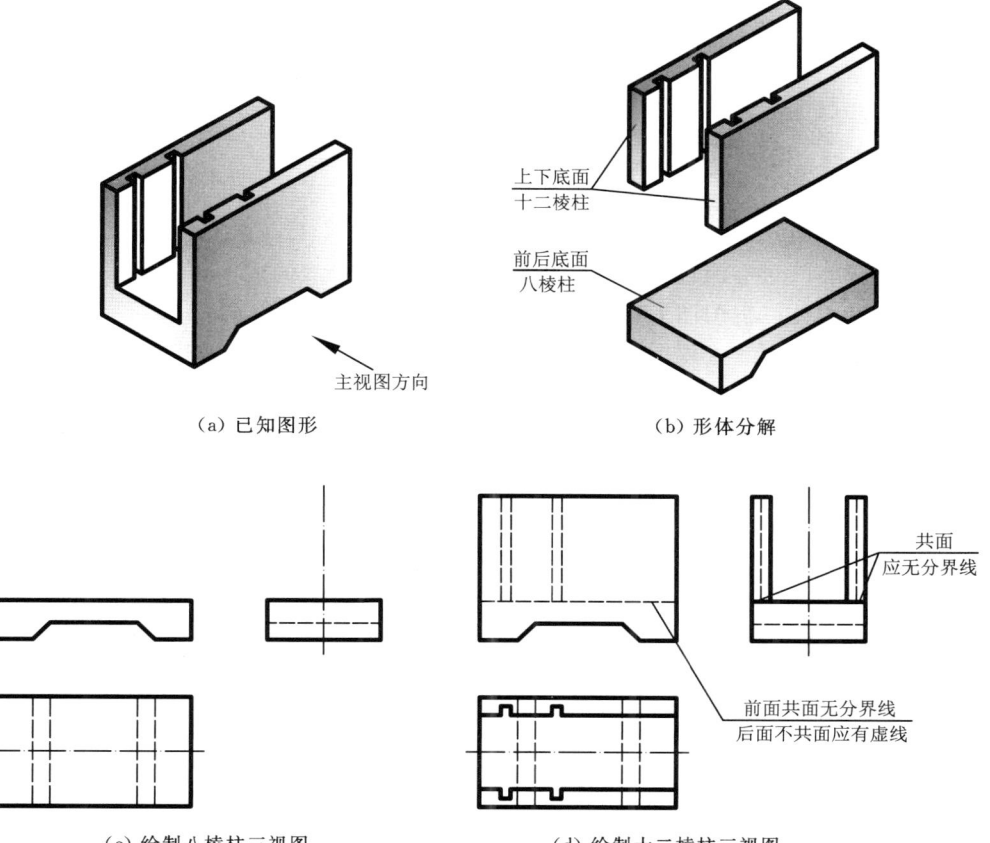

图 12-6（一） 绘制实例（1）

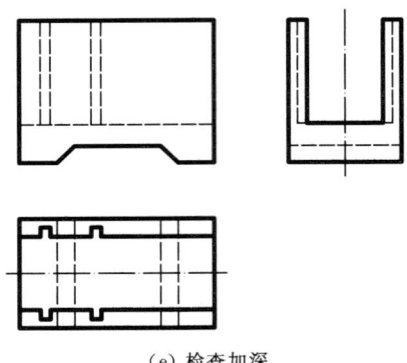

(e) 检查加深

图 12-6（二） 绘制实例（1）

个部分，上部分为 2 个十二棱柱，下部分为八棱柱，两部分上下叠加，表面连接关系为相贴，应注意平齐时不画线。

(2) 确定主视图。该形体按照工作位置放置，底面放水平，按专业标准，水流方向自左向右，应选取图 12-6（a）中箭头所指投影方向。

(3) 画图。布置视图、画出各图基准线。首先画出八棱柱的三视图，先画主视图，再画出十二棱柱的三视图，先画俯视图，擦去表面平齐处的分界线，最后检查、加深。具体步骤如图 12-6（c）～(e) 所示。

【例 12-2】 绘制如图 12-7（a）所示形体的三视图。

作图：

(1) 形体分析。该形体为叠加型组合体，如图 12-7（b）所示可分为三部分：八棱柱、梯形柱体（对称两边为一部分）、半圆筒，各部分之间表面连接关系均是相贴，它们均可由基本体三视图图形特征直接画出，要注意连接关系。

12-3 例题 12-2

(2) 确定主视图。主视图投影方向选择图 12-7（a）中箭头所指方向，此方向可以较多地反映各部分形体特征及相对位置。

(3) 画图。布置视图、画出各图基准线。首先画出八棱柱的三视图，先画特征视图的主视图，再绘制其他两个视图；再画出梯形柱体的三视图，先画主视图，注意叠

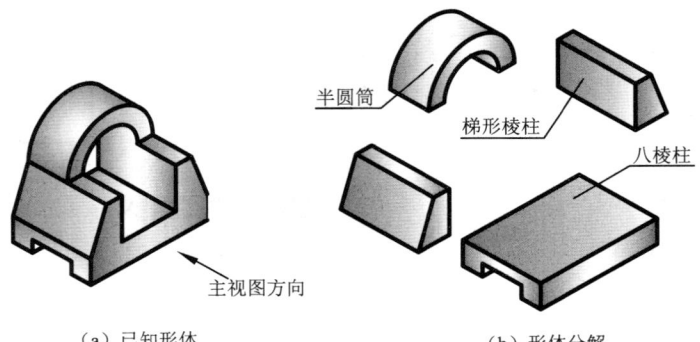

(a) 已知形体　　　　　　　　　(b) 形体分解

图 12-7（一） 绘制实例（2）

第三节 叠加体的识读

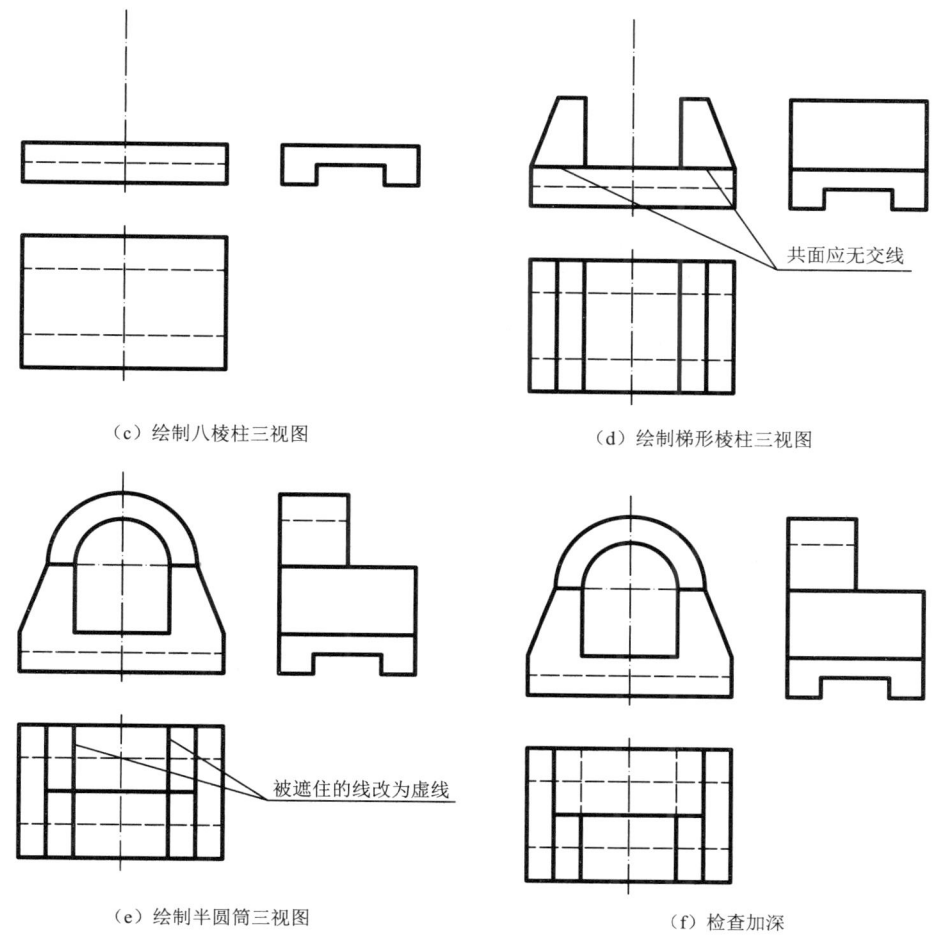

(c) 绘制八棱柱三视图　　　　(d) 绘制梯形棱柱三视图

共面应无交线

(e) 绘制半圆筒三视图　　　　(f) 检查加深

被遮住的线改为虚线

图 12-7（二）　绘制实例（2）

加时主视图上前后共面没有交线；然后画出半圆筒的三视图，同样先画主视图，注意俯视图中被圆筒遮住的线应改为虚线；最后检查、加深。具体步骤如图 12-7（c）～(f) 所示。

第三节　叠加体的识读

叠加体识读要点：识读叠加体三视图时，首先识视图、分部分，然后根据封闭的线框分解为若干个基本体；再想象出每部分基本体的形状；最后按照各部分之间的关系，综合起来得到整体。

【**例 12-3**】　根据图 12-8（a）所示物体的三视图，想象出空间形状。

分析：

（1）识视图、分部分。首先根据视图特征分部分，该物体很显然是叠加体，从左视图入手，结合其他视图可将其分为三个部分，如图 12-8（a）所示。

12-4
叠加体的识读

第十二章 叠加类组合体

例题 12-3

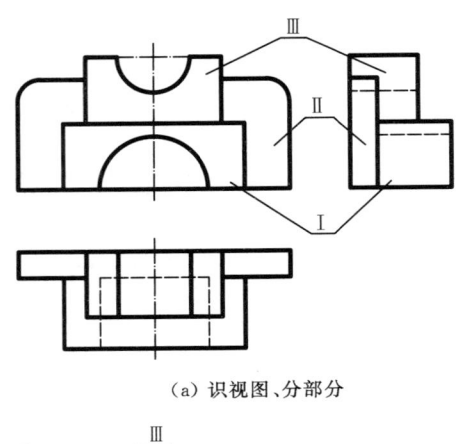

(a) 识视图、分部分

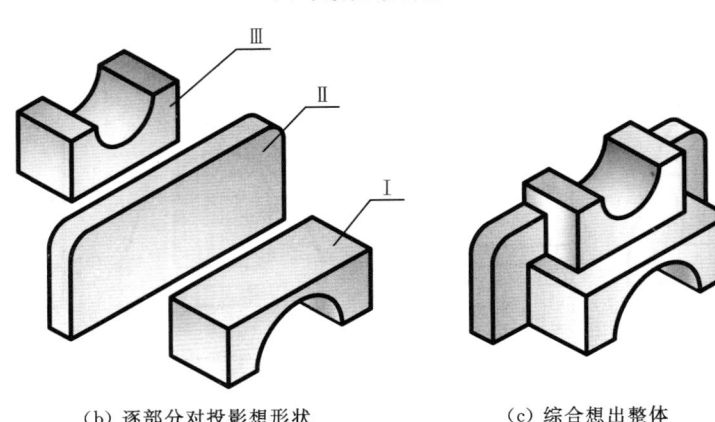

(b) 逐部分对投影想形状　　　(c) 综合想出整体

图 12-8　读图示例一

(2) 逐部分对投影、想形状。由左视图按投影规律找出各部分在主视图和俯视图上的对应线框。如图 12-8 (b) 所示，前下部对应主视图为组合线框，俯视图为矩形线框，可看出是特征图在主视图上的组合柱；后下部三个视图为三个矩形线框，其中主视图的线框上面倒圆角，空间形状为倒角的四棱柱；上部对应主视图为组合线框、俯视图为矩形线框，故是组合柱，各部分立体形状如图 12-8 (b) 所示。

(3) 综合起来想整体。由三个视图可看出，第一部分的组合柱和四棱柱为前后叠加，第二部分组合柱放置在第一部分组合柱上，并与四棱柱后面对齐，均为居中放置，整体形状如图 12-8 (c) 所示。

【例 12-4】　补画图 12-9 (a) 所示物体的左视图。

分析：

根据图 12-9 (a) 所示的两面视图，可看出该物体是叠加体，从主视图入手结合俯视图，分为三个部分，如图 12-9 (b) 所示；逐部分对投影想形状，由基本体视图图形特征可知这三个部分为八棱柱、四棱台、四棱柱，如图 12-9 (c) 所示；综合起来想整体，三部分为左、中、右叠加，八棱柱在下、四棱台在左、四棱柱在右，如图 12-9 (d) 所示。

例题 12-4

第三节 叠加体的识读

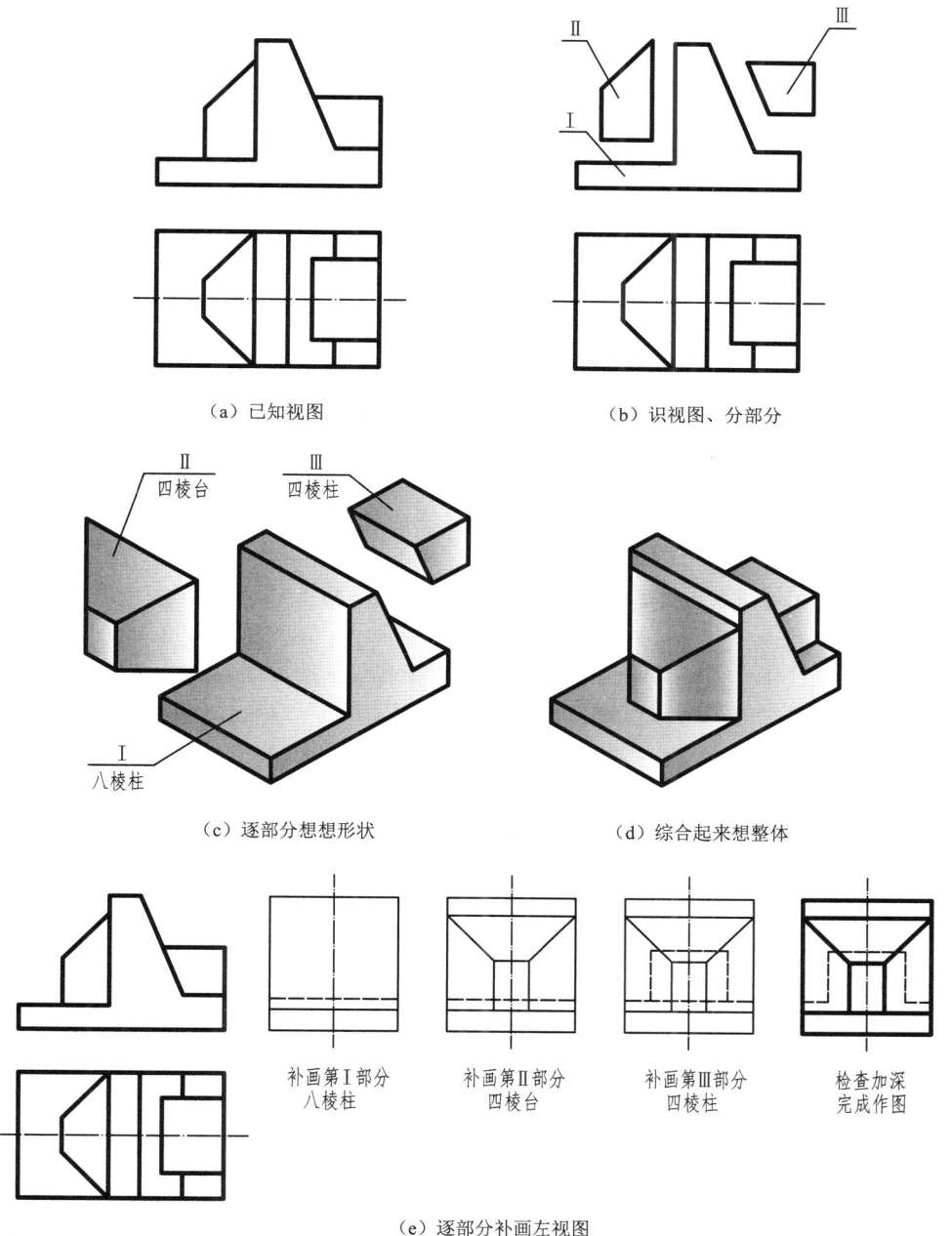

(a) 已知视图　　(b) 识视图、分部分

(c) 逐部分想想形状　　(d) 综合起来想整体

(e) 逐部分补画左视图

图 12-9　补画物体的左视图

按读图的思路补画左视图，具体步骤如图 12-9（e）所示。

第十三章 切割类组合体

学习目标
1. 能够正确运用形体分析法和线面分析法绘制和识读切割体。
2. 能依据切割体轴测图，正确绘制出三视图。
3. 能依据切割体的三视图，想象出它的空间形状。

素质目标
1. 传承精准严谨的工匠精神（绘制与识读切割体时要遵循投影规律、基本体的投影特征、标准规范等）。
2. 培养创新科学的探索精神（通过切割体三视图与空间形体的对应关系，培养空间想象的能力）。
3. 培养逻辑思维与辩证思维能力（通过切割体的绘制与识读，引出多角度分析问题）。

切割类组合体（简称切割体）是由基本体经过切割而形成的组合体。物体在进行切割时应注意产生的截交线，这是切割体绘制与识读的难点。

第一节 切割类组合体的画法

13-1
切割类组合体的画法

一、切割体画法步骤
（1）分析形体，绘制原体的三视图。
（2）根据切割特征，求作截交线的三面投影。
（3）擦去切掉的棱或边，检查加深，完成作图。

二、切割体画法举例
切割体的画法要点是先绘制出原体，再逐一进行切割，注意不要一个视图一个视图地绘制。

13-2
例题 13-1

【例 13-1】 绘制图 13-1 所示形体的三视图。
作图：
（1）形体分析。如图 13-1（a）所示，该形体是切割类组合体，可以想象为如图 13-1（b）所示，原体为四棱台，前后挖通一个组合柱的孔，挖孔后会产生相贯线。四棱台的侧面为斜面，截切后会产生相贯线，组合柱中既有曲面也有平面，曲面的截切相贯线应为曲线，平面截切相贯线应为直线。

（2）确定主视图。该形体底面放水平。图 13-1（a）中箭头所指投影方向能较多地反映形状特征及相对位置，选此方向为主视图的投影方向。

（3）画图。布置视图，画出各图基准线。首先画出原体四棱台的三视图，再画出

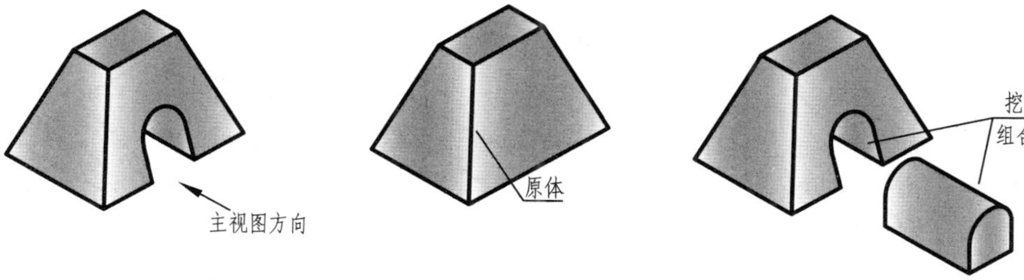

第一节 切割类组合体的画法

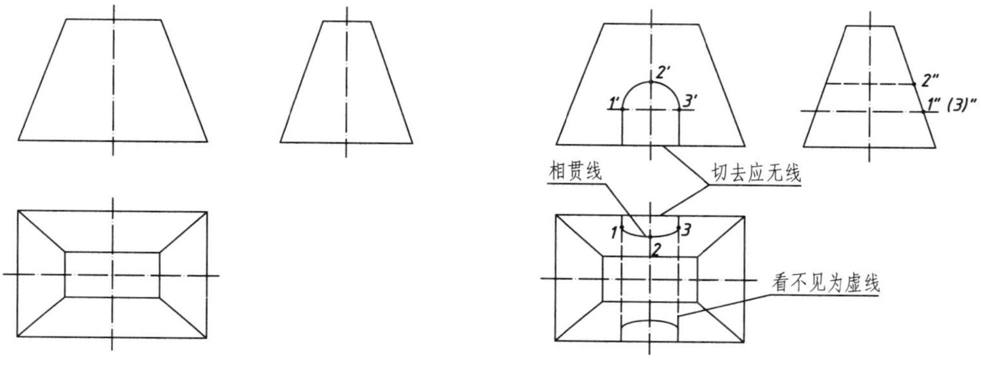

图 13-1 绘制物体三视图示例一

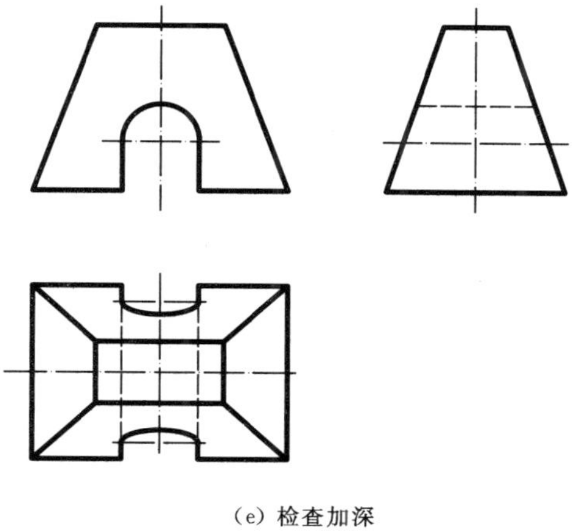

切割的组合柱孔,先画主视图即特征视图,注意俯视图中相贯线的绘制,曲线段按投影点求出,直线段直接连接。具体步骤如图 13-1(c)~(e)所示。

【例 13-2】 绘制图 13-2 所示形体的三视图。

作图:

(1)形体分析。如图 13-2(a)所示,该形体是切割类组合体,可以想象为如图 13-2(b)所示,原体为 L 形柱体,前后分别斜切一刀。斜切的两刀截交线的形状相同,均为六边形,按照面的投影规律,可以将截交线的投影求出。此题的难点就在截

例题 13-2

第十三章 切割类组合体

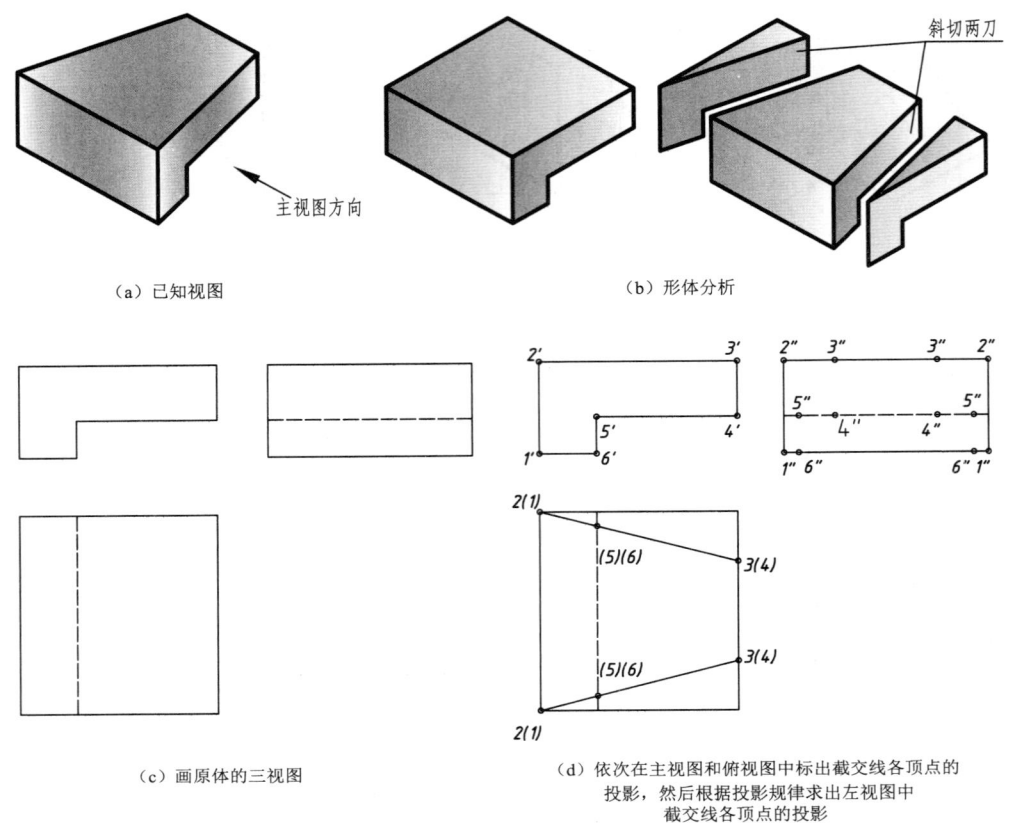

(a) 已知视图

(b) 形体分析

(c) 画原体的三视图

(d) 依次在主视图和俯视图中标出截交线各顶点的投影，然后根据投影规律求出左视图中截交线各顶点的投影

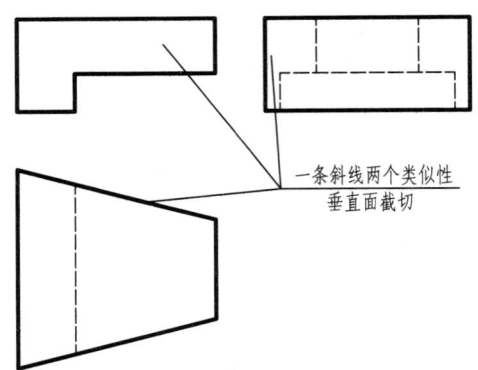

(e) 依次连接截交线侧面投影各点，由于不可见应画成虚线，擦去被切掉的图线，加深完成作图

图 13-2 绘制物体三视图示例二

交线的画法。

（2）确定主视图。该形体底面放水平。图 13-2（a）中箭头所指投影方向能较多地反映形状特征，选此方向为主视图的投影方向。

（3）画图。布置视图、画出各图基准线。首先画出原体L形柱体的三视图，再画出切割的部分，先根据切割特征，在俯视图中画出截平面的积聚性投影，然后在正面投影中标出截交线各顶点 1′、2′、3′、4′、5′、6′，再在水平投影上对应标出，根据投影规律，求出截交线上各顶点的侧面投影 1″、2″、3″、4″、5″、6″，依次连接各点，即得截交线侧面投影，由于不可见应画成虚线，擦去被切掉的线条，加深完成作图，具体步骤如图 13-2（c）～（e）所示。

第二节 切割体的识读

切割体识读要点：识读切割体三视图时，首先分析形体、想象出原体，再逐部分进行切割，最后综合起来得到整体。

【例 13-3】 根据图 13-3（a）所示已知视图，想象出空间形状，并补画俯视图。

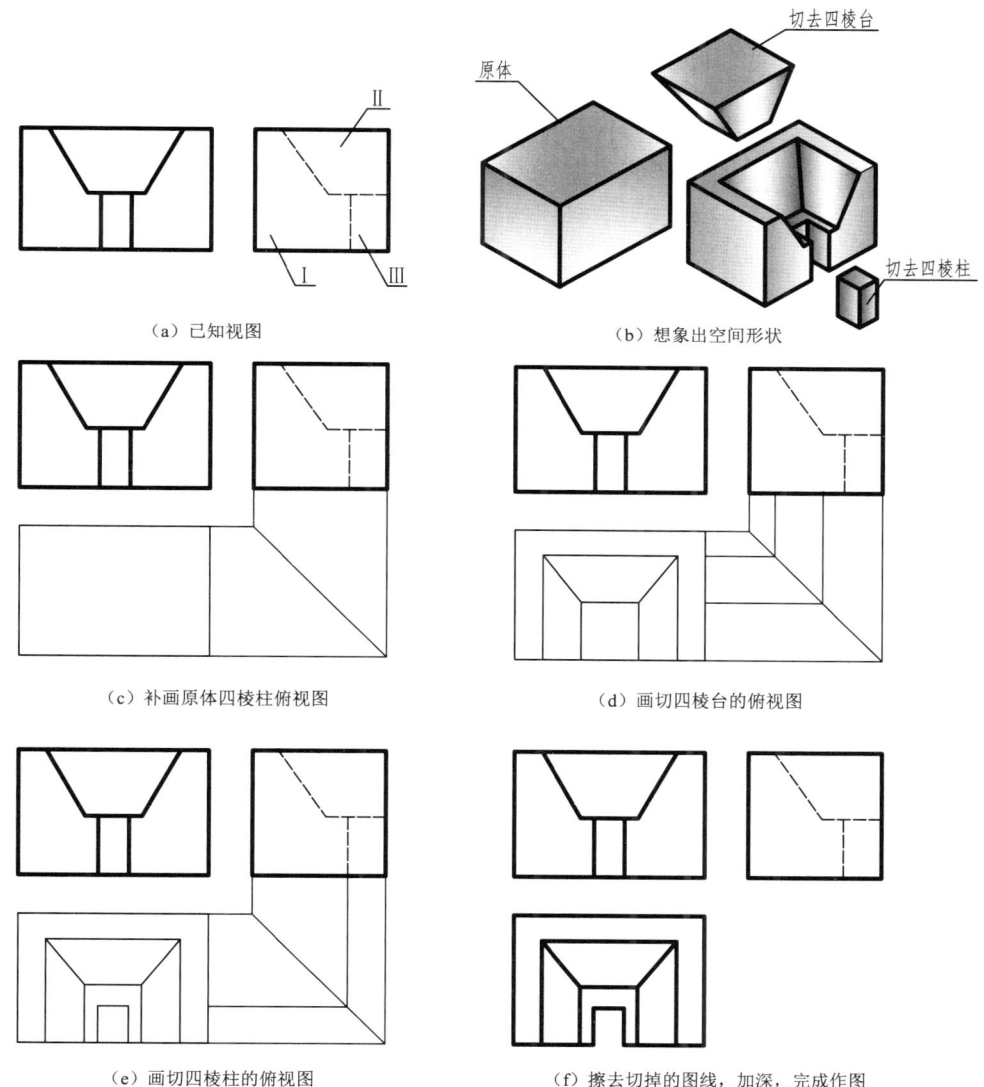

图 13-3 补画物体的俯视图

分析:

(1) 识视图、分部分。首先根据视图特征进行分析,该物体是切割体,从左视图入手,结合主视图可将其分为三个部分,如图 13-3 (a) 所示。

(2) 逐部分对投影、想形状。按投影规律从左视图找出各部分在主视图上的对应线框。如图 13-3 (b) 所示,第 1 部分,对应视图外轮廓为矩形线框,应为四棱柱即原体;第 2 部分,对应视图为梯形线框,应为切割的半四棱台;第 3 部分,对应视图为矩形线框,应为切割掉的四棱柱,各部分立体形状如图 13-3 (b) 所示。

(3) 综合起来想整体。由已知视图可看出,原体为四棱柱,切掉一个半四棱台和一个四棱柱,整体形状如图 13-3 (b) 所示。

作图:

首先补原体四棱柱的矩形线框,再补绘四棱台的上下底面和两条侧棱,然后补绘切割的四棱柱矩形线框,最后擦去切掉的线,检查加深,完成作图。具体步骤如图 13-3 (c)～(e) 所示。

【例 13-4】 根据图 13-4 (a) 所示已知视图,并补画左视图。

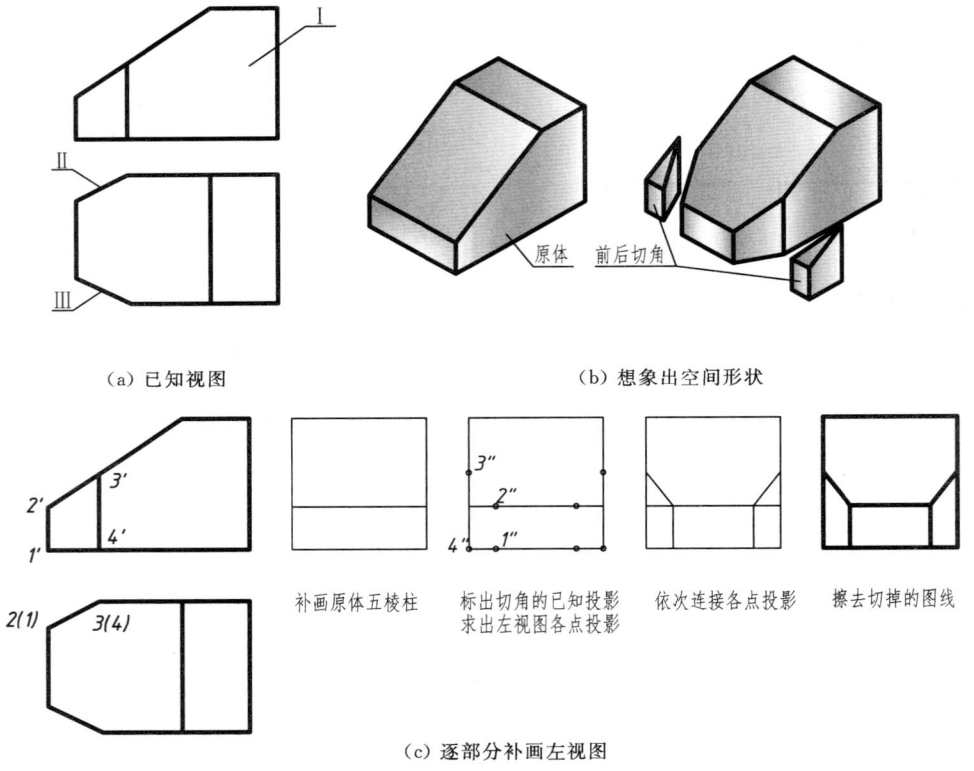

图 13-4 补画物体的左视图(方法一)

方法一

分析:

(1) 识视图、分部分。首先根据视图特征进行分析,该物体是切割体,从主视图入手,根据已知视图可将其分为三个部分,如图 13-4(a)所示。

(2) 逐部分对投影、想形状。由主视图按投影规律找出各部分在俯视图上的对应线框。第Ⅰ部分,对应视图线框为五棱柱;根据俯视图切割特征,第Ⅱ、第Ⅲ部分为铅垂面切两角,各部分立体形状如图 13-4(b)所示。

(3) 综合起来想整体。由已知视图可看出,原体为五棱柱,切掉两个角,整体形状如图 13-4(b)所示。

作图:

首先补原体五棱柱的矩形线框,再补绘切割的两个角,在正面投影中标出截交线各顶点 1′、2′、3′、4′,再在水平投影上对应标出,然后根据投影规律,求出截交线上各顶点的侧面投影 1″、2″、3″、4″,依次连接各点,即得截交线侧面投影。擦去被切掉的线,加深完成作图,具体步骤如图 13-4(c)所示。

方法二

分析:

(1) 识视图、分部分。根据已知视图分析,该物体是切割体,从主视图入手,可将其分为两个部分,如图 13-5(a)所示。

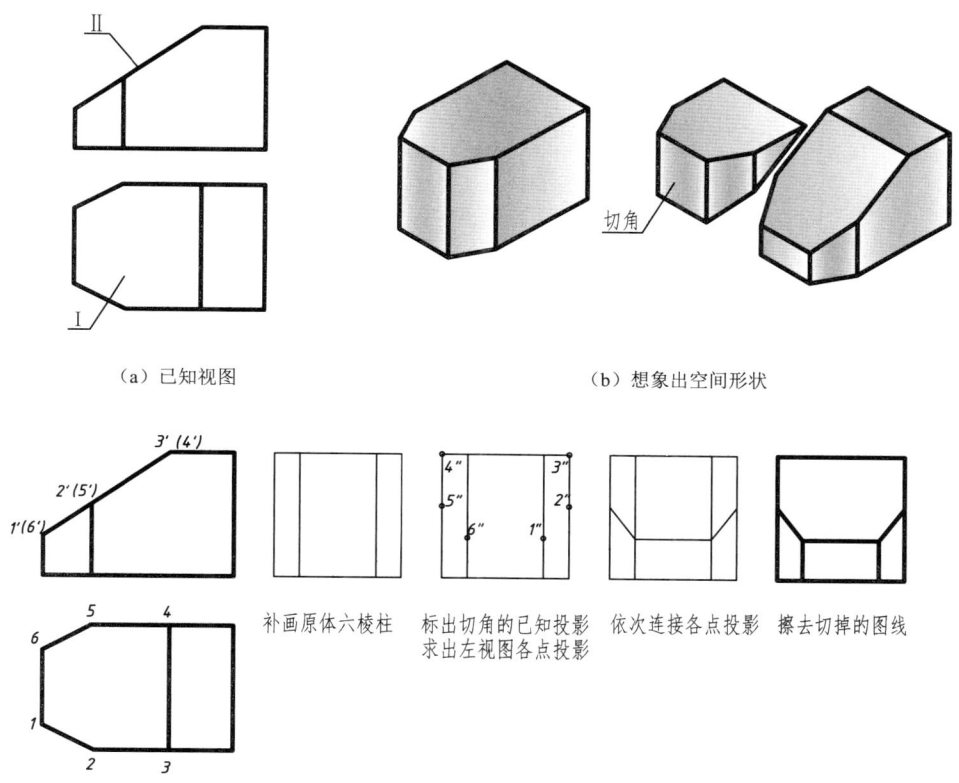

(a) 已知视图 (b) 想象出空间形状

(c) 逐部分补画左视图

图 13-5 补画物体的左视图(方法二)

(2) 逐部分对投影、想形状。第Ⅰ部分，俯视图为六边形、主视图将左上角补齐，对应视图线框可看为原体是六棱柱；第Ⅱ部分，根据主视图切割特征，用正垂面切去六棱柱左上角，各部分立体形状如图 13-5（b）所示。

(3) 综合起来想整体。由已知视图可看出，原体为六棱柱，切掉左上角，整体形状如图 13-5（b）所示。

作图：

首先补原体六棱柱的矩形线框，再补绘正垂面切割的左上角，在水平投影中标出截交线各顶点 1、2、3、4、5、6，再在正面投影上对应标出 $1'、2'、3'、4'、5'、6'$，然后根据投影规律，求出截交线上各顶点的侧面投影 $1''、2''、3''、4''、5''、6''$，依次连接各点，即得截交线侧面投影。擦去被切掉的线，加深完成作图，具体步骤如图 13-5（c）所示。

第十四章 综合类组合体

学习目标
1. 能够正确运用形体分析法和线面分析法绘制与识读综合体。
2. 能依据综合体轴测图,正确绘制出三视图。
3. 能依据综合体的三视图,想象出它的空间形状。

素质目标
1. 传承精准严谨的工匠精神(绘制与识读综合体时要遵循投影规律、基本体的投影特征、标准规范等)。
2. 培养创新科学的探索精神(通过综合体三视图与空间形体的对应关系,培养空间想象的能力)。
3. 发扬新时代水利精神(通过绘制与识读常见的水工构件,增强水利人的民族自豪感)。

综合体是由若干基本体经过叠加和切割的方式组合而成,常见于实际的工程形体。

第一节 综合类组合体的画法

一、综合类组合体画法步骤

画综合类组合体的三视图,一般按照分析形体、确定主视图、画图三个步骤。

1. 分析形体

画三视图之前,应对综合体进行形体分析。首先分析形体由几个部分组成,再分析各部分之间的表面连接关系,也就是从叠加入手进行综合分析。

2. 确定主视图

确定主视图主要从主视图的投射方向和专业图要求入手。选择主视图的投射方向时,应使主视图尽可能多的反应物体的特征及各组成部分的相对位置;有时按照专业图规定,如水流方向等来确定主视图方向。

3. 画图

(1) 确定比例与图幅。根据综合体的尺寸和复杂程度,按照标准规定选择适当的比例和图幅。

(2) 布图。根据选取的比例确定三视图的大小,将各图均匀布置在图幅上,可将基准线画出。

(3) 画底稿。采用形体分析法一部分一部分的绘制。绘制时注意叠加时各部分之

综合式组合体的画法

间的表面连接关系，切割时去线的问题。

（4）检查、加深。对照轴测图检查绘制好的底稿，是否有多线或是少线的图线；改正后，加深图线。

二、综合体画法举例

综合体的画法要点是先绘制出各叠加的基本体，一部分一部分地绘制，再进行部分切割。

【例 14-1】 画如图 14-1（a）所示八字形翼墙进水口的视图。

例题 14-1

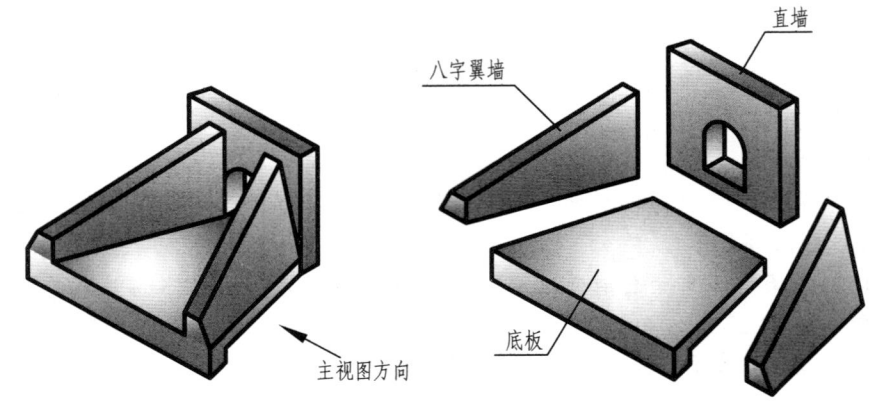

（a）八字翼墙进水口　　　　　　　　（b）八字翼墙进水口分解

图 14-1　八字形翼墙进水口立体图

分析：

（1）形体分析。八字形翼墙进水口是综合类组合体，如图 14-1（b）所示可分为三部分：底板、直墙和八字形翼墙（对称两边为一部分），各部分之间表面连接关系均是相贴。底板是梯形柱体，胸墙是带孔的长方体，它们可由基本体三视图图形特征直接画出，八字形翼墙的形状与基本体相差较大，这部分应采用线面分析法，一个面一个面地画。

（2）视图选择。进水口按工作位置放置，底板是基础，应在下边平放。主视图投影方向选择图 14-1（a）中箭头所指方向（使其与专业图要求一致）。底板只需用主视图和俯视图就能够表达清，但八字形翼墙要充分、完整的表达需用主、俯、左三个视图，因此，该进水口需要用主视图、俯视图和左视图三个视图来表达。

作图：

组合体的作图步骤是：选定比例、确定图幅。合理布置视图，画出各图基准线，然后画底稿，先画底板三视图，再画胸墙三视图，然后画八字形翼墙三视图，最后检查加深，如图 14-2 所示。

上图中八字形翼墙部分的画法，如图 14-3 所示，可采用端面法：先画八字形翼墙两端面的投影，然后连两端面各对应的顶点，即得八字形翼墙各侧面投影。这种方法适用于各类八字形翼墙及与此类同的形体。

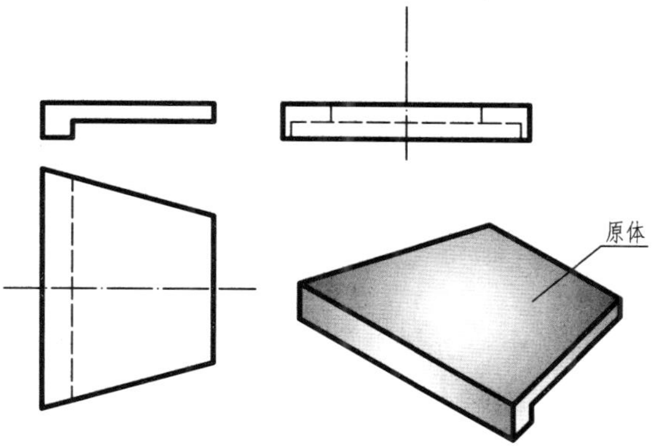

第一节 综合类组合体的画法

(a) 画底板

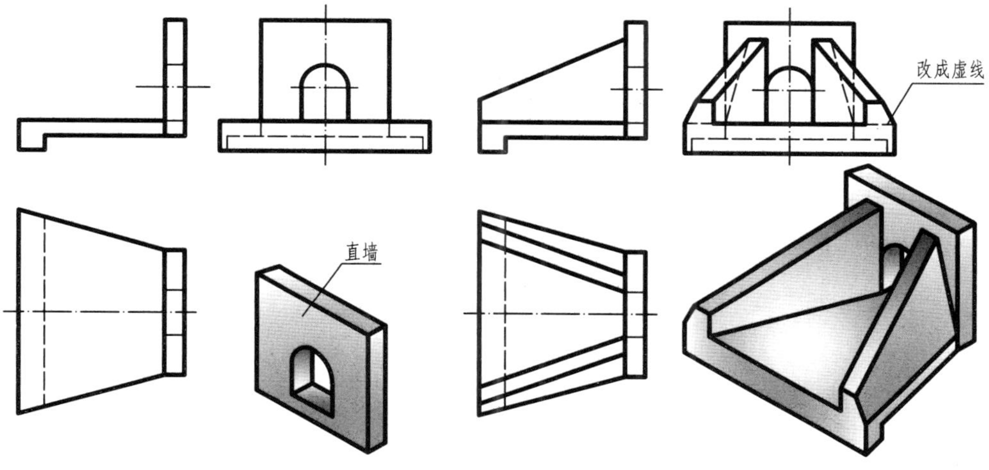

(b) 画直墙原体及直墙上的洞　　　　　(c) 画八字形翼墙完成三视图

图 14-2　八字形翼墙进水口视图的画法

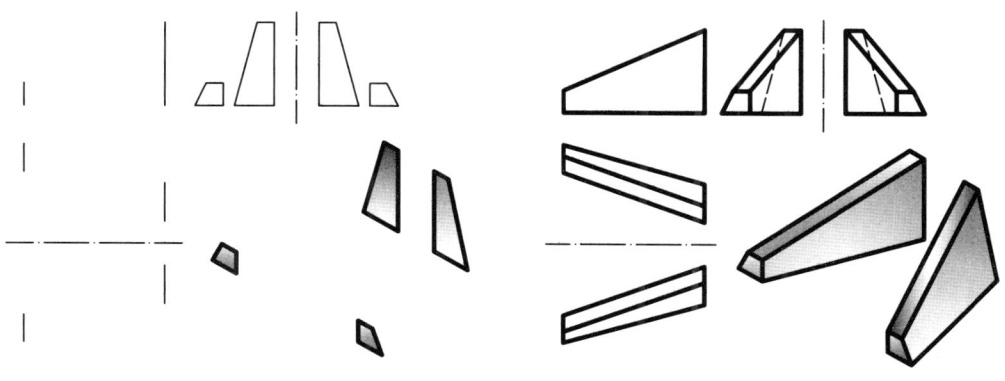

(a) 画八字形翼墙两端三视图　　　　　(b) 连两端面对应侧棱，完成八字形翼墙三视图

图 14-3　八字形翼墙的画法

第十四章 综合类组合体

第二节 综合体的识读

一、综合体识读要点

识读综合体三视图时，以形体分析法为主，线面分析法为辅，就是一部分一部分地看，遇到难点就一个面一个面地看。

二、综合体识读举例

【例 14-2】 根据图 14-4（a）所示形体的三视图，想象空间形状。

例题 14-2

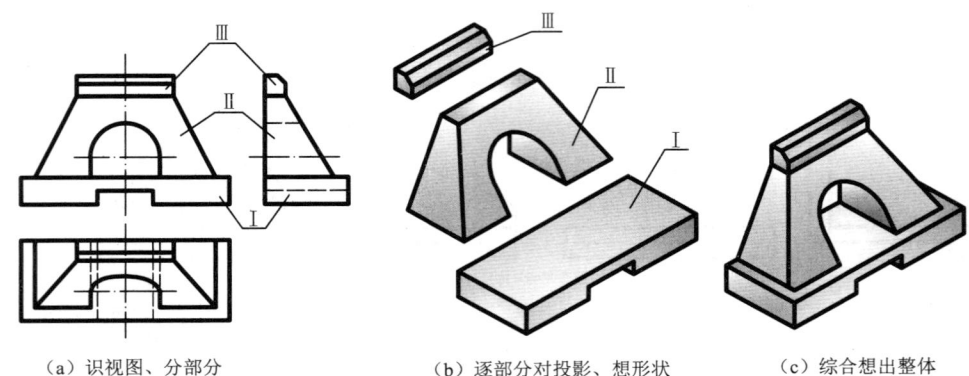

（a）识视图、分部分　　　（b）逐部分对投影、想形状　　　（c）综合想出整体

图 14-4　涵洞面墙读图示例

分析：

(1) 识视图、分部分。首先根据视图特征分部分，该物体是综合体，从左视图入手，结合其他视图可将其分为上、中、下三部分，如图 14-4（a）所示。

(2) 逐部分对投影、想形状。由左视图按投影规律找出各部分在主视图和俯视图上的对应线框。如图 14-4（a）所示，下部为两矩形线框对应凹字多边形，空间形状为倒放的凹形柱；中部梯形线框对应主视图也为梯形线框，对应俯视特征图可看出是半四棱台，其内虚线对应三投影可知是在半四棱台中间挖穿一个倒 U 形孔；上部对应另两视图都是矩形线框，故是直五棱柱，各部分立体形状如图 14-4（b）所示。

(3) 综合起来想整体。由主视图可看出，半四棱台、直五棱柱依次在凹形柱之上，且左右位置对称，看俯视图或左视图三部分后边均靠齐，整体形状如图 14-4（c）所示。

【例 14-3】 根据图 14-5（a）所示已知视图，补画左视图。

例题 14-3

分析：

(1) 识视图、分部分。根据视图特征分部分，该物体是综合体，从主视图入手，根据已知视图可将其分为两个部分，其中第Ⅰ部分进行了切割，如图 14-5（a）所示。

(2) 逐部分对投影、想形状。由主视图按投影规律找出各部分在俯视图上的对应

第二节 综合体的识读

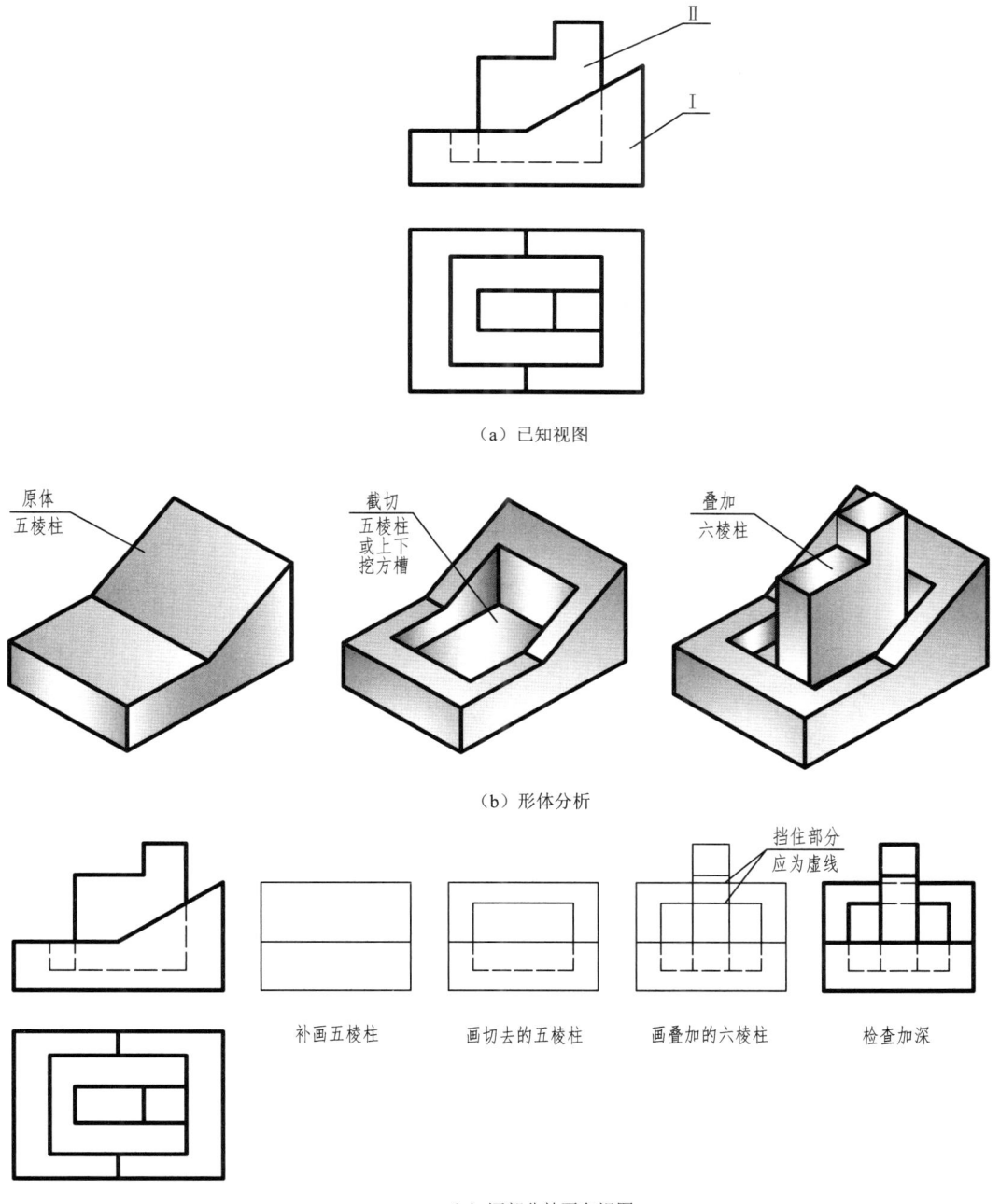

图 14-5 补画物体的左视图

线框。如图14-5（b）所示，第Ⅰ部分，对应视图线框为五棱柱，根据视图对应的线框分析，在五棱柱的内部又挖了一个五棱柱；第Ⅱ部分，根据视图线框分析应为六棱柱，因为主视图的虚线部分在五棱柱内，所以该六棱柱应在切割的五棱柱上叠加。各

129

部分立体形状如图 14-5（b）所示。

（3）综合起来想整体。由已知视图可看出，被切的五棱柱在下，六棱柱在上，上下叠加，整体形状如图 14-5（b）所示。

作图：

首先补画出五棱柱的矩形线框，再补绘切割的五棱柱，注意此处看不见的部分要画成虚线，然后补绘出叠加的六棱柱，同样被遮挡的部分也应改为虚线，最后检查加深，完成作图，具体步骤如图 14-5（c）所示。

综合式组合体的识读

第十五章　工程形体的表达方法

学习目标
1. 掌握各种视图的定义，熟记它们的名称和标注规定。
2. 理解剖视图的形成，掌握剖视图的画法规定。

素质目标
1. 养成标准规范执行意识（正确遵循视图、剖视图画法规定，规范绘图、读图方法）。
2. 传承精准严谨的工匠精神（将"长对正、高平齐、宽相等"应用于视图和剖视图）。

实际工程中的形体复杂多样，仅用三视图难以将各种工程形体的内外形状完整、清晰、简捷地表达出来，为此，制图标准中规定了一系列的表达方法。掌握工程形体常用的表达方法是学习专业图的必备知识。

第一节　视　　图

视图主要用来表达工程形体的外形结构。在工程图中，视图中一般只画出物体的可见轮廓线，必要时才画出不可见轮廓线。常用的视图有基本视图、向视图、局部视图和斜视图。

一、基本视图

技术制图标准规定：基本视图是物体向基本投影面投射所得的视图。

如图15-1所示，用正六面体的六个面作为基本投影面，将物体放在其中，六个基本视图中，除前面所讲过的主视图、俯视图和左视图外，还有三个视图：

右视图——由右向左投射所得的视图。
后视图——由后向前投射所得的视图。
仰视图——由下向上投射所得的视图。

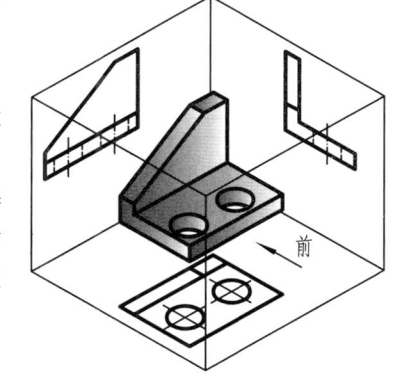

图15-1　基本视图的概念

基本投影面的展开方法如图15-2所示，规定正立投影面不动，其它投影面均按箭头方向旋转展开。展开后各视图的名称及配置如图15-3所示。六个基本视图按展开后的位置配置称为按投影关系配置，在同一张图纸内按投影关系配置时一律不标注视图名称。

六个基本视图之间与三视图一样，仍应符合投影规律，即：主、俯、仰视图"长对正"；主、左、右、后视图"高平齐"；俯、左、右、仰视图"宽相等"。由基本视图的展开过程可知，除后视图外，其它视图靠近主视图的一边是物体的后面，远离主

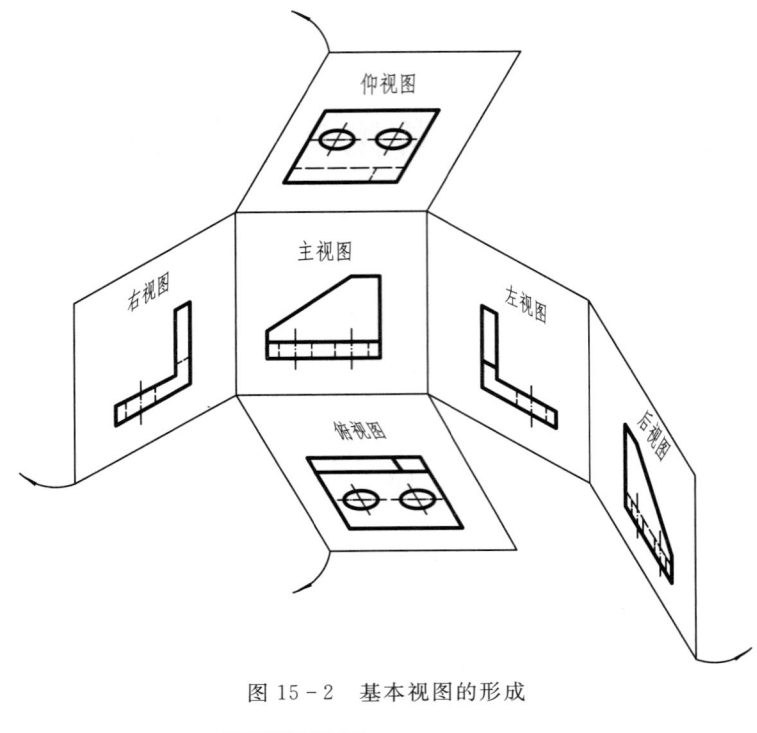

图 15-2 基本视图的形成

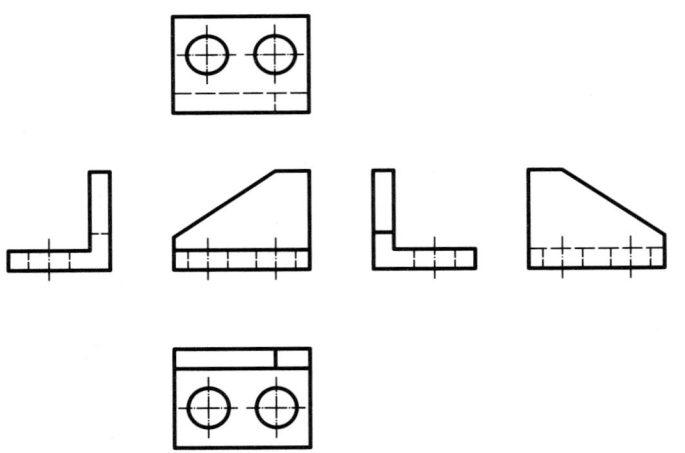

图 15-3 基本视图的配置

视图的一边是物体的前面。应当注意：主视图和后视图反映物体上、下位置关系一致，但左右位置恰恰相反。

实际绘制视图时，不需要全部画出物体的六个基本视图，而是根据物体的形状特征，选择所需的基本视图来表达。

二、向视图

技术制图标准规定：向视图是可自由配置的视图。

向视图必须标注，可以在向视图的上方标注"X"（"X"为大写拉丁字母），在相应视图的附近用箭头指明投射方向，并标注相同的字母，如图 15-4（a）所示；或者在向视图的上方标注图名，标注图名的各视图的位置，应根据需要和可能，按相应的规则布置。如图 15-4（b）所示。

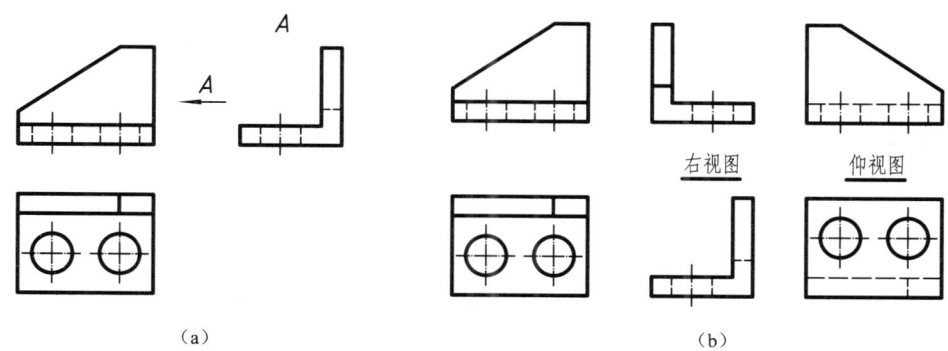

图 15-4　向视图

三、局部视图

技术制图标准规定：局部视图是将物体的某一部分向基本投影面投射所得到的视图。

如图 15-5 所示物体，用主视图、俯视图两个基本视图已把主体结构表达清楚，只有箭头所指处的槽和凸台的形状未表达清楚，如果再绘制出左视图和右视图则大部分重复，若用局部视图仅画出所需要表达的部分，则简单明了。但局部视图必须依附于基本视图，不能独立存在。

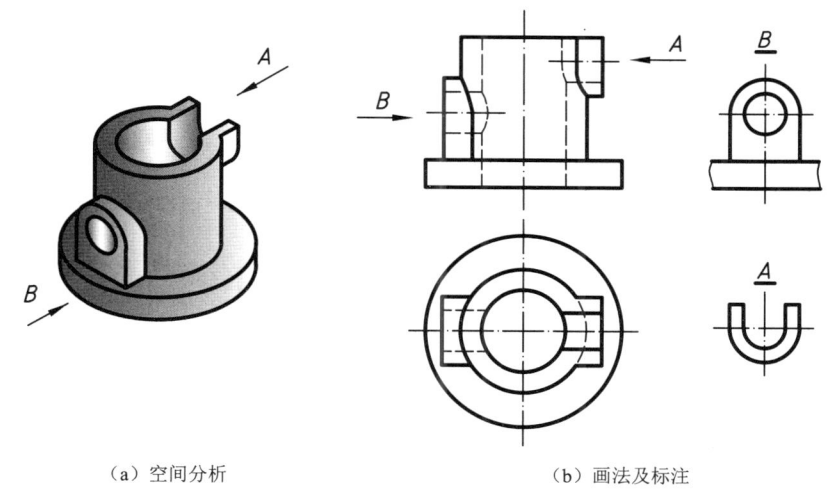

（a）空间分析　　　　（b）画法及标注

图 15-5　局部视图

画局部视图时应注意以下几点：

（1）局部视图只绘制出需要表达的局部形状，其范围可自行确定。

（2）局部视图的断裂边界用波浪线表示，如图 15-5 中的 A 视图。但当所表达的局部结构是完整的且外轮廓线又成封闭时，波浪线可省略不画，如图 15-5 中的 B 视图。注意波浪线要画在物体的实体部分。

（3）局部视图应尽量按投影关系配置，如果不便布图，也可配置在其它位置。

（4）局部视图无论配置在什么位置都必须进行标注，标注的方法是：在基本视图附近用箭头指明局部视图的投射方向，并注写字母；同时，在局部视图上方（或下方）标注"X"（"X"为大写拉丁字母）。

四、斜视图

技术制图标准规定：斜视图是物体向不平行于基本投影面的平面投射所得的视图。

如图 15-6 所示，当物体上的表面与基本投影面倾斜时，在基本投影面上就不能得到反映其表面真实形状的视图，若用斜视图，即选用一个平行于倾斜面并垂直于某一个基本投影面的平面为投影面，可表达倾斜表面的真实形状。

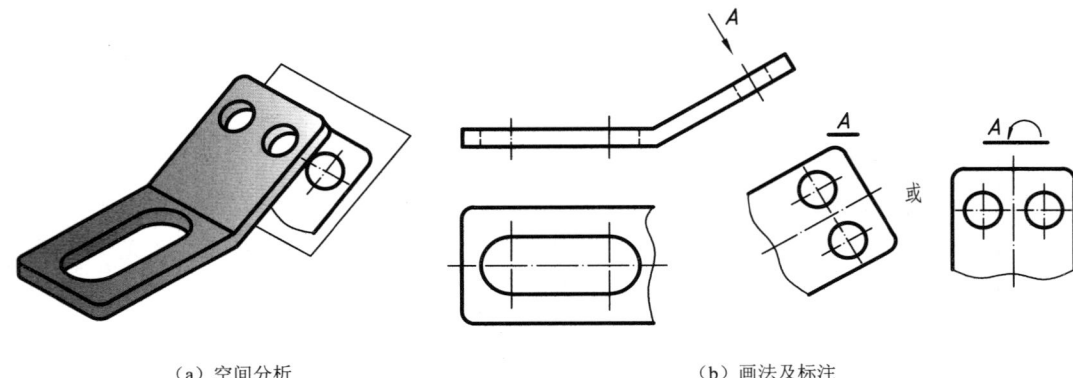

（a）空间分析　　　　　　　　　　（b）画法及标注

图 15-6　斜视图

画斜视图时应注意以下几点：

（1）斜视图只要求画出倾斜部分的真实形状，其余部分不必画出。斜视图的断裂边界以波浪线表示，波浪线画法与局部视图相同。

（2）斜视图一般按投影关系配置，必要时也可配置在其它适当的位置。在不引起误解时，允许将图形旋转。

（3）画斜视图时，必须进行标注。标注的方法是：当视图不旋转时，标注方法与局部视图相同；如将视图转正，标注时应在图名上标出代表斜视图旋转方向的旋转符号，字母应靠近旋转符号的箭头端。旋转符号的画法如图 15-7 所示。

应注意：斜视图标注中的字母必须水平书写。

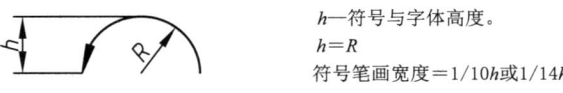

h—符号与字体高度。
$h=R$
符号笔画宽度$=1/10h$ 或 $1/14h$。

图 15-7　旋转符号的画法

第二节 剖 视 图

绘制形体的投影图时，制图标准中规定可见的轮廓线画实线，不可见的轮廓线画虚线。如图 15-8 所示。当形体的结构比较复杂，特别是内部结构复杂时，往往画出的投影图中会有许多虚线，这样会造成图上实线和虚线相互交错、内外层次不分明，既不便于标注尺寸，图样表达也不够清晰。为了能在投影图中清晰地表达出建筑形体内部的形状、构造和材料，需要采用剖视图来解决。

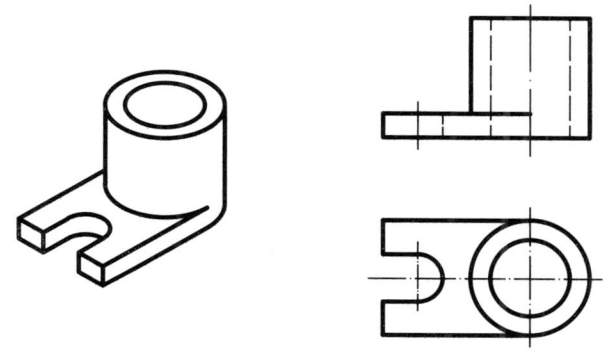

图 15-8 轴测图和基本视图

一、剖视图的形成与画法

1. 剖视图的概念

技术制图标准规定：假想用剖切面剖开形体，将处在观察者和剖切面之间的部分移去，如图 15-9 所示，而将其余部分向投影面投射所得的图形称为剖视图，可简称剖视。如图 15-10 所示。

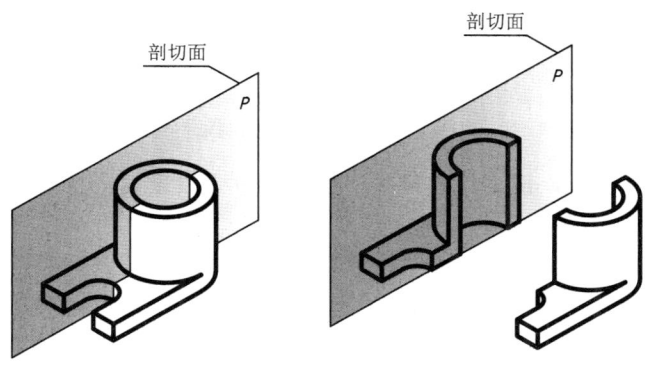

图 15-9 用假想的剖切面剖开形体、移去观察者和剖切面之间的部分

2. 剖视图的画法

以改画图 15-11 所示水闸闸室段主视图为剖视图为例，介绍剖视图的画法思路。
(1) 剖。画剖视图，首先应确定剖切位置，如图 15-11 (a) 所示。为了表达形

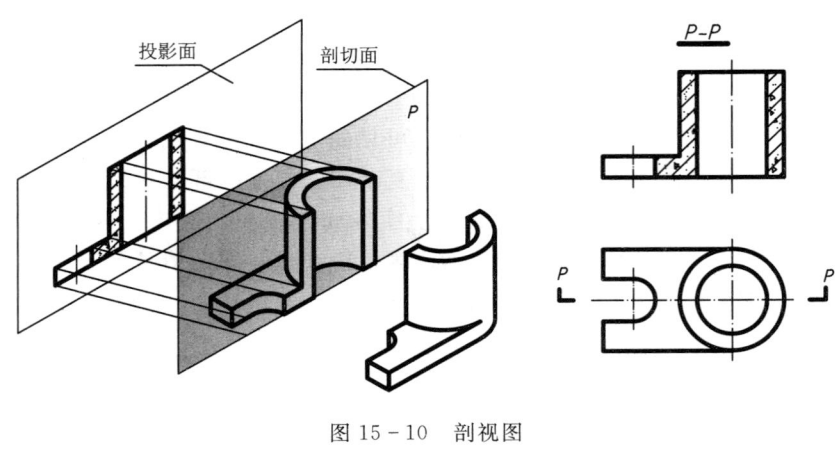

图 15-10 剖视图

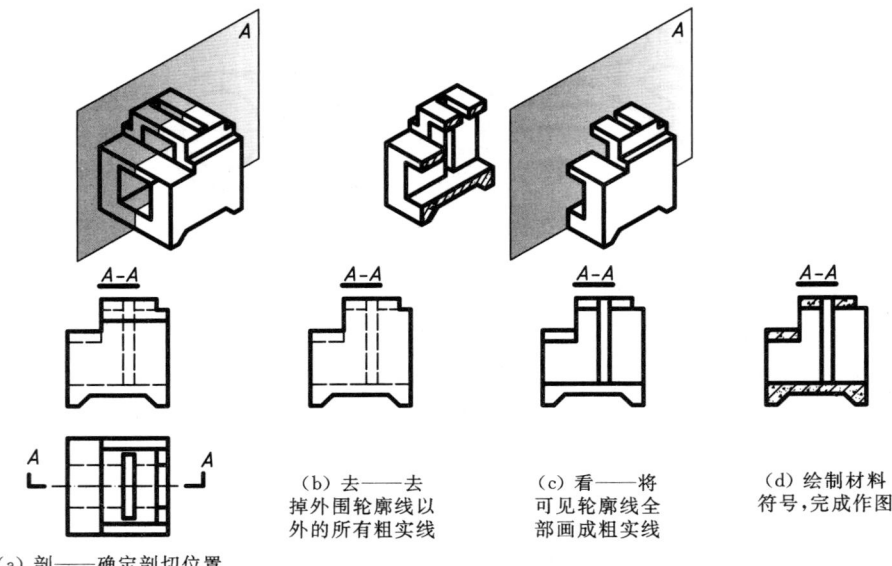

图 15-11 剖视图的画法

体内部结构的真实形状,剖切面的位置一般应平行于投影面,且与形体内部结构的对称面或轴线重合。

（2）去。移去剖切面与观察者之间的部分,在视图中应去掉除了外围轮廓线以外的所有粗实线,如图 15-11（b）所示。

（3）看。将剩余部分当成一个立体进行投射,在剖视图中将可见轮廓线全部画成粗实线,如图 15-11（c）所示。

（4）画剖面符号。在剖切面与形体接触的部分画出剖面符号,本例剖面材料为钢筋混凝土,如图 15-11（d）所示。

二、剖视图的标注

为了表达剖视图与有关视图之间的投影关系,便于读图,一般应加以标注。如图

15-12所示,标注中应注明剖切位置、剖视方向、编号和剖视图的名称。

1. 剖切位置线

剖切位置线是标明剖切面起、止位置的符号。实质上就是剖切平面的积聚投影,规定用两小段粗实线绘制,长度宜为5～10mm,并且不宜与图面上的图线接触,如轮廓线、对称线、中心线等。如图15-12所示。

2. 剖视方向线

剖视方向线是标明投射方向的符号,也用粗实线绘制,长度宜为4～6mm,绘制在剖切位置线的外侧,与剖切位置线组成一直角,如画在剖切位置的左边则表示向左投射。如图15-12所示。

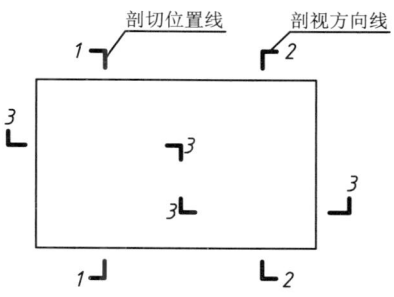

图15-12 剖切符号和编号

3. 剖切符号的编号。

剖切符号的编号,宜采用阿拉伯数字或拉丁字母,若有多个剖视图,应按顺序由左至右,由上至下连续编号,编号应写在剖视方向线的端部,并一律水平书写。

转折的剖切位置线,在转折处可不标注字母或数字,在转折处与其它图线发生混淆的,应在转角的外侧加注与该符号相同的字母或数字,如图15-12中的"3"所示。

4. 剖视图的名称

剖视图的名称与剖切符号的编号对应,应写在相应剖视图的上方,注出相同的两个字母或数字,中间加一条5-10mm长的细实线,如"A-A""1-1"。图名的字体应大一些。如图15-11所示。

三、绘制剖视图应注意的问题

假想的剖切:剖切是一个假想的作图过程,目的是为了清楚地表达形体内部形状。因此一个投影图画成剖视图,其它投影图仍应按未剖切前的视图完整画出。同一形体若需要几个剖视图表示时,可进行几次剖切,且互不影响。在每一次剖切前,都应按整个形体进行考虑。如图15-13所示B-B剖视图的绘制方式。

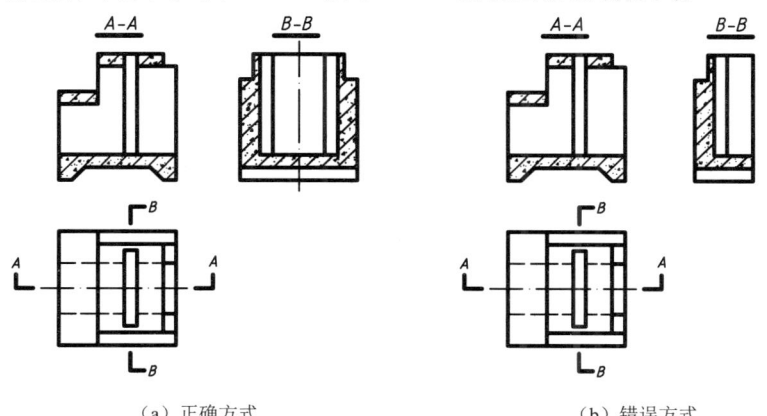

(a) 正确方式　　　　　　　　(b) 错误方式

图15-13 B-B的绘制方式

(1) 不要漏线。剖视图不仅应该画出与剖切面接触的断面形状，而且还要画出剖切面后的可见轮廓线。对初学者而言，往往容易漏画剖切面后的可见轮廓线，应特别注意。如图 15-14 所示。

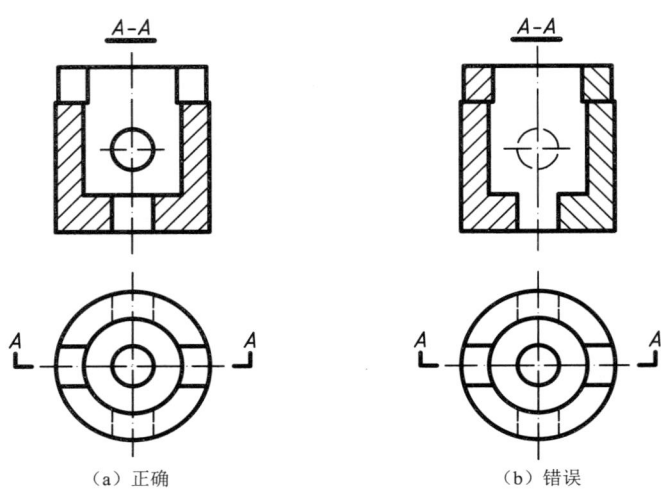

图 15-14 易错的线

(2) 合理地省略虚线。用剖视图配合其他视图表示形体时，图上的虚线一般省略不画。但如果画出少量的虚线可以减少视图数量，而且又不影响视图的清晰时，也可以画出少量的虚线。如图 15-15 所示。

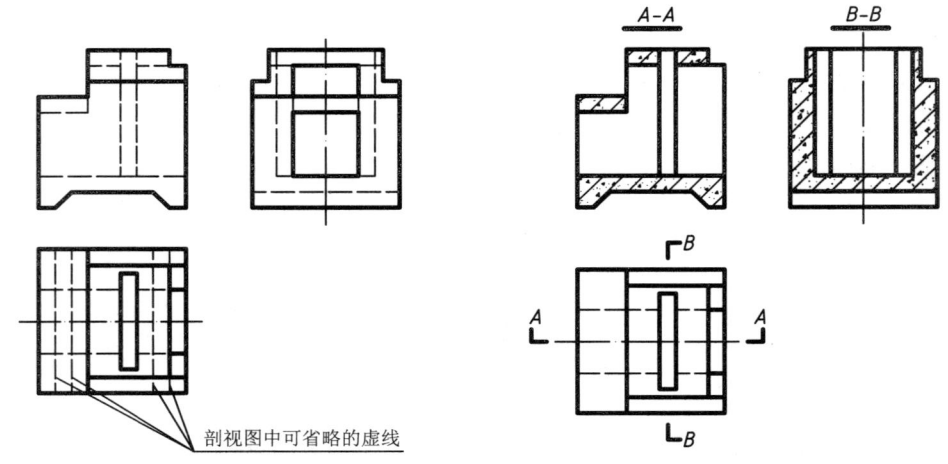

图 15-15 虚线的处理

(3) 正确绘制剖面材料符号。位置要正确，符号要规范，应注意同一形体各剖视图上的材料符号要一致，即斜线方向一致、间距目测相等。如图 15-13 所示。

第十六章 工程常用剖视图

学习目标
1. 掌握各种工程常用剖视图的定义,熟记它们的名称和标注规定。
2. 理解各种剖视图的形成,掌握它们的画法规定。
3. 能熟练绘制形体的全剖视图、半剖视图、阶梯全剖视图。
4. 能识读工程常用剖视图。

素质目标
1. 养成标准规范执行意识(正确遵循剖视图画法规定,规范绘图、读图方法)。
2. 传承精准严谨的工匠精神(将"长对正、高平齐、宽相等"应用于剖视图)。
3. 培养科学探索、求实创新精神(各种剖视图适用条件、画法以及视图等)。

在工程设计中,应根据工程形体的特点,选择适当的剖切方法和合理的剖切范围来表达内部结构。这样所绘制出的剖视图实际上是不同的剖切方法与不同种类剖视图的组合。下面介绍几种工程上常用的几种剖视图。

第一节 全 剖 视 图

用剖切平面完全地剖开形体所得的剖视图称为全剖视图,如图 16-1 所示。

全剖视图一般用于表达外形简单,内部结构比较复杂的形体,或主要为了表达形体内部结构时采用。

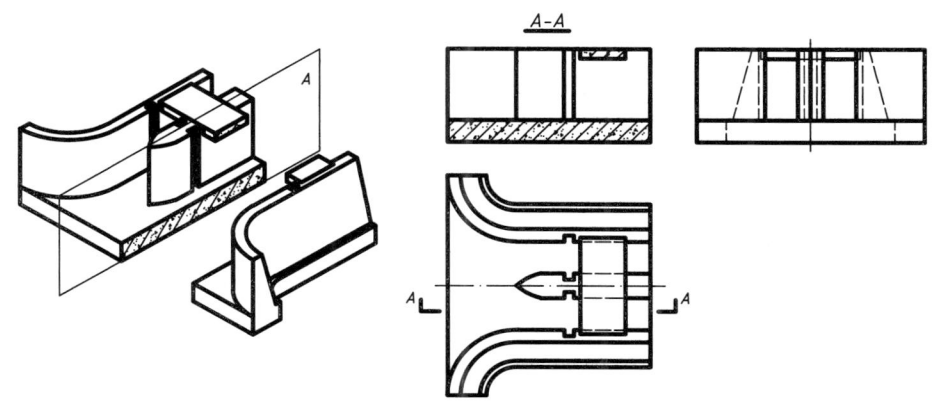

图 16-1 全剖视图

一、全剖视图的绘制与标注

图 16-1 所示为一钢筋混凝土闸室段,假想用一个平行于正立投影面的剖切平

面，通过闸室的一个闸孔剖切，移去闸室的前半部分，将后半部分向正立投影面投射。剖切前，主视图中闸底板、闸门槽、盖板均为虚线，剖切后，这些部位的轮廓线均可见，用粗实线绘制出。前面的边墙剖切后被移去不画，后面边墙的轮廓线，由于它在俯视图、左视图中已表达清楚，在剖视图中可省略虚线。最后在断面上绘制出钢筋混凝土剖面符号，就得到了该闸室全剖的主视图。

全剖视图一般要全标注。

下面以改画钢筋混凝土闸室段全剖的左视图为例，介绍全剖视图的画法要点，如图16-2所示。

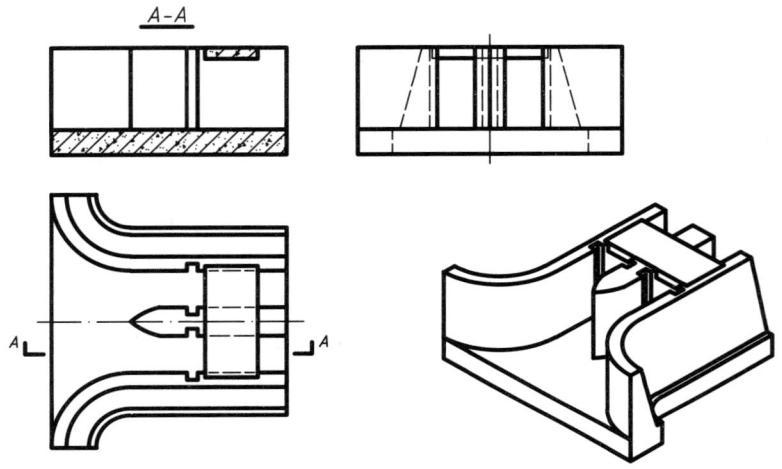

图16-2　根据已知条件，改画闸室段左视图为全剖视图

（1）剖——标注。确定剖切位置和投射方向，如图16-3所示，绘制出剖切位置线、剖视方向线，注写编号、图名。

（2）去。去掉被剖部分的轮廓线、除了外围轮廓线以外的所有粗实线、剖切平面右边的不可见轮廓线，如图16-3（a）所示。

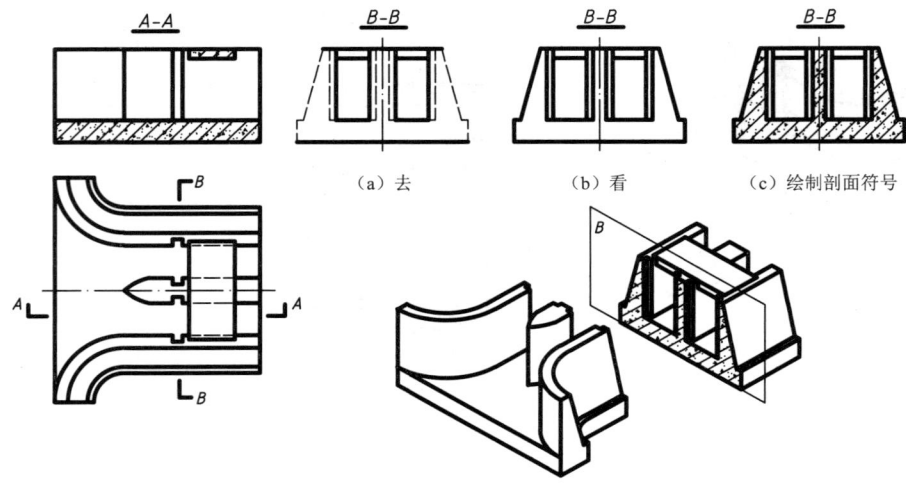

(a) 去　　(b) 看　　(c) 绘制剖面符号

图16-3　剖视图的画法要点

(3) 看——投影。将原来不可见的虚线改画成粗实线，如图 16-3（b）所示。

(4) 绘制剖面符号。在剖到的实体部分画出剖面符号，如图 16-3（c）所示。

二、画剖视图需注意的问题

(1) 明确剖切是假想的。剖视图是假想把物体剖切开后所画的图形，除剖视图外，其余视图仍应完整画出。

(2) 不要漏线。剖视图不仅应该画出与剖切面接触的断面形状，还要画出剖切面后的可见轮廓线。对初学者而言，往往容易漏画剖切面后的可见轮廓线，应特别注意。

(3) 合理地省略虚线。用剖视图配合其他视图表示物体时，图上的虚线一般省略不画。但如果画出少量的虚线可以减少视图数量，而且又不影响视图的清晰时，也可以画出少量的虚线。

(4) 正确绘制剖面材料符号。位置要正确，符号要规范，应注意同一物体各剖视图上的材料符号要一致，即斜线方向一致、间距目测相等。

第二节 半 剖 视 图

半剖视图主要适用于内外形状均需要表达的对称或基本对称的形体。

当形体具有对称平面时，用剖切平面把形体完全剖开，向垂直于对称面的投影面上投射，以对称线为界，一半绘制成剖视图，一半绘制成视图，这样组合的图形称为半剖视图，如图 16-4 所示。

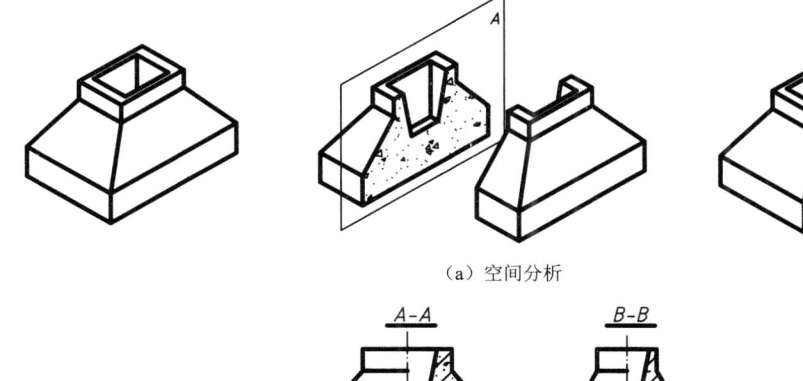

(a) 空间分析

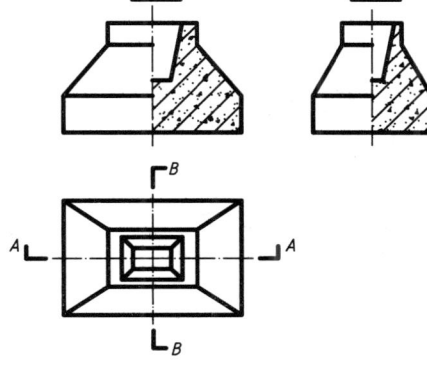

(b) 主视图和左视图为半剖视图

图 16-4 半剖视图

图 16-4 所示为钢筋混凝土基础，由于它前后、左右均对称，所以主视图、左视图全部剖开后可采用半剖视图表达。

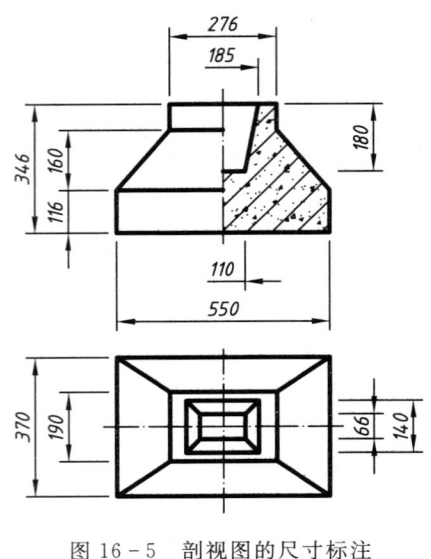

画半剖视图需注意的问题：

（1）在半剖视图中，剖视图和视图的分界线必须用点划线画出，不能与可见轮廓线重合。

（2）由于所表达的形体是对称的，所以在视图中应全部省略表示内部形状的虚线。

（3）剖视部分习惯上画在对称线的右边或前面。

（4）标注时，为了使尺寸清晰，应尽量把外形尺寸和内部尺寸分开标注。如图 16-5 中，把外形的高、宽尺寸标注在图形的左边，孔的高、宽尺寸标注在图形的右边。由于在半剖视图对称部分视图上省略了虚线，所以注写内部尺寸时，只需画出一端的尺寸界限和尺寸起止符号，尺寸线要稍超过对称线，尺寸数字应注

图 16-5　剖视图的尺寸标注

写整个结构的尺寸，如图 16-5 中的"185""110"。

第三节　阶梯剖视图

用阶梯剖的方法把形体全部剖开后所得的剖视图称为阶梯全剖视图，如图 16-6 所示。

图 16-6 所示的形体上有三个孔，左边和右边的孔大小和深度不同，用一个剖切平面不能表达清楚。假想用两个平行于正立投影面的剖切平面分别通过两种孔的轴线剖切形体，将每一剖切面后的剩余部分按单一全剖视的方法画出，即得阶梯全剖视图。

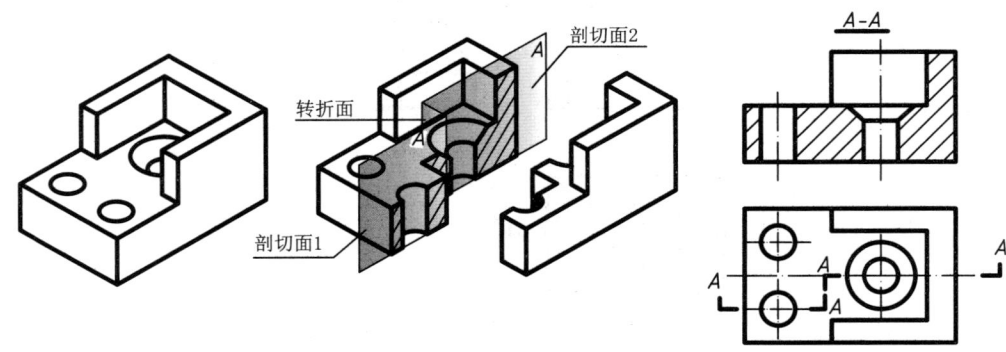

图 16-6　阶梯全剖视图

画阶梯剖视图时应注意以下几点:

(1) 剖切平面的转折处不应与视图中的轮廓线重合,在剖视图上不应画出两剖切平面转折处的投影,如图 16-7 所示。

(2) 阶梯全剖视图必须进行标注,标注的基本方法同单一全剖视,不同的是每个剖切面和转折面处都应画出剖切位置线,投射方向线仅画在起止剖切位置线的外侧。一般每处注写一个字母,但当剖视位置明显时,转折处允许省略字母。

阶梯剖视图在工程中应用广泛,如图 16-8 所示为消力池和下游渠道的部分,主视图采用了单一全剖视图,在左视图的位置画出了阶梯全剖视 A-A。

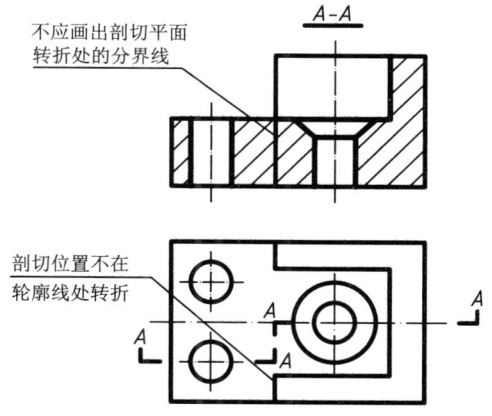

图 16-7 阶梯全剖视的错误画法

16-3 阶梯剖

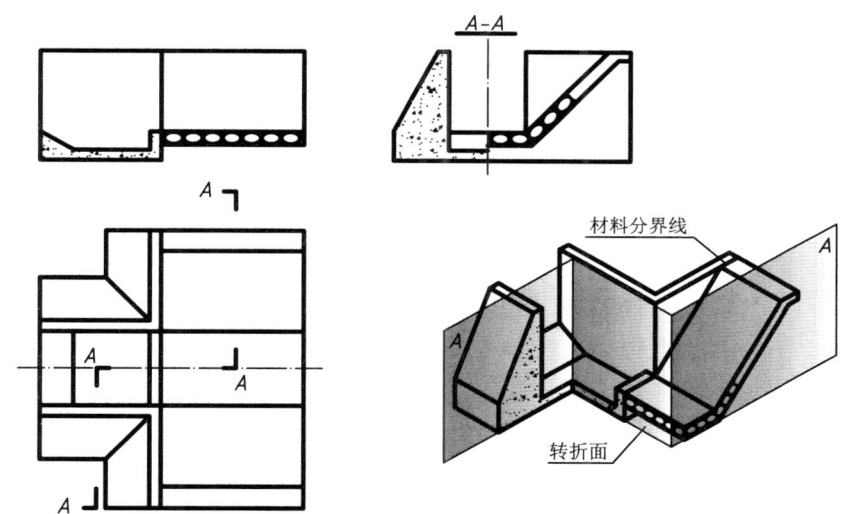

图 16-8 阶梯全剖视在工程中的应用

第四节 局部剖视图和旋转剖视图

一、局部剖视图

用剖切面剖开形体的局部所得到的剖视图称为局部剖视图,如图 16-9 所示。

局部剖视图一般适用于内外形状均需要表达但不对称的形体。

图 16-9 是一混凝土水管,为了表达接头处的内部形状,并保留外形轮廓,主视图采用了局部剖视图,在剖切开的部分画出管子的内部结构和剖面符号,其余部分仍画外形视图。

第十六章 工程常用剖视图

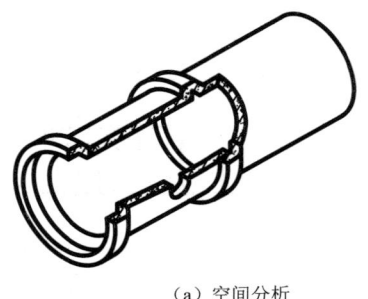
（a）空间分析

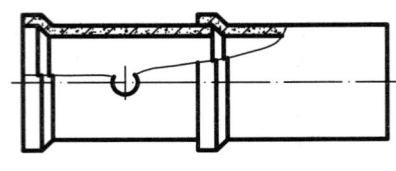
（b）主视图为局部剖视图

图 16-9　局部剖视图

画局部剖视图时应注意以下几点：
（1）局部剖视图的剖切范围用波浪线表示，一般不标注。
（2）波浪线不可与图形轮廓线重合，并且波浪线要画在形体的实体部分，不应画在空心处或超出图形之外，如图 16-10 所示。

二、旋转剖视图

用两个相交的平面将形体从轴线处剖开所得的剖视图称为旋转剖视图，如图 16-11 所示。

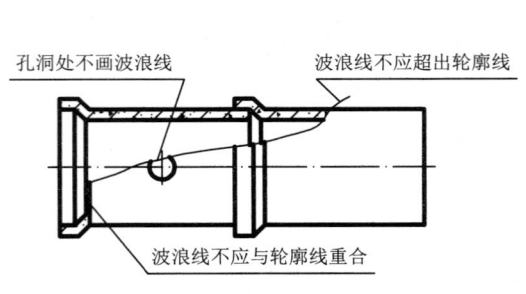

图 16-10　波浪线的画法

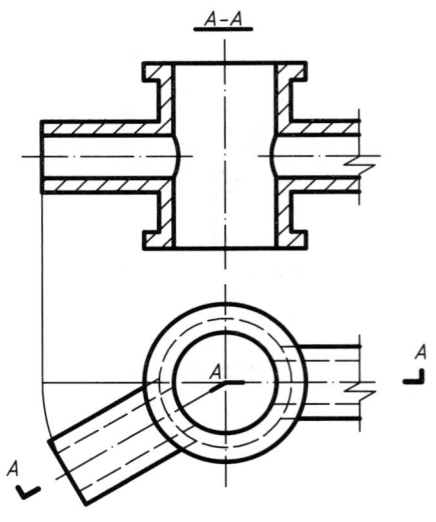

图 16-11　旋转剖视图

如图 16-11 所示形体的两个进水管的轴线斜交（一个平行于正立投影面、一个不平行于正立投影面），如果用一个剖切平面不可能得到倾斜部分的真实形状。假想用两个相交平面沿着两个水管的轴线把形体剖切开，然后将被倾斜的剖切平面剖开的结构及其有关部分旋转到与选定的投影面（正立投影面）平行的位置进行投射，即得旋转剖视图。

画旋转剖视图应注意以下几点：
(1) 剖切平面的交线应与形体上的公共回转轴线重合，并应先切后转。
(2) 剖切平面后的其他结构，一般仍按原来位置投影。
(3) 旋转剖视图的标注规定同阶梯剖视图。

第十七章 断 面 图

学习目标
1. 掌握断面图的概念，理解断面图与剖视图的区别和联系。
2. 理解断面图的形成，掌握断面图的画法。
3. 能熟练绘制形体的移出断面图。
4. 能识读工程图中常见的断面图。

素质目标
1. 养成遵规守矩的图学工程意识（切断面绘制的材质要符合国家标准要求）。
2. 传承精准严谨的工匠精神（明确移出断面和重合断面的区别，线宽粗细不同，含义不同）。
3. 培养创新科学探索精神（形体的表达方式有多种多样，用最少的图样把形体表达清楚，方法可灵活运用）。

第一节 基 础 知 识

技术制图标准规定：假想用剖切面将物体的某处切断，仅画出该剖切面与物体接触部分的图形称为断面图，简称为断面。断面图不包括剖切面后的轮廓，这是它与剖视图的不同点，实质上断面图就是剖视图的一部分，如图 17-1 所示。

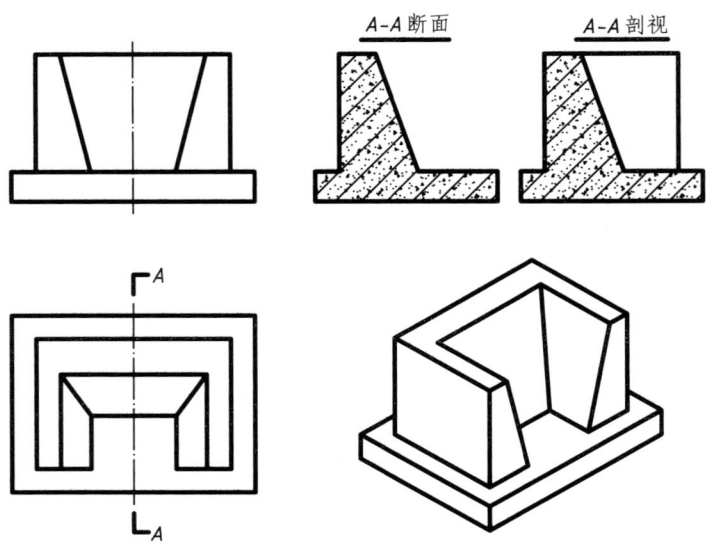

图 17-1 断面图与剖视图的区别

第二节 断面图的分类

断面图根据画在图上的位置不同,分为移出断面图和重合断面图两种。

一、移出断面图

绘制在视图之外的断面图称为移出断面图,如图 17-2 所示。

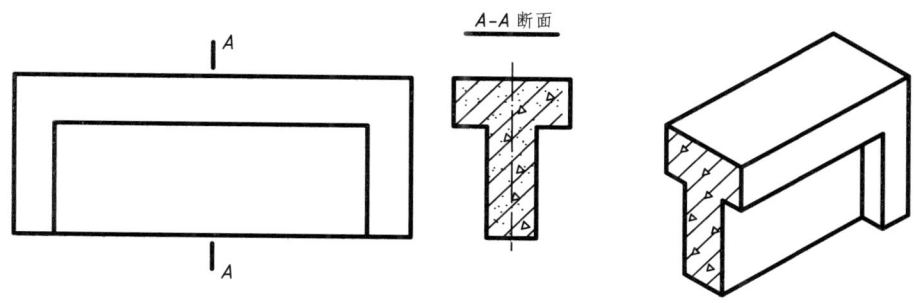

图 17-2 移出断面图

1. 画法要点

移出断面图的画法与剖视图相同,只是仅画出断面形状和剖切符号,移出断面是独立存在的图形,轮廓线应用粗实线绘制。

2. 配置与标注

(1) 当移出断面图没有按照投影关系配置且断面图形不对称时,应全标注,如图 17-3 所示。

(2) 如果断面图配置在剖切位置延长线上且断面图形不对称,则省略名称,标注如图 17-4 所示。

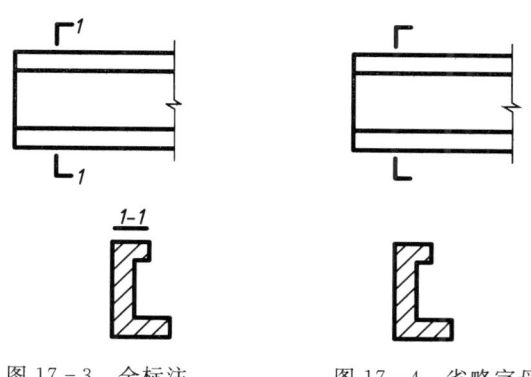

图 17-3 全标注　　图 17-4 省略字母

(3) 图形对称或按投影关系配置,可省略投射方向线,但编号应写在剖切后的投射方向一侧,如图 17-5 所示。

(4) 如果断面图配置在剖切位置延长线上且断面图形对称,则省略标注,如图 17-6 所示。

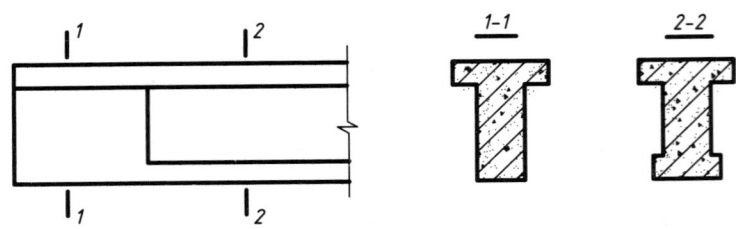

图 17-5 省略投影方向线

(5) 当断面图形对称,且移出断面配置在视图轮廓线的中断处时,可以不标注,如图 17-7 所示。

二、重合断面图

绘制在视图轮廓线之内的断面图称为重合断面图,如图 17-8 所示。

1. 画法要点

重合断面图的轮廓线规定用细实线绘制。当视图中的轮廓线与重合断面的图形重合时,视图中的轮廓线仍连续地画出,不可间断。

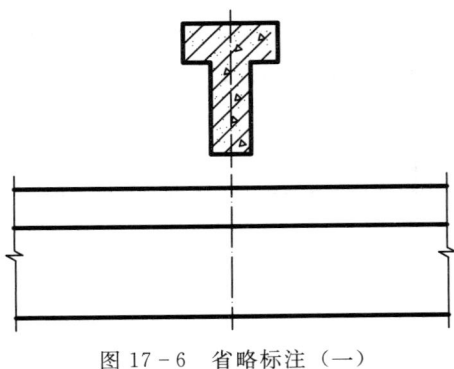

图 17-6 省略标注(一)

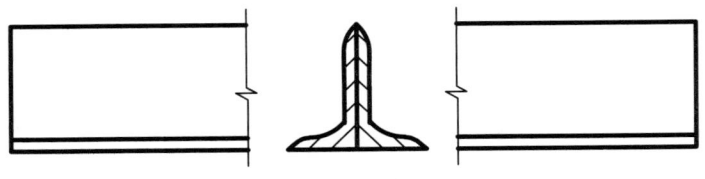

图 17-7 省略标注(二)

2. 配置与标注

对称的重合断面图可不标注,如图 17-8 所示。不对称的重合断面图应标注剖切位置线和投影方向线,并用粗实线表示投射方向,但可不标注名称,如图 17-9 所示。

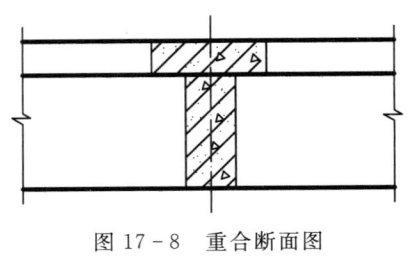

图 17-8 重合断面图

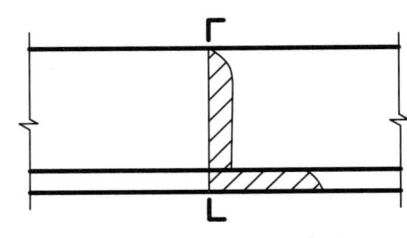

图 17-9 重合断面的标注

第三节 剖视图与断面图的规定画法

一、剖视图中的不剖画法

对于构件上的支撑板、肋板等薄板结构和实心的轴、柱、梁、杆等，当剖切平面平行于其轴线、中心线或平行于薄板结构的板面时，这些结构按不剖绘制，用粗实线将它与邻接部分分开，如图 17-10 中 $A-A$ 剖视图中的闸墩和图 17-11 中 $B-B$ 断面图中的支撑板。

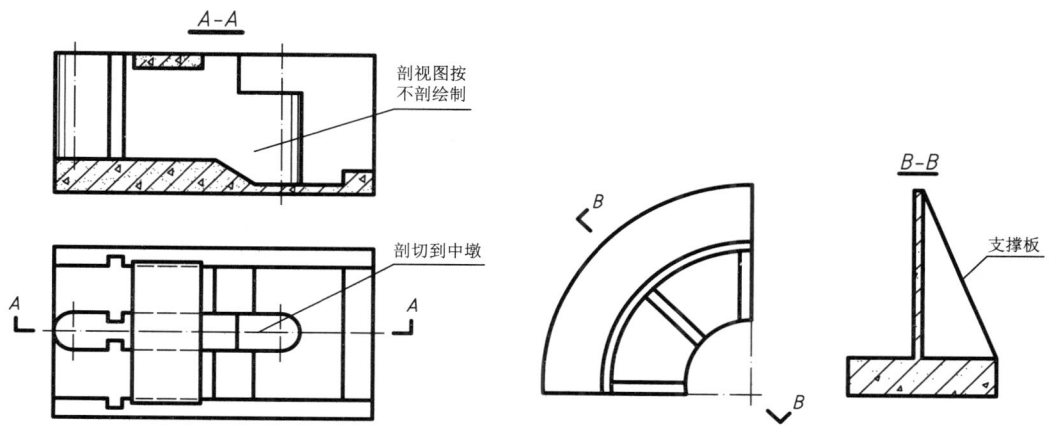

图 17-10 剖视图中闸墩的不剖画法　　图 17-11 剖视图中支撑板的不剖画法

二、剖视图与断面图中的分界线

在绘制剖视图和断面图时，为了清晰表达建筑物中各种材料和各种结构的分缝（如伸缩缝、沉陷缝），无论它们是否在同一平面内，在不同材料和结构分缝处要用粗实线画出分界线，如图 17-12 所示。

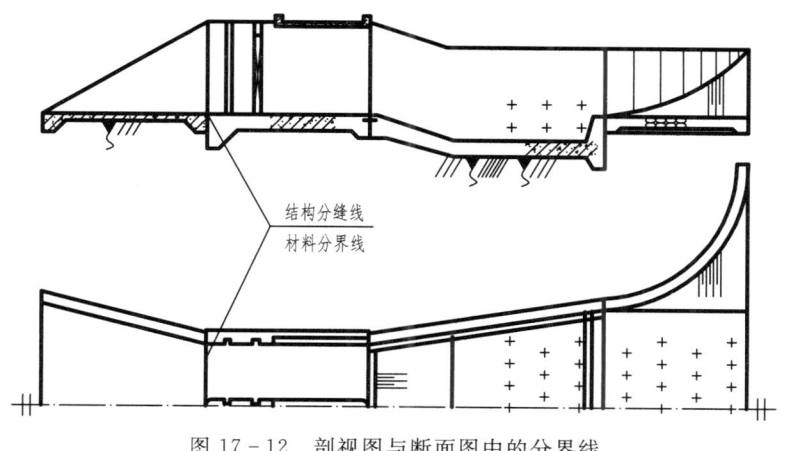

图 17-12 剖视图与断面图中的分界线

第四节　剖视图与断面图的识读

在工程设计中，通常是综合运用上述方法表达工程形体。识读剖视图与断面图的方法仍然是形体分析法与线面分析法。下面以图 17-13 所示钢筋混凝土 U 形薄壳渡槽槽身结构图为例，介绍剖视图与断面图的读图方法。

渡槽是水工建筑物中的一种输水建筑物，由槽身、支座端、横梁、桥板承托、止水槽等部分组成。槽身主要作用是输水；支座端起支撑槽身作用；横梁加固槽身，防止槽身在水压力的作用下向外扩张；桥板承托上面可以放盖板，防止向渡槽里面落入杂物；在槽身连接处，设置有止水槽。

一、分析视图

图 17-13 中，$A-A$ 是半剖视图，它的剖切位置标注在 $B-B$ 剖视图中，$A-A$ 剖视图的剖切平面通过槽身前后对称轴线，投射方向从前向后。$B-B$ 也是半剖视图，它的剖切位置标注在 $A-A$ 剖视图中，剖切平面通过槽身左右对称线，且垂直于渡槽轴线，投射方向由左向右。在 $A-A$、$B-B$ 剖视图中，一半表达槽身外部轮廓，另一半表达槽身内部结构。C 视图和 D 视图是两个局部视图，看 $A-A$ 剖视图可知其投射方向是由上向下，它们均是俯视图的一部分。$E-E$ 和 $F-F$ 是两个移出断面图，在 C 视图和 D 视图上标出了它们的剖切位置和投射方向。在 $B-B$ 剖视图上，还有一个表示横梁断面的移出断面图。

二、分部分想形状

识读 $A-A$ 剖视图：渡槽可分为三大部分，两端为支座端、中部为槽身薄壳、上部为横梁（六个）和桥板承托。在 $A-A$ 剖视图中可看出渡槽的槽身长度、槽身薄壳的厚度、支座的厚度、支座与横梁的连接及横梁的分布。

识读 $B-B$ 剖视图：从左半外形部分可以看出支座端的实形和止水槽的实形，结合 $A-A$ 剖视图可以看出支座的形状是底面为 $B-B$ 所示的直棱柱体，支座与槽身薄壳在外表面连接处是圆台面。从 $B-B$ 剖视图的右半内形部分可以看出槽身薄壳的形状为 U 形筒（即过水断面为 U 形），渡槽上部有横梁支撑，横梁断面为正方形。

横梁与槽身薄壳的连接方式、桥板承托的平面形状可从 C 和 D 局部视图中看出，$E-E$ 和 $F-F$ 断面则表达了横梁及承托连接处的断面图实形。另外，从图中可知该渡槽槽身使用的建筑材料为钢筋混凝土。

三、综合起来想象出整体形状

将以上分析的各部分按图 17-13 中所示位置综合起来进行构思，就可以抽象出渡槽槽身的整体形状，如图 17-14 所示。

第四节 剖视图与断面图的识读

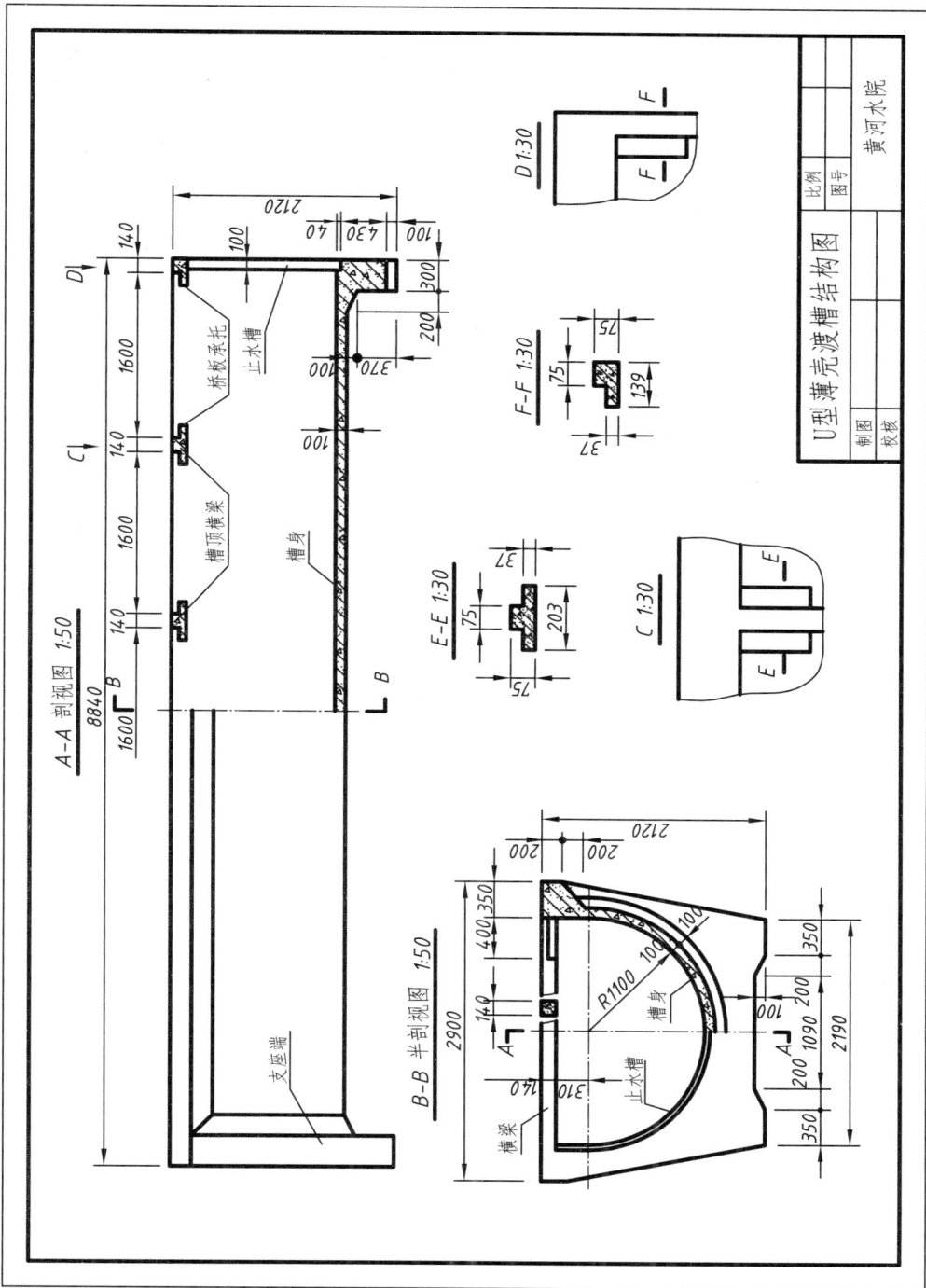

图 17-13 U形薄壳渡槽结构图

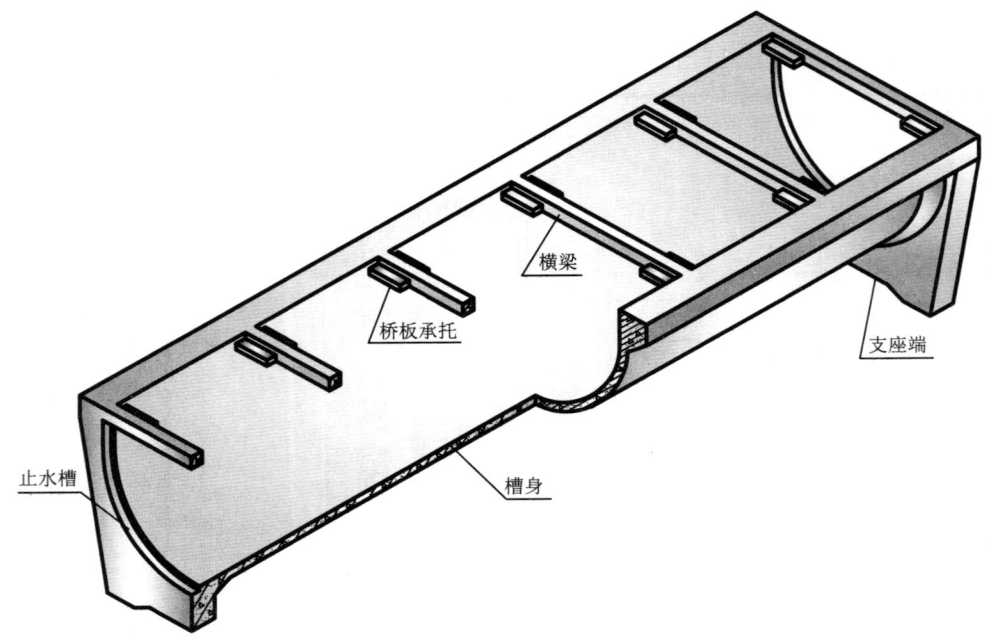

图 17-14 钢筋混凝土 U 形薄壳渡槽槽身的立体图

第十八章 标 高 投 影

学习目标
1. 明确标高投影的用途。
2. 能熟练求作各种平面和圆锥面上的等高线,并能正确画出交线。
3. 掌握等高线法求作交线的作图方法,能依据已知条件求作标高投影图。

素质目标
1. 养成从"点"到"线"再到"面",由"平面"到"锥面"再到"地形面"循序渐进的认识问题的习惯。
2. 培养学生学以致用的意识,学习标高投影的目的就在于能够解决拟建工程建筑物与地形面的连接问题。
3. 培养学生解决标高投影问题的一般思路,养成"善于将高程的运算转化为平距的量测,从而便于解决实际工程问题"的良好品质。

众所周知,水利工程中的建筑物都是修建在大地上,而自热地面(地球表面)形状复杂多样,水工建筑物与自然地面必然有接触,而采用多面正投影图的方法难以表达清楚水工建筑物与自然地面的连接问题。工程技术人员在不断的生产实践中总结出来一种关于如何表达水工建筑物与地面连接关系的投影方法,这种投影方法称为标高投影。水利工程专业及专业群的学生只有掌握了标高投影的画法与识读,才能在水利工程建设中有效解决建筑物与地面连接的相关问题。

第一节 基 础 知 识

一、标高投影的用途

标高投影在工程建设中具有非常重要的用途,它能够表达水利工程建筑物的形状、与水利工程建筑物所处地面的形状,通过作图来解决水利工程建筑物与所处地面之间的连接关系问题。利用标高投影原理作图可以得到建筑物的填方坡面与地面的交线、建筑物的开挖坡面与地面的交线、建筑物自身相邻坡面的交线,这些交线分别称为坡脚线、开挖线和坡面交线。坡脚线、开挖线和坡面交线是水利工程施工放样的重要依据,如图 18-1 所示。

标高投影概述

二、标高投影图的基本要素

在建筑物或地面的水平正投影上标注某些特征面、线以及参照面的高程数,并指明绘图比例的单面正投影称为标高投影。如图 18-2 所示是一个四棱柱(梯形柱)的标高投影图,实际就是在该梯形柱的水平投影(俯视图)上加注上底面和下底面的高

第十八章 标 高 投 影

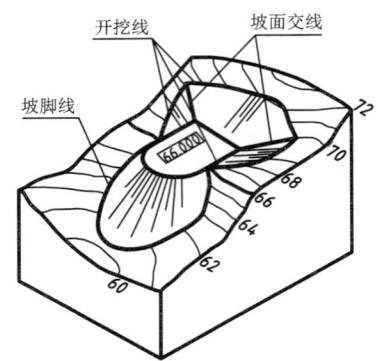

(a) 在斜坡上修建平台时建筑物与地面的连接关系　　(b) 在山区地面修建的土石坝与地面的连接关系

图 18-1　坡脚线、开挖线和坡面交线

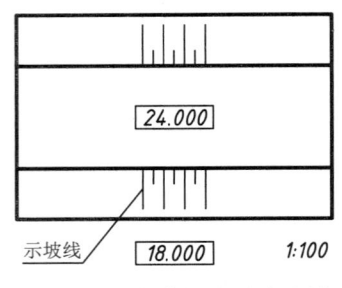

图 18-2　标高投影形成示例

程数值，并给出绘图比例尺；另外还绘制了示坡线，用以表达坡度方向。示坡线是一组长短相间的细实线，长线的长度是短线长度的 2～3 倍，示坡线指向下坡方向。

标高投影图的基本要素包括三个方面：

(1) 建筑物或地面的水平正投影。

(2) 高程数字。高程包括绝对高程和相对高程，只是两者的参考面不同而已，具体高程的含义可以参考测量学教程。值得注意的是，高程常用的单位是米，一般精确到小数点后三位。

(3) 绘图比例。绘图比例是衡量物体水平正投影大小的依据，比例的大小决定了绘图的精度。常见的表示方法有数字比例和图示比例两种形式。

数字比例示例：1∶100、1∶150、1∶200、1∶500、1∶1000 等；

图示比例示例：![0 1 2 3 4m]。

第二节　点、直线和平面的标高投影

18-2　点、直线、平面的标高投影

一、点的标高投影

选水平面 H 为基准面，将点在该面上作水平投影，在表示该点水平投影的小写字母的右下角注写高程数字，并标注绘图比例，便可得到点的标高投影。如 A 点到水平投影面 H 面的距离为 6m，标高投影如图 18-3 所示。

二、直线的标高投影

我们知道，两个控制点就可以唯一确定一条直线，将直线向水平面 H 面作水平正投影，注写控制点的高程数字，并标注绘图比例就可以得到直线的标高投影，如图 18-4 所示。

1. 直线的坡度 i 与平距 l

如图 18-4 (a) 所示，记 ΔH 为直线上任意两点的高程之差，L 为该两点在水

第二节 点、直线和平面的标高投影

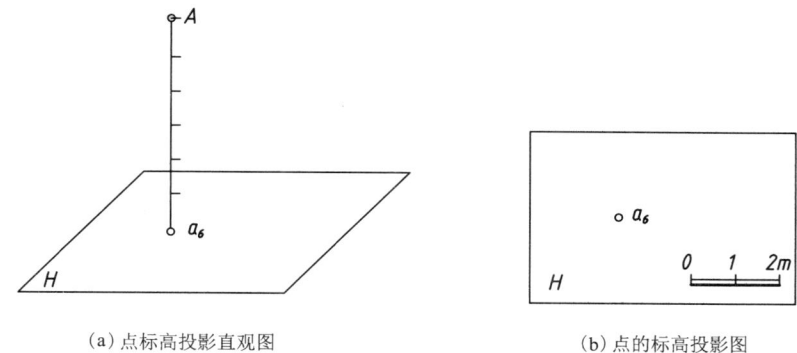

(a) 点标高投影直观图　　　　(b) 点的标高投影图

图 18-3　点的标高投影

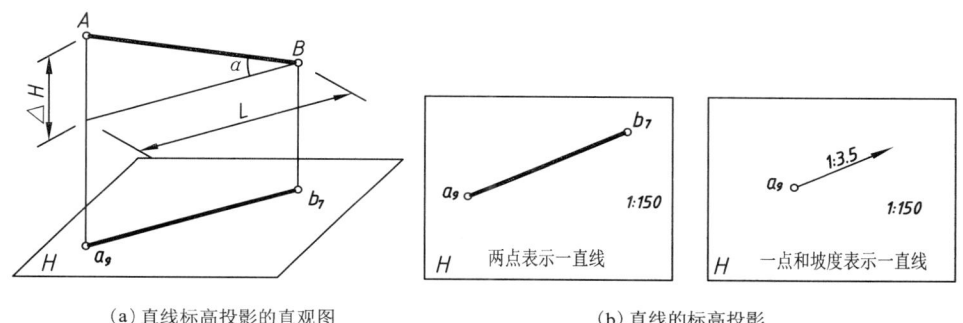

(a) 直线标高投影的直观图　　　　(b) 直线的标高投影

图 18-4　直线的标高投影

平面上的投影长度，α 为直线与水平面 H 面的倾角，直线的坡度 i 和平距 l 分别表示为下面两个公式：

$$i = \tan\alpha = \frac{\Delta H}{L}$$

$$l = \cot\alpha = \frac{L}{\Delta H}$$

因此，直线的坡度就是直线上任意两点的高程之差与其水平投影长度的比值，其意义是直线上任意两点当其水平投影长度为 l 时的高程之差。直线的平距就是直线上任意两点水平投影长度与去高程之差的比值。其意义是直线上任意两点当其高程之差为 l 时的水平投影长度。平距和坡度互为倒数。平距 l 反映了水平投影的长度，在绘制标高投影中不可避免地要计算平距，因此，在标高投影的绘制中，平距比坡度使用起来更加方便、高效。

2. 用直线上任意两点表示直线的标高投影

两点能够唯一确定一条直线，因此，直线的标高投影常用图 18-4（b）左图所示的方法来表示直线的标高投影，即用直线上任意两点的标高投影来表示该直线的标高投影。

3. 用直线上一点的标高投影和其坡度表示直线的标高投影

如果知道了直线的坡度，还可以用直线上一点的标高投影和直线的坡度来表示直线的标高投影，表示坡度的箭头指向下坡方向。这是因为如果知道了直线的坡度和直线上一点的标高投影,就可以求出该直线上任意高程点的标高投影。

【例 18-1】 如图 18-5 (a) 所示,已知直线 AB 的标高投影 $a_{13}b_{17}$,求直线上高程为 14、15、16 的整数高程点的标高投影和直线上距 A 点水平距离为 4m 的 M 点的高程。

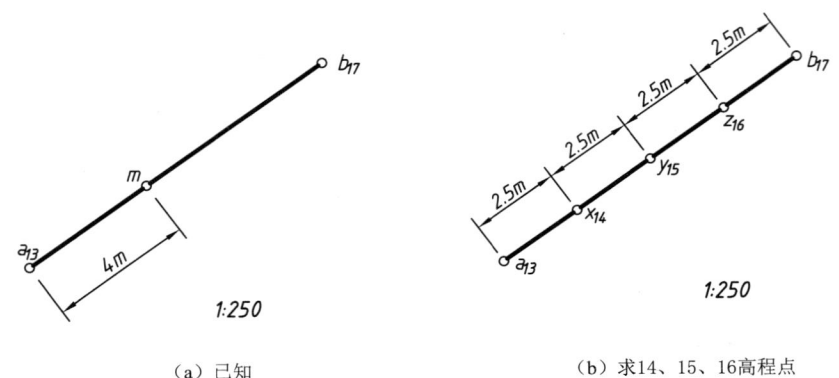

(a) 已知　　　　　　　　(b) 求14、15、16高程点

图 18-5　直线上高程点的求法

分析:

该直线的标高投影已知,可以求出其坡度和平距。已知 $L_{AM}=4\text{m}$,根据 $\Delta H=L\times i$ 即可得 ΔH_{AM},进而可求出 M 点的高程。

作图:

(1) 求 14、15、16 高程点。

由已知计算 $\Delta H_{ab}=H_b-H_a=17-13=4(\text{m})$,再用比例 $L_{ab}=10\text{m}$ 尺量得,从而可以计算出该直线坡度 $i=\Delta H_{ab}/L_{ab}=4/10=1:2.5$,则平距 $l=1/i=2.5\text{m}$。

因 $L=\Delta H\times l$,高程为 14 的点距 A 点的水平投影距离 $L_1=(14-13)\times 2.5=2.5$ (m),高程为 15、16 的点间的水平距离均为 1 个平距,依据比例依次量取 2.5m 即得各点标高投影,如图 18-5 (b) 所示。

(2) 求 M 点的高程。

已知 $L_{am}=4\text{m}$,$l=2.5\text{m}$,A、M 两点高差为 $4\text{m}/2.5\text{m}=1.6\text{m}$,因此,$M$ 点的高程为 $13\text{m}+1.6\text{m}=14.6\text{m}$。

三、平面的标高投影

如图 18-6 所示,用不同高程的水平面与平面 P 相交,所得的交线都是一条水平直线,这些水平交线就是该平面内的等高线,换句话说,平面 P 的等高线就是平面 P 与一系列水平面的交线。将等高线向 H 面投射并注上相应的高程数值,便可以得到平面等高线的标高投影,如图 18-6 所示。不难看出,平面内的等高线是相互平行的直线。

平面内的坡度线就是平面内对水平面的最大斜度线,坡度线的坡度就代表了平面的坡度。坡度线与 H 面的夹角反映了平面对 H 面的倾角。平面内的坡度线与等高线互相垂直。

在图解实际工程问题时,经常用到平面内的等高线,下面介绍平面内等高线的求作方法。

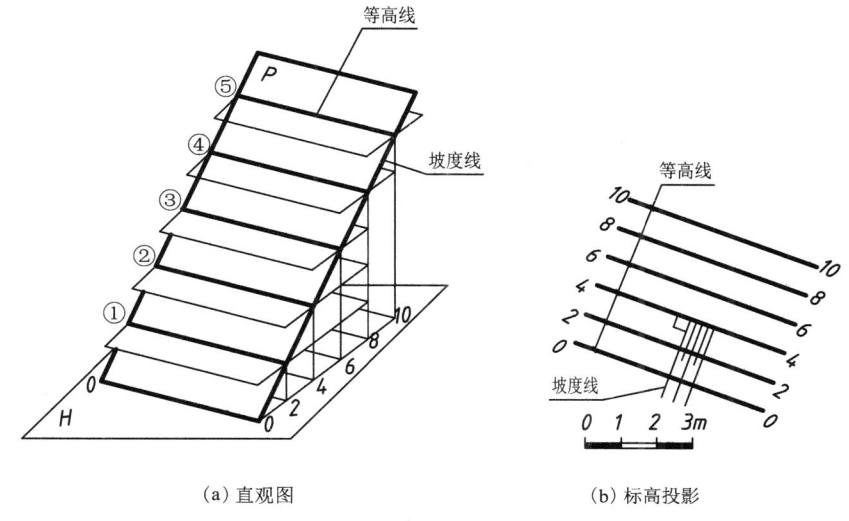

(a) 直观图　　　　　　　　　(b) 标高投影

图 18-6　平面内的等高线和坡度线

用一条等高线和坡度线表示平面与平面内等高线的求作。图 18-7（a）所示是用平面内一条等高线和坡度线表示平面的标高投影。

如图 18-7（b）所示，已知平面的坡度 1∶2 和平面内一条高程为 54 的等高线，求作平面内高程为 52、48 的等高线，求作方法：由平面的坡度 $i=1:2$，可知 $l=1/i=2m$，由于平面的等高线是一系列相互平行的直线，所以沿着下坡方向分别作出与高程为 54 的等高线间距依次是 4m 和 12m，又因为比例尺是 1∶1000，故作图时的间距分别为 4mm 和 12mm。最后画出示坡线，标上坡度数值。

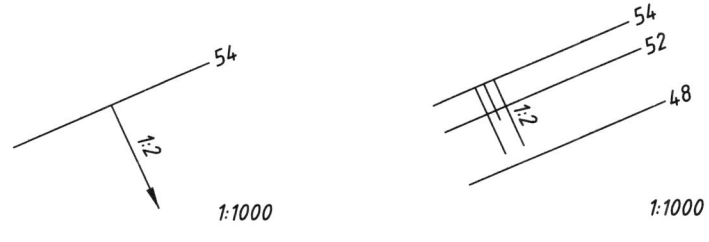

(a) 用一条等高线和一条　　　　(b) 求作平面上高程为 52 和 48
　　坡度线表示的平面　　　　　　　的等高线，并绘制示坡线

图 18-7　一条等高线和坡度线表示的平面及等高线的求作

用一条斜线和坡度及大致坡向表示平面与平面内等高线的求作。如图 18-8（a）所示是用平面内的一条斜线和坡度及大致坡向表示平面的标高投影。

已知平面内的一条斜线 a_8b_0 和平面的坡度 $i=1:1.5$，求作平面内高程为 6、4、2、0 的等高线。欲求这个平面的等高线，必须先求出一条等高线。

如图 18-8（b）所示，先求 0 高程等高线：以 a_8 为圆心，以 $r=\Delta H \times l=(8-0)\times 1.5=12(m)$ 为半径向着下坡方向画圆，然后由 b_0 向该圆作切线，连接 b_0 和切点，就是高程为 0 的等高线。求出高程为 0 的等高线后，根据"平面内等高线是相互

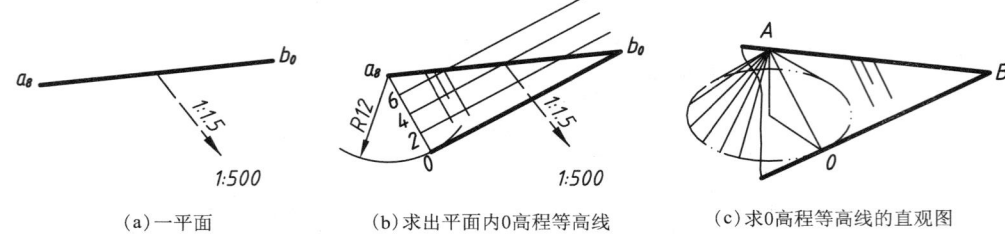

(a) 一平面　　　(b) 求出平面内0高程等高线　　　(c) 求0高程等高线的直观图

图 18-8　一条斜线和坡度及大致坡向表示的平面及等高线的求作

平行的直线"这一特征，和求平距的一般思路"先求 i，再求 l，再求 L，考虑比例尺"，即可绘制高程分别为 6、4、2、0 的等高线。

值得注意的是：水平面的标高投影可直接在其水平投影内注写高程数值与标高符号来表示，如图 18-2 中"$\boxed{24.000}$"，表示此面是水平面，距基准面的高度为 24.000m。

四、平面与平面的交线

毋庸置疑，平面与平面的交线是一条直线，而两点可以唯一确定一条直线，两相交平面内相同高程的等高线必定相交，两平面内高程相等的所有点都在交线上，因此，可以通过求两个平面上相同高程等高线交点的方法确定两平面交线上的两个点，连接这两点的直线就是这两个平面的交线。这种求解平面与平面交线的方法，称为等高线法，如图 18-9 所示。

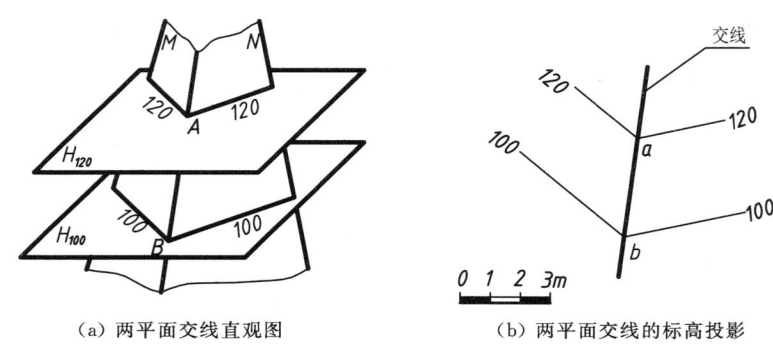

(a) 两平面交线直观图　　　(b) 两平面交线的标高投影

图 18-9　等高线法求两平面交线的标高投影

五、平地面上平面体建筑物的标高投影图

在工程实践中，建筑物与地面间、建筑物相邻两坡面间会产生相应的交线，如何绘制这些交线呢？通过完成标高投影图的方法就可以解决。

【**例 18-2**】 已知地面高程为 31.000m，基坑底面高程为 23.000m，基坑底部的设计形式及边坡坡度如图 18-10 (a) 所示，请完成基坑开挖后的标高投影图。

分析：

该建筑物（基坑）底面高程为 23.000m，地面高程为 31.000m，因此，该建筑物为开挖型建筑物，需要绘制其开挖线和坡面间的交线。开挖线是坡面与地面的交线，建筑物共四个坡面，产生四条开挖线。因为地面是高程为 31m 的水平面，所以开挖线是各坡面上高程为31m的等高线,四个坡面相邻相交产生四条坡面交线,该基坑开挖的直观效果如图18-10(b)所示。

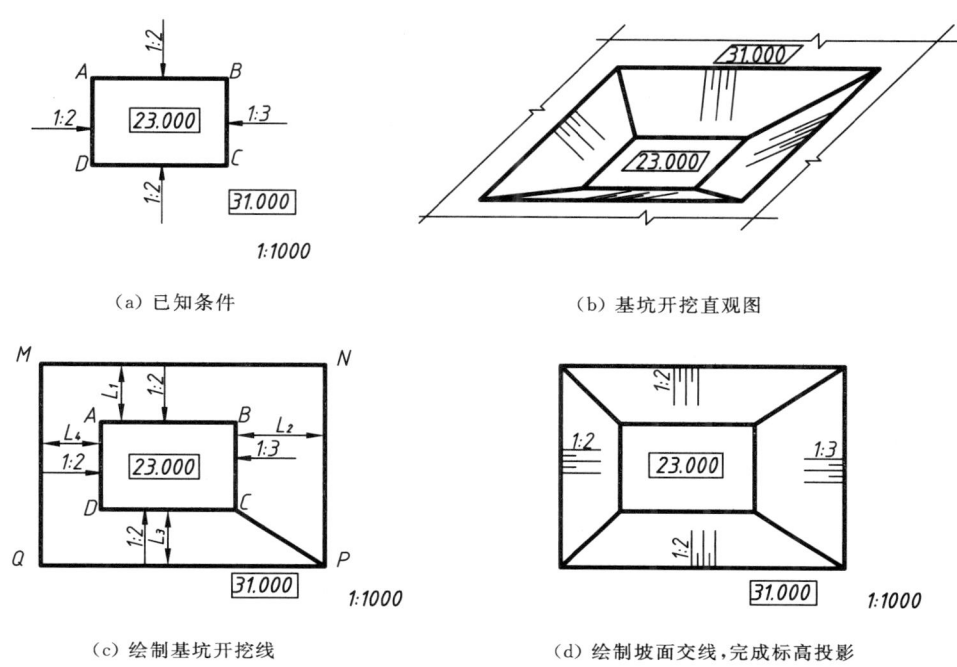

(a) 已知条件　　　　　　　　　　(b) 基坑开挖直观图

(c) 绘制基坑开挖线　　　　　　　(d) 绘制坡面交线,完成标高投影

图18-10　求作基坑标高投影图

作图:

如图18-10(c)所示。解决这类问题的一般思路是:先求坡度i,再求平距l,接下来根据相关高程ΔH求出L,最后利用比例尺换算出绘图时的实际平距L进行绘制。该基坑的四个边坡均为平面边坡,由于平面的等高线为一系列平行直线,其中AB、BC、CD、DA为四个平面边坡的已知的高程为23.000m的等高线,开挖线必定与它们平行。接下来就要求出各开挖线与对应已知等高线间的距离。记AB与其开挖线间的距离为L_1,L_1的计算过程如下:

(1) $i_1 = 1:2$;

(2) $l_1 = 1/i_1 = 1/(1:2) = 2$;

(3) $\Delta H = 31.000 - 23.000 = 8.000(\text{m})$;

(4) $L_1 = \Delta H \times l_1 = 8.000\text{m} \times 2 = 16.000\text{m}$;

(5) 绘图时$L_1 = 16\text{m} \times (1:1000) = 16\text{mm}$。

所以,绘制AB的平行线MN,平行线间的距离为16mm。

同理,可以绘制开挖线NP、PQ、QM。

如图18-10(d)所示,连接相邻两坡面相同高程等高线的交点的直线,就是相邻两坡面的交线。

画出各坡面的示坡线,完成标高投影作图。

第三节 正圆锥面的标高投影

一、正圆锥面的等高线与示坡线

如图 18-11 所示，用水平面去截切正圆锥，截平面与圆锥面的交线就是其等高线，将这些等高线向 H 投影面投射并注写相应的高程数值，就得到了正圆锥面的标高投影图，如图 18-11 所示给出了高程为 0、3、6、9、12、15、18 的等高线。不难发现，正圆锥面等高线的标高投影是一系列同心圆，同心圆间的距离与相应的高程有关。正圆锥面的示坡线（坡度线）会交于圆心。

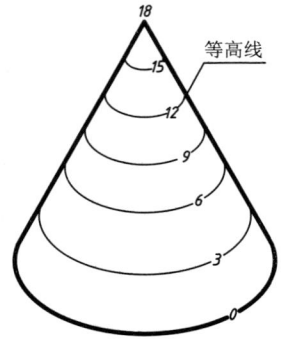

（a）正圆锥面标高投影的形成　　（b）正圆锥面的标高投影

图 18-11　正圆锥面的等高线和示坡线

二、正圆锥面的标高投影表示法和锥面内等高线求作

如图 18-12 所示，用一条等高线和坡度线来表示正圆锥面的标高投影，是正圆锥面常用的表示方法。

如图 18-13 所示，已知圆锥平台的顶面高程为 6.000m，锥面坡度为 1:3，求锥面上高程为 0m 的等高线。求作的思路依然是：先求坡度 i，再求平距 l，接下来根据相关高程 ΔH 求出 L，最后利用比例尺换算出绘图时的实际平距 L 进行绘制。由于正圆锥面等高线的标高投影为一系列同心圆，记高程为 6.000m 的等高线与高程为 0.000m 的等高线间的平距为 L，L 的计算过程如下：

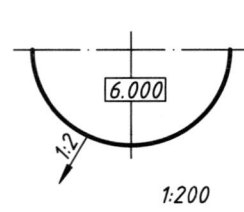

图 18-12　用一条等高线和
坡度线表示正圆锥面

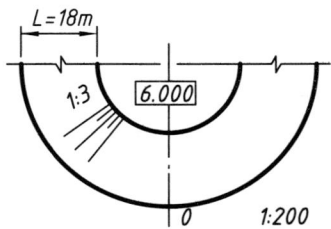

图 18-13　正圆锥面标高
投影的求作

(1) $i=1:3$;
(2) $l=1/i=1/(1:3)=3$;
(3) $\Delta H=6.000-0.000=6.000(\text{m})$;
(4) $L=\Delta H \times l=6.000\text{m} \times 3=18.000\text{m}$;
(5) 绘图时 $L=18\text{m} \times (1:200)=90\text{mm}$。

所以，绘制高程为 6.000 等高线的同心圆，距离为 90mm。然后画出正圆锥面上的示坡线。

三、正圆锥面与平面的交线

土方工程施工中，通常将基坑相邻的挖方边坡转角部位做成如图 18-14（a）所示的部分倒立圆锥面。在堆土方时，通常将相邻的堆方边坡转角部位做成如图 18-14（b）所示的部分正立圆锥面。这样做，不仅美观，而且能够缓解边角部位的应力集中，对防止基坑滑坡或塌方有利。

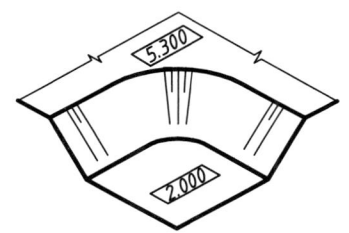
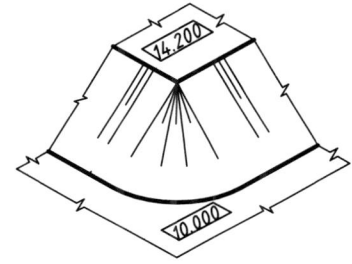

(a) 基坑开挖后边角处理成圆锥面　　(b) 堆土方时边角部位的处理

图 18-14　正圆锥面在工程上的应用

【例 18-3】 如图 18-15（a）所示，在高程为 7.000m 的地面上修筑一个高程为 15.000m 的平台，试完成其标高投影图。

分析：

根据图 18-15（a）的已知条件，工程的内容是欲堆筑三个坡面：一个坡度为 1:1 的平面边坡，一个坡度为 1:1.5 的平面边坡，一个坡度为 1:1 的正圆锥面边坡。堆方的三个边坡在 7.000m 高程处会产生三条坡脚线，两个平面边坡与正圆锥面边坡会产生两条坡面交线，这两条坡面交线均为非圆曲线。由于地面是高程为 7.000m 的平地面，所以两个平面边坡与平地面产生的坡脚线为与对应坡面上 15.000m 高程等高线相互平行的直线，平行线之间的距离 L_1 和 L_2 可以根据标高投影的一般计算步骤求得。正圆锥面边坡与高程为 7.000m 的平地面产生的坡脚线为一圆曲线，该圆形坡脚线与该边坡 15.000m 高程等高线之间的距离 L_3 也可以根据标高投影的一般计算步骤求得。这样就可以绘制出三条坡脚线。坡面间交线为非圆曲线，可以利用等高线法求得，具体来说就是在相交的两个坡面上做出一系列相同高程的等高线，相同高程等高线交点的平滑连线就是所求的坡面交线，如图 18-15（b）所示。

绘制标高投影：

(1) 求坡脚线。如图 18-15（c）所示。由于地面是水平面，所以坡脚线是三个

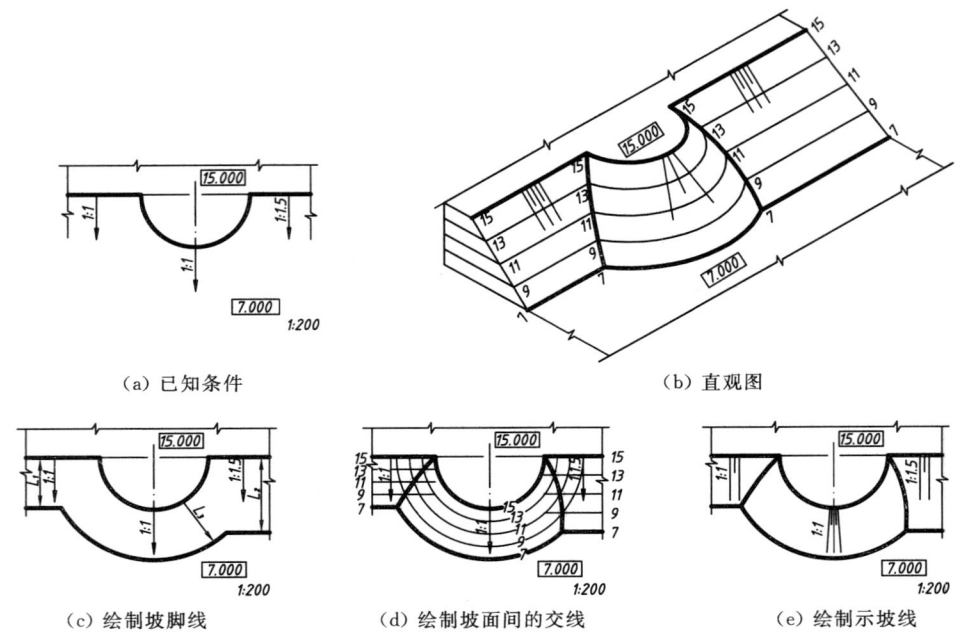

图 18-15 求作圆锥面护坡的标高投影

坡面上高程为 7.000m 的等高线，已知的堆方平台轮廓线是各坡面上高程为 15.000m 的等高线，各坡面上两等高线间的高差均为 $\Delta H=15.000-7.000=8(m)$，各坡面的平距 l 可由坡度得知。

因 $L=\Delta H\times l$，可得各坡面上水平距离：

$$L_1=\Delta H\times l_1=8\times 1=8(m)$$

$$L_2=\Delta H\times l_2=8\times 1.5=12(m)$$

$$L_3=\Delta H\times l_3=8\times 1=8(m)$$

绘图时，考虑比例尺，则

$$L_1=8m\times(1:200)=40mm$$

$$L_2=12m\times(1:200)=60mm$$

$$L_1=8m\times(1:200)=40mm$$

沿着各坡面上坡度线的方向量取相应的水平距离，即可绘制出各坡面的坡脚线。

（2）求作坡面交线。如图 18-15（d）所示，在各坡面上分别绘制出高程为 7、9、11、13、15 的辅助等高线，便可以获得相邻面上同高程等高线的一系列交点，顺次平滑连接这些交点，就得到了相邻边坡的坡面交线。

（3）在每个边坡上垂直于等高线分别绘制出一组示坡线，并标注坡度数字，从而完成了标高投影的作图，如图 18-15（e）所示。

第四节 地形面的标高投影

一、地形面的标高投影概述

崎岖不平的地形面可以用等高线地形图来表示，用等高线表示地面起伏和高度状况的地图。在同一幅等高线地形图上，地面越高，等高线条数越多。等高线密集的地方，地面坡度陡峻。凡等高线重合处，必为峭壁。若等高线成较小的封闭曲线时，这一地区便是山峰、洼地或小岛。等高线的形状是从山顶起逐渐向外凸出的为山脊，山脊的连线称为分水线。等高线形状逐渐向山顶或鞍部方向凹的为山谷，谷地的连线为集水线。两条等高线凸侧互相对称处，称为山的鞍部。用一系列高差相等的水平面与地形面相交得到截交线，画出这些等高线的水平投影，并注明每条等高线的高程，标出绘图比例，就得到地形面的标高投影，如图 18-16 所示。标准规定：每五条地形等高线中的第五条线称为计曲线（高程一般为 5m 或 10m 的倍数）。计曲线用中粗线绘制，其他等高线用细实线绘制。地形图上的高程数字的字头应朝向高程增加的方向。

18-4

地形面的标高投影

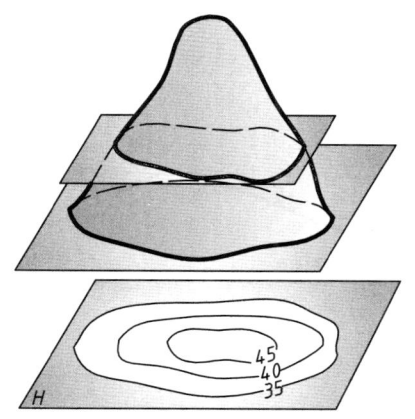
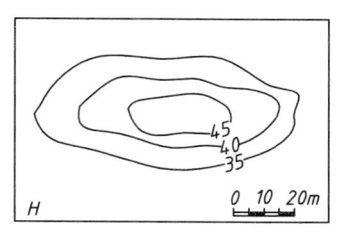

图 18-16　地形面的标高投影（一）

如图 18-17 所示，地形等高线的投影特征是：

（1）等高线是封闭的不规则曲线。

（2）一般情况下（除悬崖、峭壁等特殊地形外），相邻等高线不相交、不重合。

（3）在同一张地形标高投影图中，等高线越密表示该处坡越陡，等高线越疏表示该处坡越缓。

二、建筑物与地形面的标高投影

水利工程建筑物与地面的交线一般是不规则曲线，而坡面交线多为直线和规则曲线。虽然交线的形状不同，但求解和绘制这些交线的方法都是前面提到的等高线法，即交线就是建筑物和地面上一系列相同高程等高线交点的连线（或平滑连线）。

【例 18-4】　某水利工程土石坝坝址处的等高线地形图及土石坝的最大横断面图如图 18-18（a）、（b）所示，完成该土石坝的标高投影。

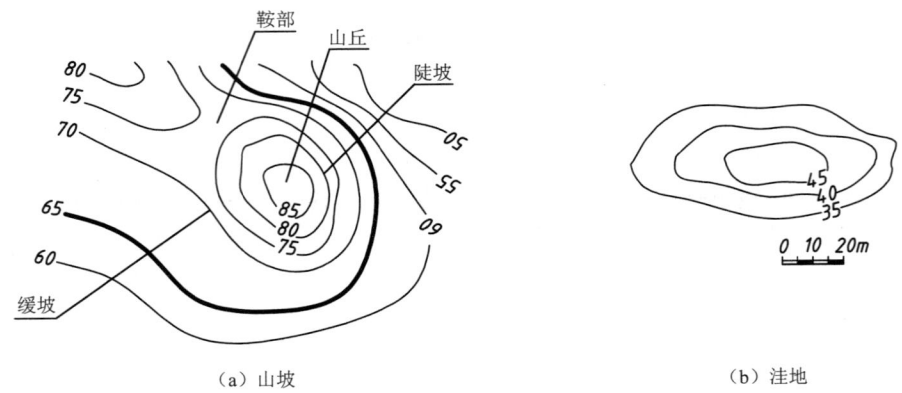

(a) 山坡 (b) 洼地

图 18-17 地形面的标高投影（二）

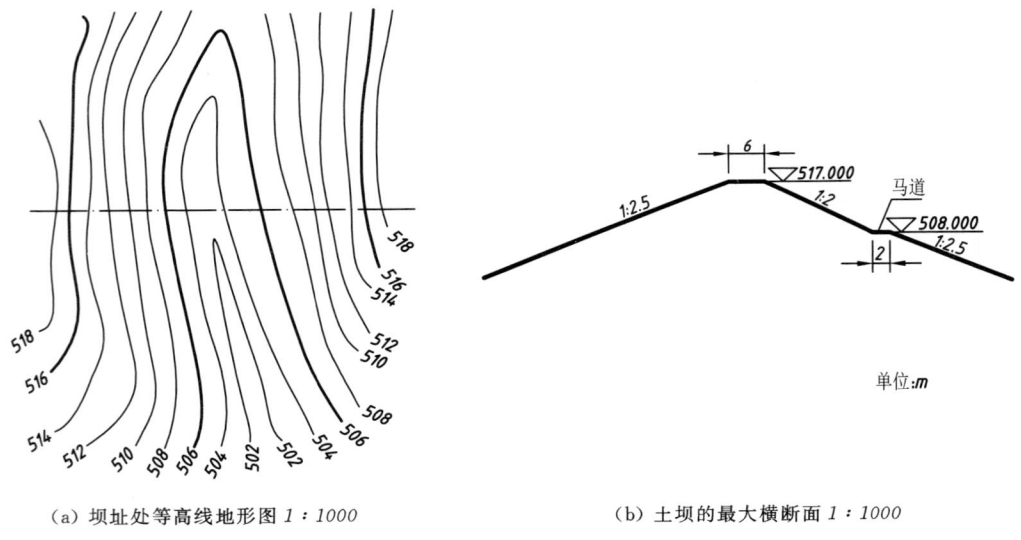

(a) 坝址处等高线地形图 1∶1000 (b) 土坝的最大横断面 1∶1000

图 18-18 坝址处等高线地形图及土石坝最大横断面图

解析：

土石坝的坝顶、马道、上游坝坡和下游坝坡与地面的交线称为坡脚线，这些交线都是不规则曲线，可以通过求地形和土石坝对应部分（坝顶、马道、上游坝坡和下游坝坡）上相同高程等高线的交点平滑连线的方法求得。计算过程仍然是标高投影的基本计算思路：先求坡度 i，再求平距 l，接下来根据相关高程 ΔH 求出 L，最后利用比例尺换算出绘图时的实际平距 L 进行绘制。

绘图：

水利工程土石坝的标高投影绘制过程如图 18-19（a）、（b）所示。

第四节 地形面的标高投影

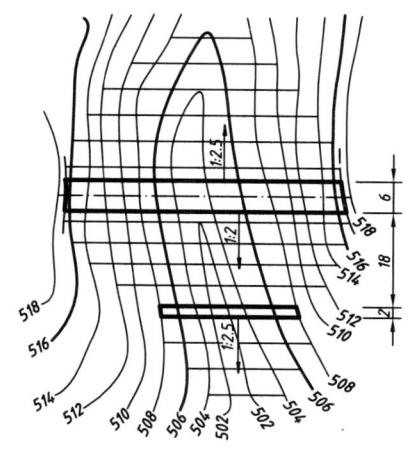
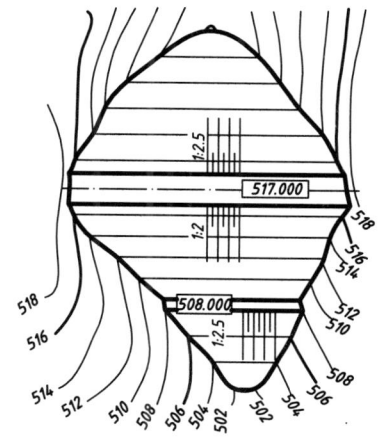

(a) 绘制坝顶及马道的标高投影和交线 1∶1000　　(b) 绘制坡脚线和示坡线 1∶1000

图 18-19　水利工程土石坝的标高投影绘制过程

第十九章　水工建筑物中常见的曲面

学习目标

1. 了解水工建筑物中柱面、锥面、扭面、方圆渐变面的构成和表达。
2. 熟记曲面上素线的画法规定，能正确绘制与识读曲面上的素线。
3. 掌握方圆渐变面三视图与断面图的画法与识读。
4. 掌握扭面渐变段的三视图与断面图的画法与识读。

素质目标

1. 养成遵规守矩的图学工程意识（素线的画法要符合投影规律）。
2. 传承精准严谨的工匠精神（渐变段的绘制要控制好两侧端面形状，侧面由两端面顶点之间连侧棱，得侧面）。
3. 培养创新科学的探索精神（能运动 CAD 软件剖切渐变段不同部位，分析断面的区别，总结断面特点）。

在水工建筑物中，为了使水流平顺，改善建筑物的受力状况或增强工程结构的功能，某些表面往往做成有规则的曲面。例如过水的溢流坝面、闸墩的头部、护坡、拱桥和拱圈等。掌握水工建筑物中常见曲面的画法是学习专业图的必备知识。

第一节　概　　述

一、曲面的形成与表示法

曲面是由一条动线在一定约束条件下运动而形成的。这根运动的直线或曲线称为母线，母线在曲面上的任意位置称为素线。

母线在运动时所受的约束，称为运动的约束条件。约束条件中，约束母线运动状况的直线或曲线称为导线，约束母线运动状态的平面称为导平面，约束母线运动状态的点称为定点。不同的母线或不同的约束条件将形成不同的曲面。如图 19-1（a）所示柱面，是直母线 AA_1 沿曲导线 AB 运动，并始终平行于不动的直导线 MN 而形成。

工程图样中，曲面的投影一般包括以下内容：

(1) 曲面边界的投影。如图 19-1（b）所示。

(2) 曲面轮廓素线的投影。如图 19-1（c）中画出的 $c'c_1'$、dd_1。CC_1 是柱面的正向轮廓素线，只需在正面投影中画出，DD_1 是柱面的俯向轮廓素线，只需在水平投影中画出。

(3) 可见的曲面画素线。如图 19-1（d）所示。

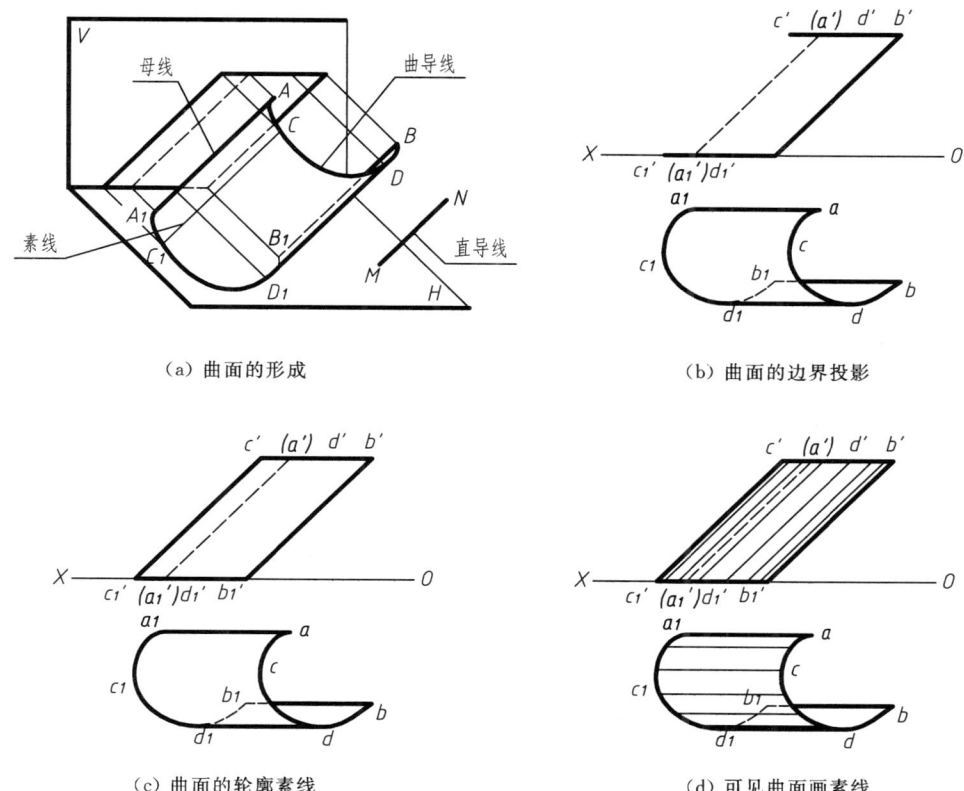

图 19-1 曲面的形成和表示方法

二、曲面的分类

曲面按母线的形状可分为直线面和曲线面两类。

凡是可以由直母线运动而形成的曲面称为直线面，如圆柱、圆锥；只能由曲母线运动而形成的曲面称为曲线面，如圆球。

曲面按母线的运动方式可分为回转面和非回转面两类。由母线绕一轴线旋转而形成的曲面称为回转面，如圆柱、圆锥、圆球；由母线根据其他约束条件运动而形成的曲面称为非回转面，如溢流坝的坝顶曲面。

曲面按是否能摊平又可分为可展曲面与不可展曲面。圆柱、圆锥都是可展曲面，圆球是不可展曲面。

第二节 柱面与锥面

一、柱面

柱面是由一条直母线沿曲导线运动，并始终平行于另一直导线所形成的曲面称为柱面。柱面上所有素线都是相互平行的直线。

1. 柱面的分类

柱面以它正截面（垂直于轴线的截面）的形状和底面与轴线的相对位置分类命名。

(1) 柱面的正截面为圆，轴线垂直于底面，称为正圆柱面，如图 19-2（a）所示。
(2) 柱面的正截面为椭圆，轴线垂直于底面，称为正椭圆柱面，如图 19-2（b）所示。
(3) 柱面的正截面为椭圆，轴线不垂直于底面，称为斜椭圆柱面，如图 19-2（c）所示。
(4) 溢流坝的上顶面是一般位置柱面，如图 19-2（d）所示。

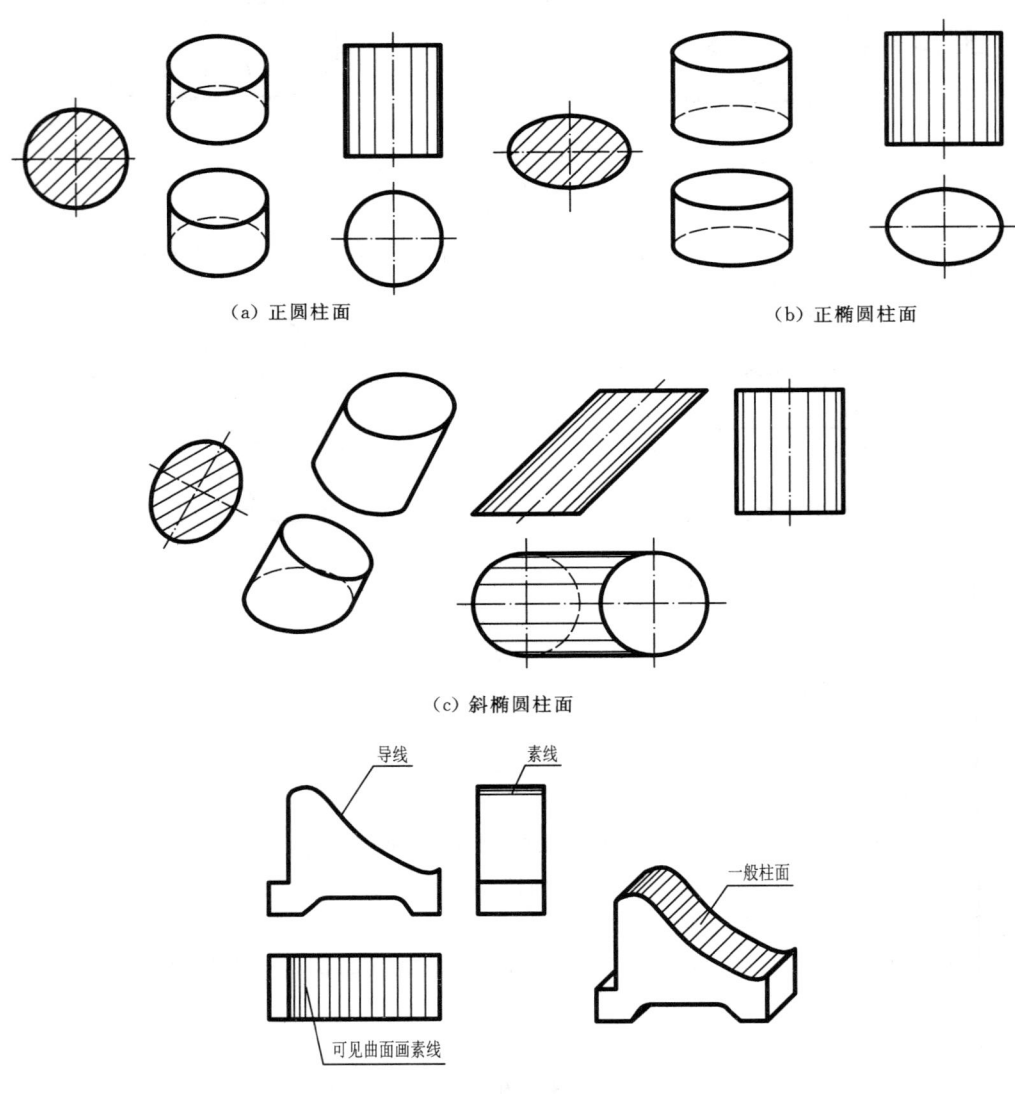

(a) 正圆柱面　　　　　　　　　(b) 正椭圆柱面

(c) 斜椭圆柱面

(d) 一般位置柱面

图 19-2　柱面的分类

2. 素线的画法

制图标准规定，素线用细实线绘制，素线只绘制在曲面可见的投影部分。

图 19-3 表示了绘制直线面素线的原理。从理论上说，绘制直线面素线可等分导线（导线为圆时即为等分圆周），过等分点按投影对应关系在相应的视图中画出素线。

在实际绘图时,柱面在反映轴线实长的视图中的素线,可按越靠近轮廓素线越稠密,越靠近轴线越稀疏的规律目测画出。

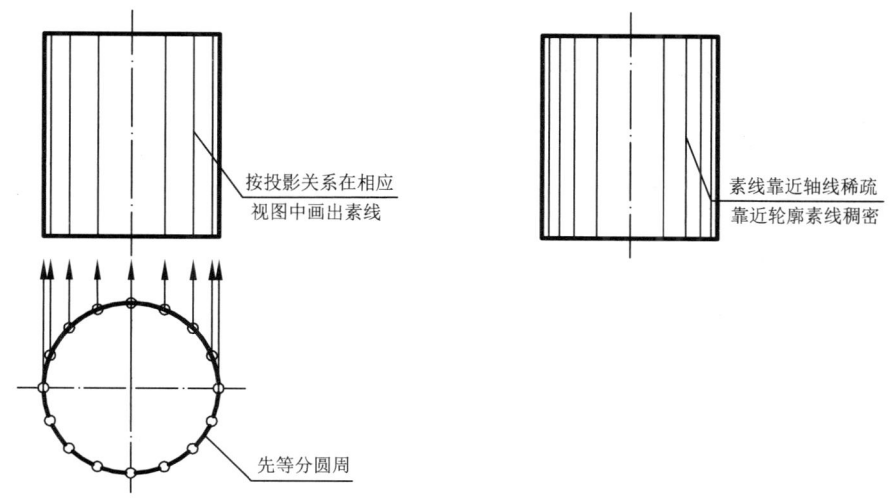

图 19-3 素线的表示方法

3. 斜椭圆柱的画法

画斜椭圆柱的投影和画正圆柱一样,需要画出上底面、下底面、柱面的轮廓素线及轴线的投影。

由图 19-4 可看出斜椭圆柱的投影有以下特点:

(1) 三个投影都没有积聚性,在反映底面实形的投影中两底面的投影不重合。

(2) 平行底面的截交线是与底面直径相等的圆。

(3) 垂直轴线的截交线为椭圆,所有素线均与轴线平行。

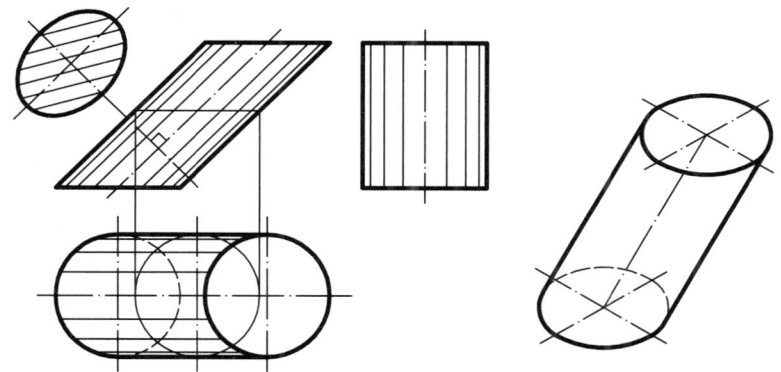

图 19-4 斜椭圆柱的投影分析

4. 柱面的应用

图 19-5(a)、(b) 所示是柱面在工程中的应用实例。

二、锥面

直母线沿着曲导线移动,并始终通过一定点所形成的曲面称为锥面,如图 19-6

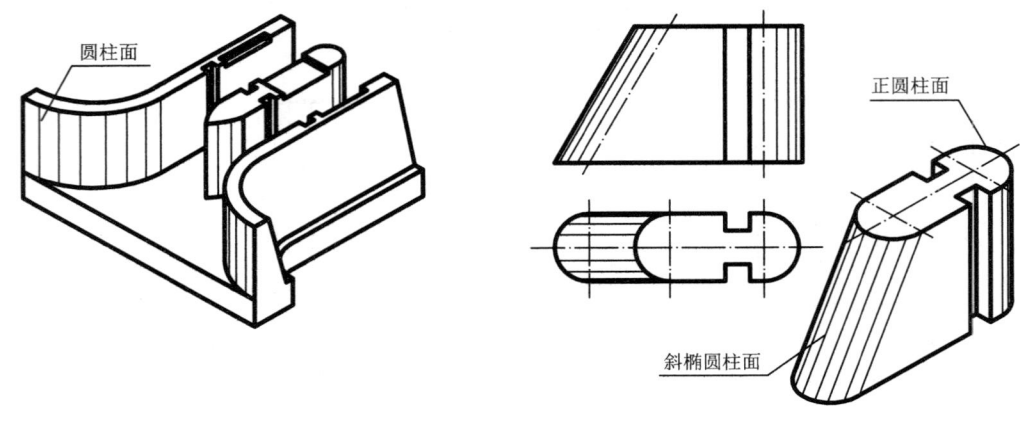

(a) 柱面在水闸圆弧式翼墙中的应用　　　　(b) 圆柱面在闸墩中的应用

图 19-5　柱面的应用实例

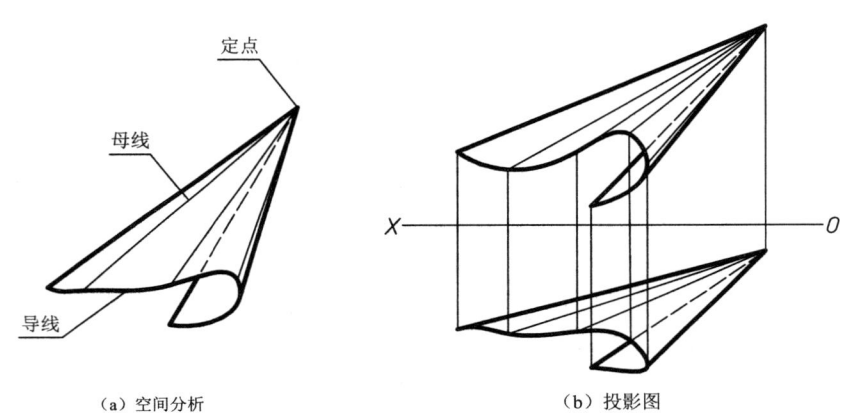

(a) 空间分析　　　　(b) 投影图

图 19-6　锥面的形成

所示。

1. 锥面的分类

锥面也是以它正截面（垂直于轴线的截面）的形状和底面与轴线的相对位置分类命名。

(1) 锥面的正截面为圆，轴线垂直底面，称为正圆锥面，如图 19-7 (a) 所示。
(2) 锥面的正截面为椭圆，轴线垂直底面，称为正椭圆锥面，如图 19-7 (b) 所示。
(3) 锥面的正截面为椭圆，轴线不垂直底面，称为斜椭圆锥面，如图 19-7 (c) 所示。

锥面素线的画法原理与柱面相同。

2. 斜椭圆锥的画法

画斜椭圆锥的投影和画正圆锥基本一样，需要画出底面、锥尖、锥面的轮廓素线和圆连心线的投影，但一般不画轴线，如图 19-7 (c) 所示。

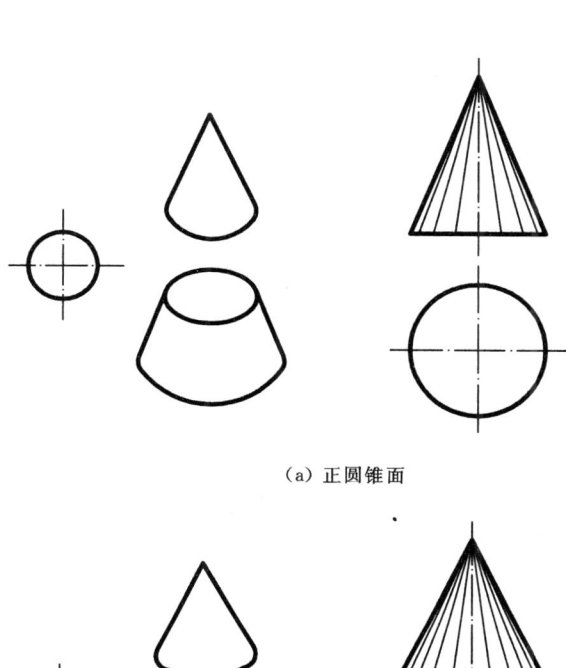

(a)正圆锥面

(b)正椭圆锥面

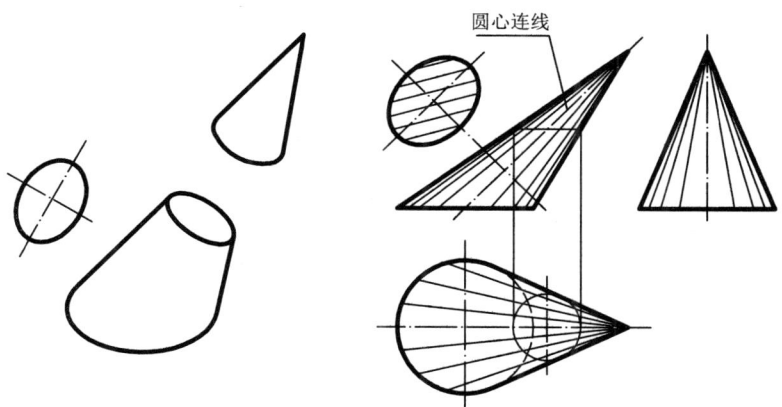

(c)斜椭圆锥面

图 19-7 锥面的分类

由图 19-7（c）可看出斜椭圆锥面的投影有以下特点：
（1）平行底面的截交线为直径不相等的圆。
（2）垂直轴线的截交线为一系列大小不等的椭圆。
（3）所有素线都通过锥尖。

3．方圆渐变面

图 19-8 中所示的方圆渐变面是斜椭圆锥面在工程上的应用实例。在工程中，引水洞洞身通常设计成圆形断面，而在进、出口处为了安装闸门需要，往往设计成矩形断面，在矩形断面和圆形断面之间，常用一个由矩形逐渐变化成圆形的过渡段来连接，这个过渡段的迎水表面称为方圆渐变面。

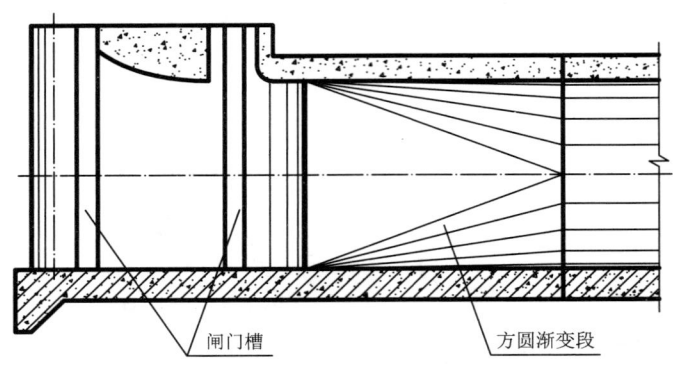

图 19-8　方圆渐变面在工程中的应用实例

图 19-9（a）为方圆渐变面的立体图。方圆渐变面是由四个三角形平面和四个部分斜椭圆锥面组成。矩形的四个角分别是四个部分斜椭圆锥的锥顶，圆周的四段圆弧分别是四个部分斜椭圆锥面的底圆，四个三角形平面与四个部分斜椭圆锥面平滑相切。方圆渐变面一般用三视图和必要的断面图来表示。

图 19-9（b）所示是方圆渐变面的三视图，与圆锥曲面一样，方圆渐变面三视图中的锥面上要画出素线。主、俯视图中，找到矩形的四个顶点是锥尖，分别和四个 1/4 的圆弧底圆相连接，按照素线分布原则，离圆心连线近的间距稀疏一些，离轮廓素线近的地方画得稠密一些，不均匀绘制；左视图中，素线的画法是先等分圆周，矩形的四个顶点分别和四段 1/4 圆弧等分点相连，画出素线。

方圆渐变面的剖切位置不同，断面形状也不同，如图 19-9（c）所示，如果接近于左侧矩形进行剖切，断面图的圆弧半径较小，直线段较长，形状接近于矩形；如果接近于右侧圆形进行剖切，断面形状圆弧半径较大，直线段较短，形状接近于圆形。所以，要绘制它的断面图，首先要确定剖切位置。

图 19-9（d）所示是方圆渐变面断面图的画法，方圆渐变面的断面图是带四个圆角的矩形。先绘制出剖切位置处的外轮廓矩形，然后找到四段圆弧的圆心，量取半径，画出圆角，得到断面图。

19-1 方圆三视图绘制

19-2 方圆断面图

第二节 柱面与锥面

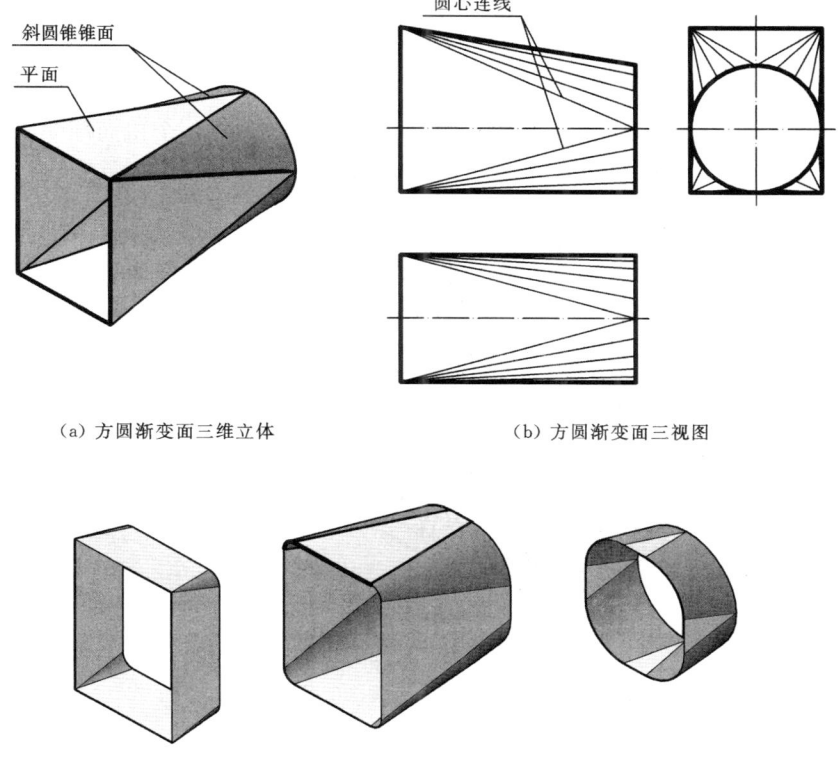

(a) 方圆渐变面三维立体　　　　(b) 方圆渐变面三视图

(c) 方圆渐变面的不同剖切位置形状不同

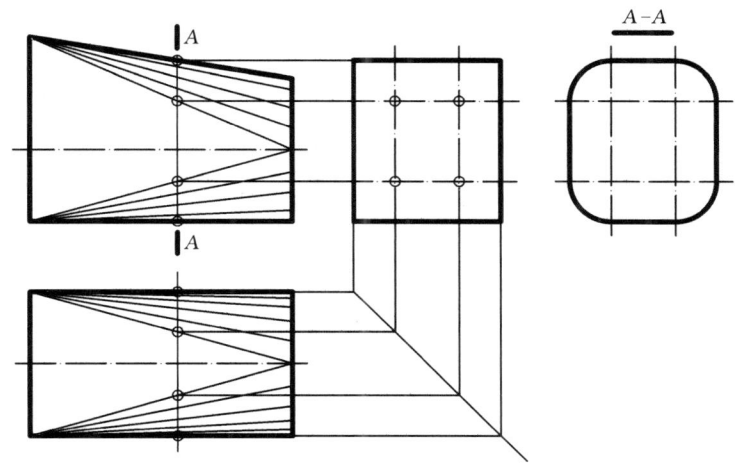

(d) 方圆渐变面的求做步骤

图 19-9　方圆渐变面三视图与断面图的画法

第三节 扭 曲 面

扭曲面：扭曲面在水利工程中应用最广泛。如图 19-10 所示，水闸消力池断面形状是矩形，渠道断面形状是梯形，为了使水流顺畅，设置一个扭面渐变段来过渡。

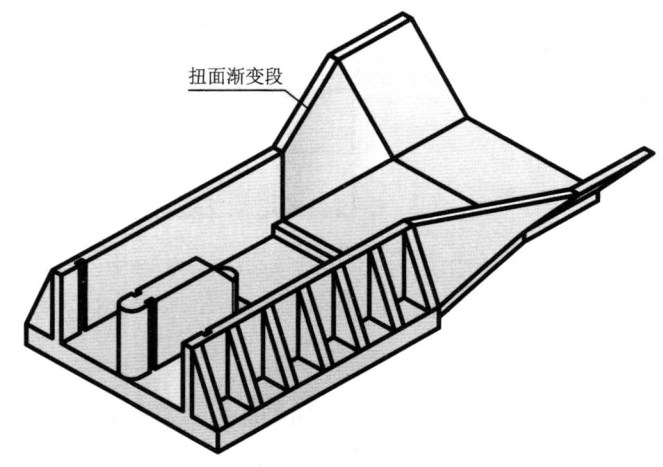

图 19-10 扭面在工程上的应用

1. 扭曲面的形成

如图 19-11（a）所示，扭面 ABCD 可以看作是一条直母线 AB，沿着两条交叉直导线 AD 和 BC 运动，并始终平行于一个导平面 H（水平面）所形成的曲面；也可以看作是一条直母线 AD 沿着两条交叉直导线 AB 和 DC 运动，并始终平行于一个导平面 W（侧平面）所形成的曲面。

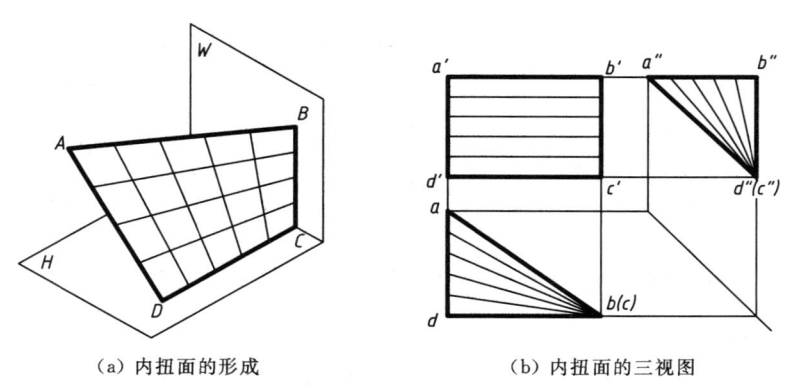

(a) 内扭面的形成　　(b) 内扭面的三视图

图 19-11 内扭面的形成及其三视图的表达

在扭曲面形成过程中，母线运动时每一个空间位置称为扭面的素线。同一扭曲面有两种方式，也就有两组素线，分别是水平素线和侧平素线。

扭曲面的表示方法如图 19-11（b）所示。

为了能清楚表示扭面上的两组素线，制图标准规定：扭面的主视图、俯视图上画水平素线，左视图上画侧平素线。素线的绘制方法是：等分两导线，连接对应点。

如图 19-12 所示的扭面过渡段，该过渡段的内外表面都是扭面，其内扭面即为图 19-11（a）所示的 ABCD 扭面。

同理可分析该扭面过渡段中外扭面的形成和表示方法，如图 19-13 所示。

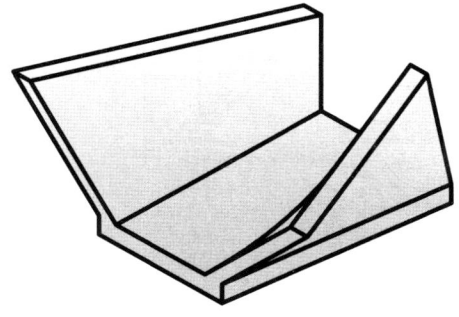

图 19-12 扭面过渡段

19-3 扭面渐变段

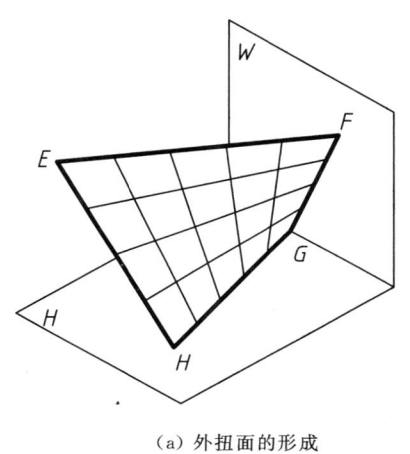

（a）外扭面的形成　　　　（b）外扭面的三视图

图 19-13 外扭面的形成及其三视图的表达

2. 扭曲面过渡段的画法

如图 19-14（a）所示，扭曲面过渡段由扭面翼墙与底板构成。

扭面翼墙分析：翼墙的两个端面——平行四边形端面 ADHE 和梯形端面 BCGF，顶点之间连侧棱得侧面，就可以形成翼墙。

画扭面过渡段，应先按形体分析法画出底板梯形柱体，再画扭面翼墙。

扭面翼墙三视图的画法（一般采用端面法）如图 19-14（b）所示，具体步骤如下：

（1）先画出扭面翼墙的两端面。
（2）连翼墙各侧棱。
（3）绘制内、外扭面的可见素线（注意：看不见的素线一律不画）。

因剖切位置不同，故扭面过渡段的断面形状也不同。如果靠近左侧断面剖切，断面形状接近于平行四边形；如果靠近右侧断面剖切，断面形状接近于梯形。所以在绘制断面图之前，首先要确定剖切位置。如图 19-14（c）所示。

扭面过渡段翼墙的断面分析：图 19-14（d）所示是扭面过渡段 A-A 断面图。翼墙的断面形状是四边形，底板的断面形状为矩形。

19-4 扭面三视图

175

第十九章　水工建筑物中常见的曲面

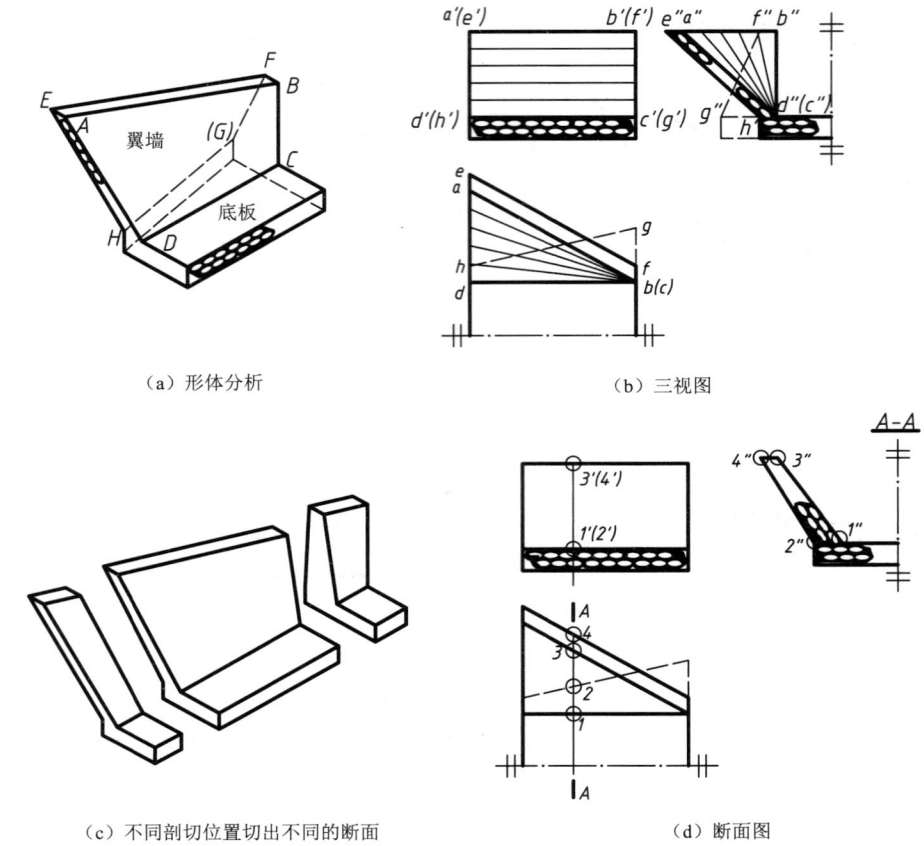

图 19-14　扭面渐变段三视图及其断面图画法

扭面过渡段翼墙断面图的画法步骤如下：
(1) 确定剖切位置、投射方向，并注写字母与断面图名称。
(2) 过剖切位置线做辅助线，延长到主视图。
(3) 量取尺寸画底板断面。
(4) 画翼墙断面，按投影关系求出Ⅰ、Ⅱ、Ⅲ、Ⅳ这4个点的投影，绘制出四边形。
(5) 擦去断面图中两者的分界线。
(6) 画剖面材料符号。

第二十章 水利工程图

学习目标
1. 了解水利工程图的种类及它们的用途和图示特点。
2. 熟记水利工程图中各种视图的命名方法、视图的配置与标注规定。
3. 熟悉水利工程图常用的特殊表达方法。
4. 熟悉水利工程图中尺寸标注的规定。
5. 熟悉水闸、土坝、重力坝等常见水工建筑物的基本组成和它们常用的表达方案。
6. 掌握识读水利工程图的方法思路,了解水利工程图绘制步骤。

素质目标
1. 养成标准规范执行意识(正确遵循水工图表达及标注规定,规范读图方法)。
2. 传承精准严谨的工匠精神(了解我国水利工程,产生为了国家献身水利、为充分利用水资源建设水利工程、为祖国贡献青春的决心)。
3. 培养勇于创新的科学精神(从三峡工程、小浪底工程技术难题,激发积极探索的创新精神)。
4. 发扬新时代水利精神(典型水利工程图识读,如三峡工程、小浪底工程等,德技并修,图解水利工程,德绘匠心人生)。

表达水工建筑物及其施工过程的图样称为水利工程图,简称水工图。本章结合水利工程讲述水工图的表达方法及其识读和绘制。掌握水工图的识读和绘制是该课程的最终学习目标。

第一节 水利工程图的种类

水利工程的兴建一般需要经过五个阶段:勘测、规划、设计、施工、竣工验收。各个阶段都需绘制其相应的图样,每一阶段的图样都有具体的图示内容和表达方法。水利工程图一般是根据水利工程的兴建阶段和设计内容来分类的。

一、勘测图

勘察测量阶段绘制的图样称为勘测图,包括地质图和地形图,如图20-1所示。勘测图样常用专业图例和地质符号表达,并根据图形的特点允许一个图上用两种比例表示。如图20-2所示。

二、规划图

规划阶段绘制的图样称为规划图。规划图是在地形图上用图例和文字表达水利工程的布局、位置、类别等内容的图样。

规划图的特点是：表示范围大，绘图比例小，一般在 1：5000～1：10000 之间，建筑物用图例来表示。如图 20-3 所示是某灌区规划图。

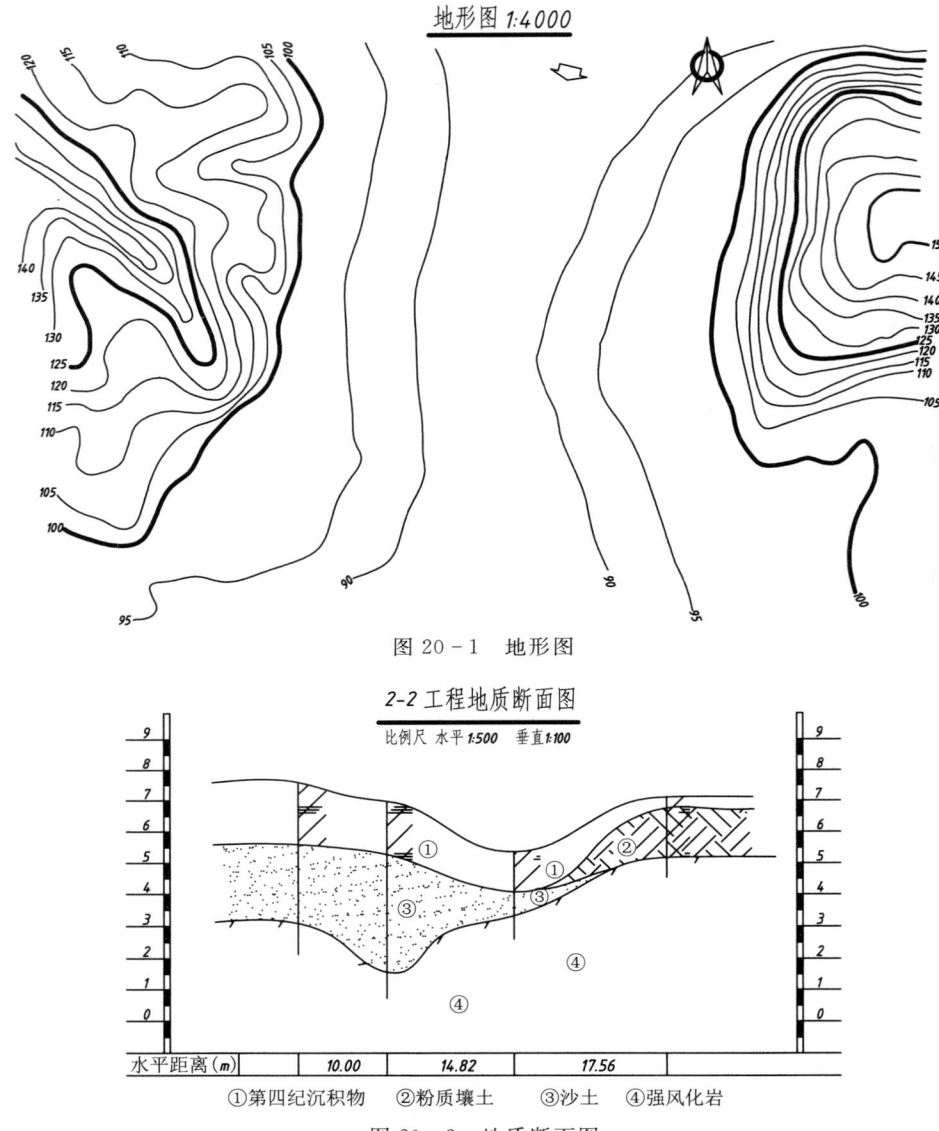

图 20-1 地形图

①第四纪沉积物 ②粉质壤土 ③沙土 ④强风化岩

图 20-2 地质断面图

三、枢纽布置图和建筑物结构图

设计阶段绘制的图样包括枢纽布置图和建筑物结构图。

（一）枢纽布置图

枢纽布置图是将水利枢纽主要建筑物的平面图形画在地形图上得到的图样。它主要表达整个水利枢纽的平面布置情况，作为建筑物的定位、施工放线、土石方施工及绘制施工总平面图的依据。

枢纽布置图的特点是：枢纽布置图必须画在地形图上，绘图比例较小，一般在

第一节 水利工程图的种类

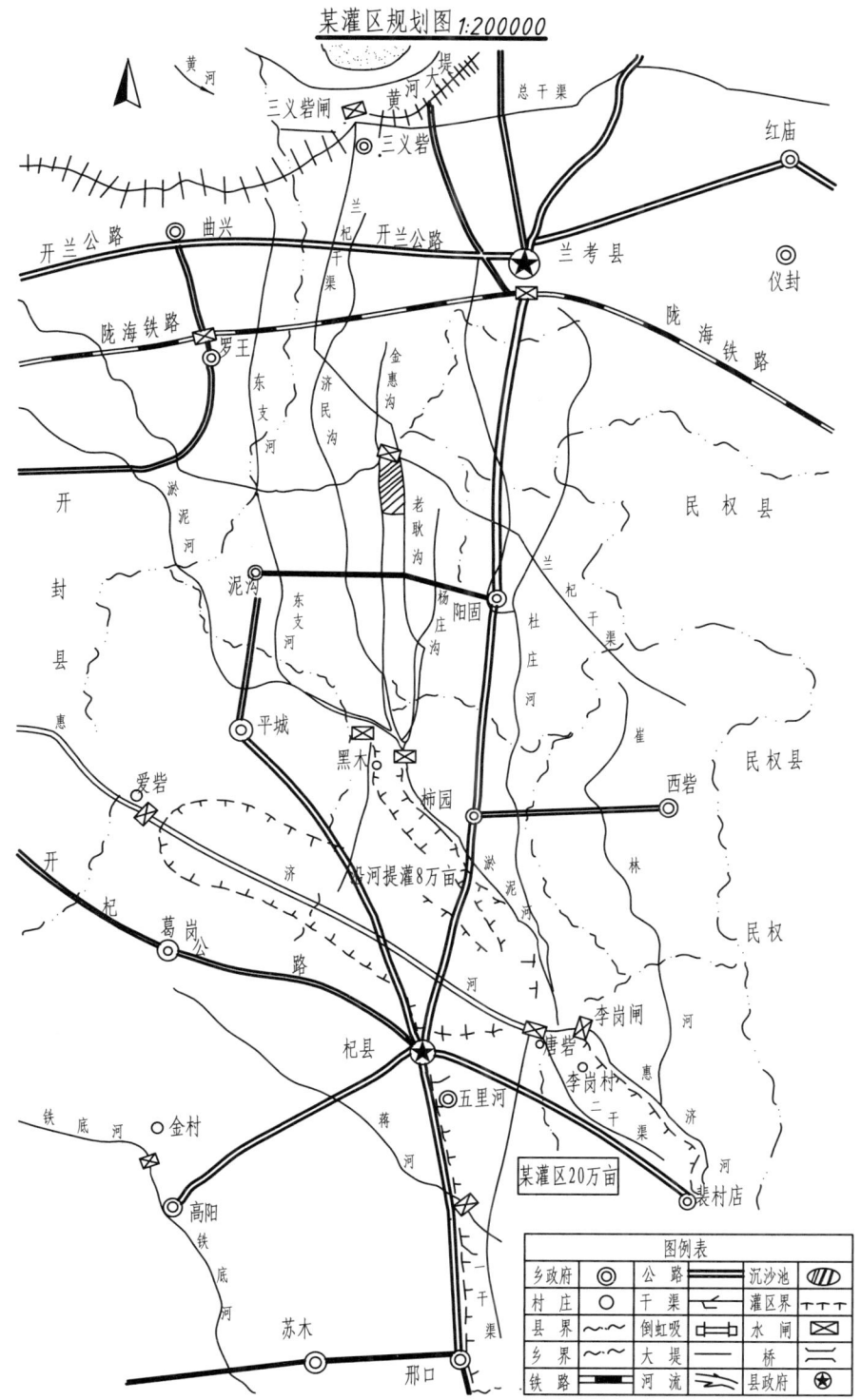

图 20-3 某灌区规划图

1:500～1:2000之间，在图上只画出建筑物的主要轮廓和主要尺寸，而对结构上的次要轮廓及细部构造则省略不画或采用示意画法表示，如图20-4所示。

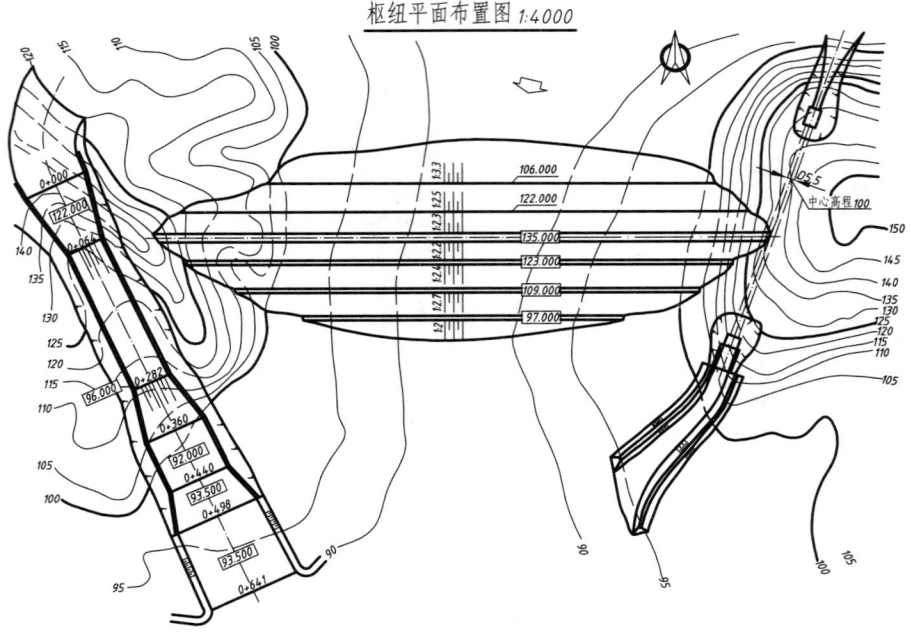

图 20-4 枢纽平面布置图

（二）建筑物结构图

建筑物结构图是表达某一建筑物形状、大小、细部构造、材料等内容的图样。它包括结构布置图、细部构造图以及钢筋混凝土结构图等。

建筑物结构图的特点是：对建筑物的形状、大小、构造、材料等表达得比较详细，一般用视图、剖视图、断面图、详图等综合表达；绘图比例大，一般在1:50～1:200之间。

四、施工图

施工图是表达水利工程施工组织、施工方法和施工程序的图样。施工图包括施工总平面图、施工导流图、施工组织设计图、基础开挖图、混凝土分块浇筑图等。

五、竣工图

竣工图是指工程验收时根据建筑物建成后的实际情况所绘制的建筑物图样。竣工图应详细记载建筑物在施工过程中对设计图修改的情况，以供存档查阅和工程管理之用。

本章只介绍设计阶段所绘制的水利工程图。

第二节　水利工程图的表达方法

一、水利工程图的基本表达方法

1. 视图

（1）平面图。建筑物的俯视图在水工图中称为平面图。常见的平面图有表达整个水利枢纽的枢纽平面布置图和表达单一建筑物的平面图,如图20-4、图20-5所示。平面图主要表达建筑物的俯视形状、各部分的平面布置关系、水平方向的尺寸等。

(2) 立面图。在水工图中,主视图、左视图、右视图、后视图一般称为立视图(或立面图)。将视向顺水流方向所得到的立视图称为上游立视图;反之,将视向逆水流方向得到的立视图称下游立视图,如图20-6中土坝的下游立视图。立视图主要表达建筑物的立面形状和高度尺寸等。

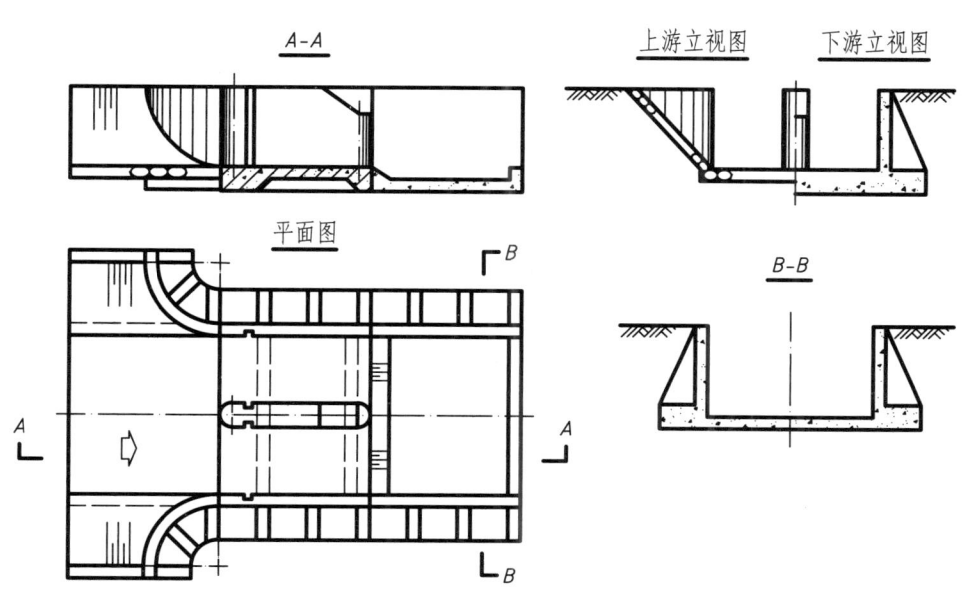

图20-5 建筑物的纵剖视图、平面图、上下游立视图(立面图)和断面图

(3) 剖视图、断面图。在水工图中,将平行于建筑物轴线剖切所得到的剖视图或断面图,称为纵剖视图或纵断面图。将垂直于建筑物轴线剖切所得到的剖视图或断面图称为横剖视图或横断面图,如图20-5中$A-A$为水闸的纵剖视图,图20-6中$A-A$为土坝的横断面图。剖视图和断面图主要表达建筑物的内部结构形状、尺寸和材料等内容。

(4) 详图。当建筑物的局部形状由于图形太小而表达不清楚或不便于标注尺寸时,可将这部分形状用大于原图形的比例画出,这种图形称为详图,如图20-7所示。详图可画成视图、剖视图或断面图,它与被放大部分的表达方式无关。

2. 视图的配置

(1) 当一幅图纸上有两个以上视图时,应尽量按投影关系配置。

(2) 大坝、水电站等挡水建筑物的平面图应使水流方向自上而下布置视图,如图20-6所示。

(3) 水闸、涵洞、溢洪道等过水建筑物的平面图,应使水流方向自左而右布置视图,如图20-5所示。

3. 视图的标注

(1) 图名和比例的标注。为了明确各视图之间的关系,每个视图都应标注图名,

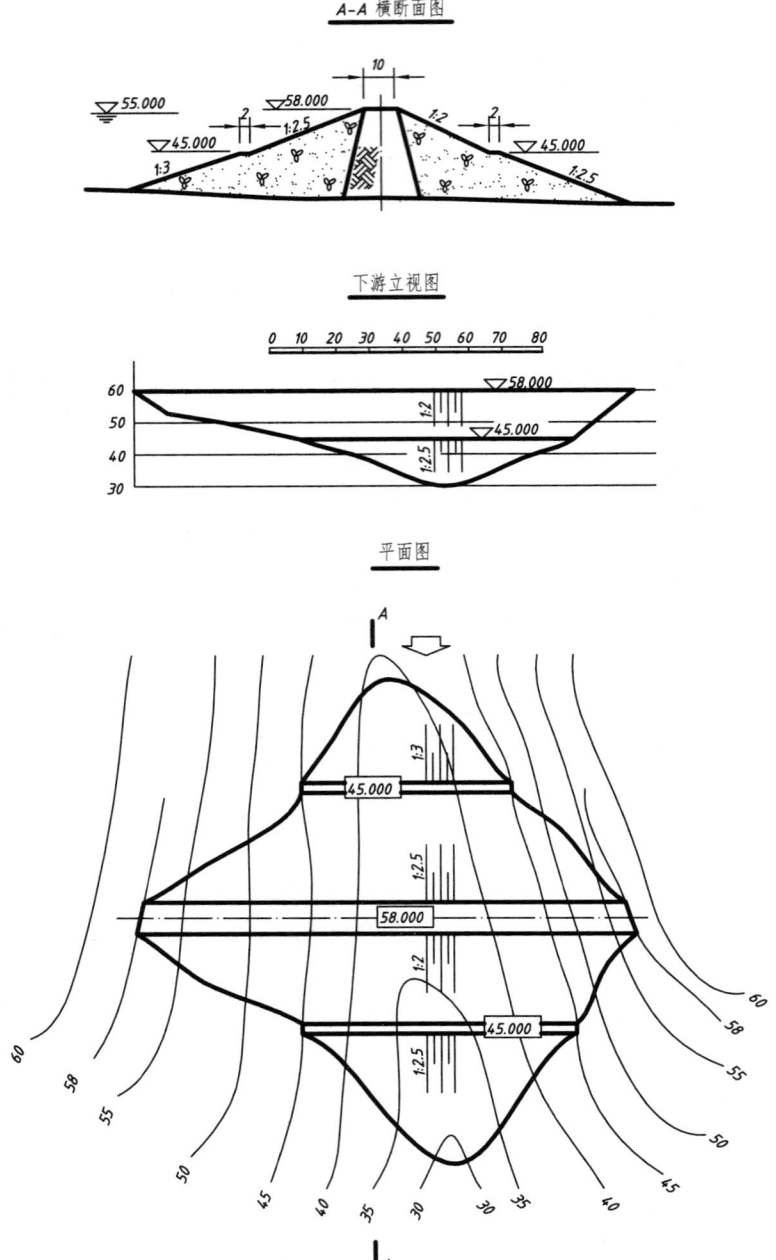

图 20-6　土坝的横断面图、立视图和平面图

图名宜标注在图形的上方，并在图名下面画一条粗实线。当整张图纸中只有一种比例时，应统一注写在图标内，否则，应按图 20-8 所示形式将比例注写在图名附近。

(2) 详图的标注。在被放大的部位用细实线圆弧圈出，用引线指明详图的编号，

第二节　水利工程图的表达方法

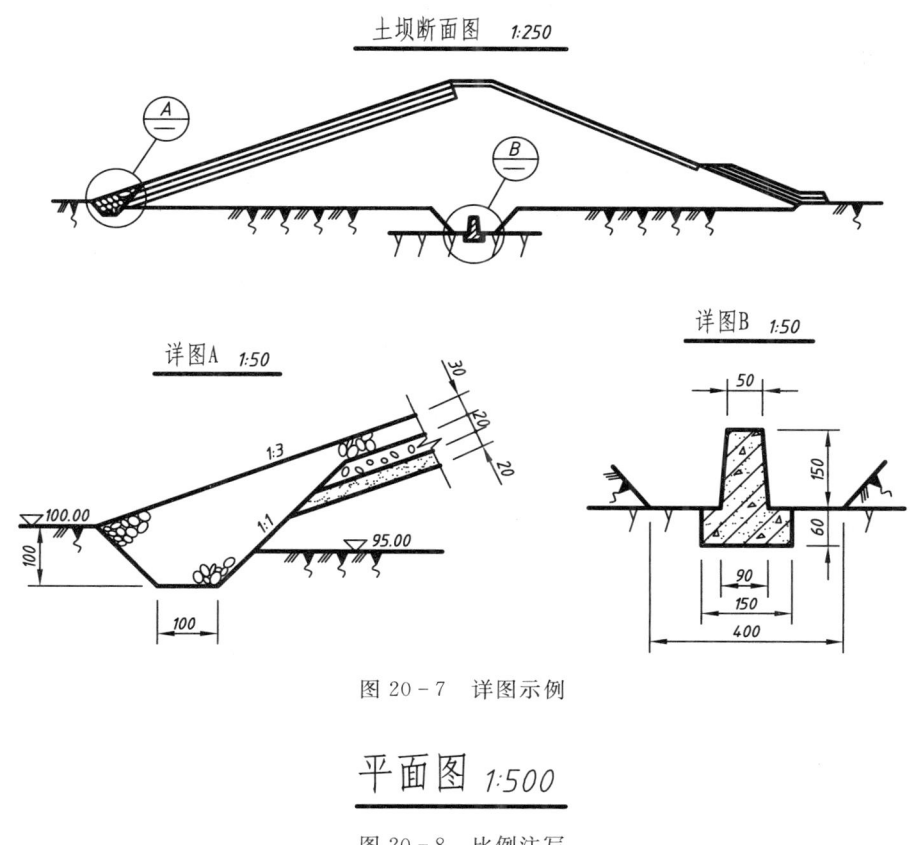

图 20-7　详图示例

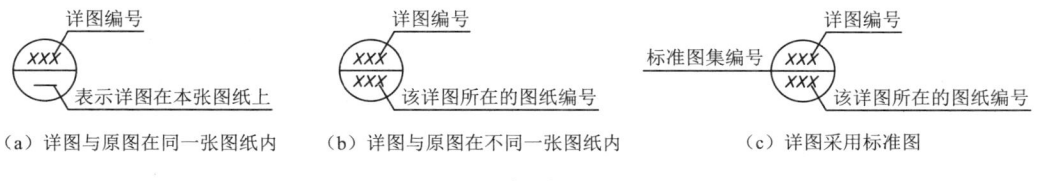

图 20-8　比例注写

如图 20-7、图 20-9 所示，引线应对准圆心；绘出的详图用相同的编号标注其图名，并注写放大后的比例，如图 20-7 所示，详图示例如图 20-7 所示详图 A、详图 B。

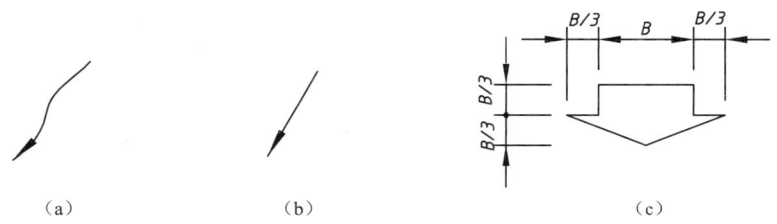

图 20-9　详图标注方法

（3）图样中如需注明水流方向，可按图 20-10 的形式画出表示水流方向的箭头符号。

图 20-10　水流方向符号的画法

(4) 地理方位的标注。平面图中指北针根据需要可按图 20-11 的形式绘制,其位置一般在图的左上角,必要时也可画在图的右上角。

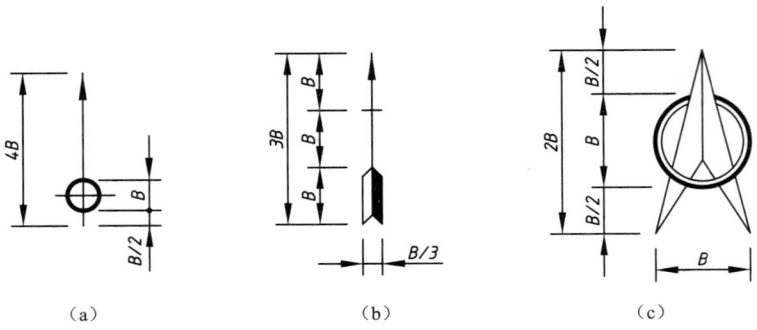

图 20-11 指北针符号的画法

(5) 剖视图、断面图的标注。剖视图、断面图应按第十五章、十六章中的规定进行标注。

二、水利工程图的特殊表达方法

由于水工图的特殊性和复杂性,当用基本表达方法无法表达清楚或表达不够简洁时,可采用特殊表达方法。

1. 合成视图

两个视向相反且对称的视图或剖视图,可各画一半组合在一起,中间用点划线分开,这样形成的图形称为合成视图,如图 20-5 中的上、下游半立视图即为合成视图。

2. 简化画法

(1) 对于图样中的一些细小结构,当其成规律分布时,可以简化绘制,如图 20-12 所示排水孔的画法。消力池底板上的排水孔成规律分布,可只画出一个(或几个)圆孔,其余只画出中心线表示位置。

(2) 图样中的某些设备可以简化绘制,如发电机、桥式起重机等。

3. 示意画法

当图形的比例较小,使某些结构无法在图中表达清楚,或某些附属设备(如闸门)另有专门的图纸表达,不需要在图上详细画出时,可以在图中的相应部位画出示意图例,这种画法称为示意画法。常用的示意图例见表 20-1。

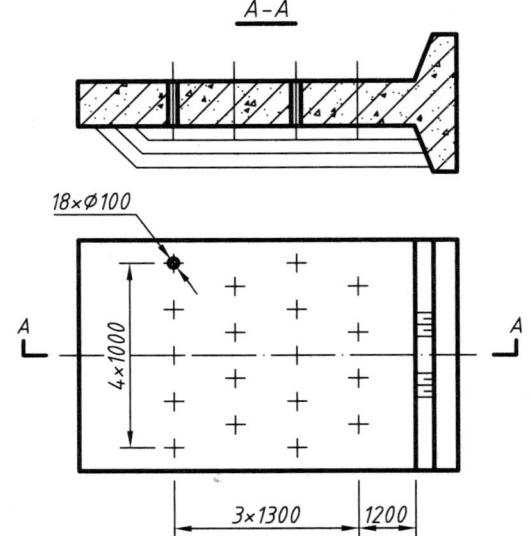

图 20-12 均布小结构的简化画法

第二节 水利工程图的表达方法

表 20-1　　　　　　　　　　　　示　意　图　例

序号	结构种类	示　意　图	说　明
1	平板闸门	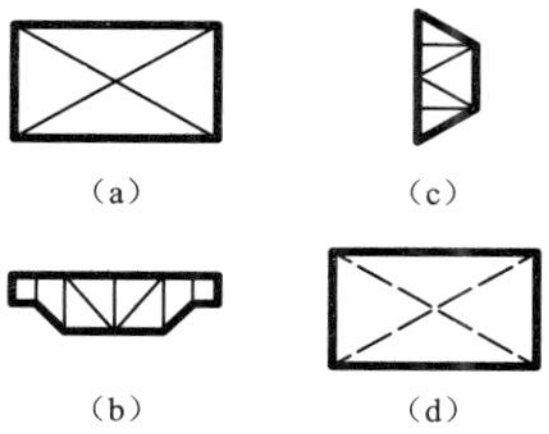 (a) (c) (b) (d)	(a) 下游立面图 (b) 平面图 (c) 侧面图 (d) 上游立面图
2	弧形闸门	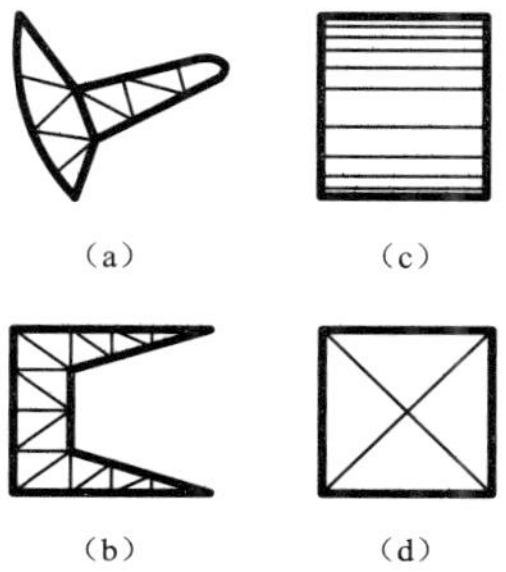 (a) (c) (b) (d)	(a) 侧面图 (b) 平面图 (c) 上游立面图 (d) 下游立面图
3	水闸		用在工程位置图中；拟建水闸画虚线
4	桥	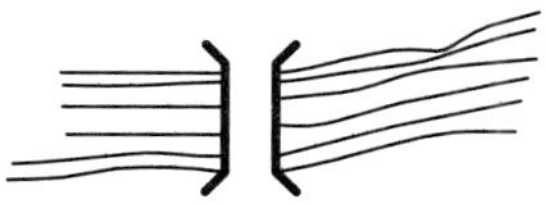	用在总平面图中
5	水电站		用在总平面图中；小圈个数代表水轮机组台数
6	人字门船闸	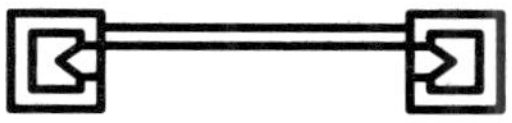	用在总平面图中；根据船闸平面外形画出，不同闸门型式有不同示意图
7	码头	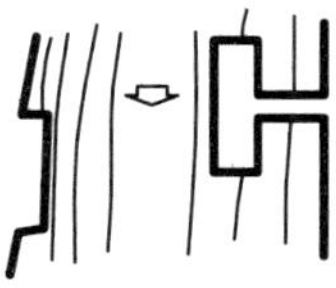	用在港口平面布置图中

4. 省略画法

（1）当图形对称时，可以只画对称的一半，但需要在对称线上绘制对称符号。如图 20-13（a）所示涵洞平面图。对称符号是细实线，规定画法如图 20-13（b）所示。

(2) 视图和剖视图中某些次要结构和设备可以省略不画。

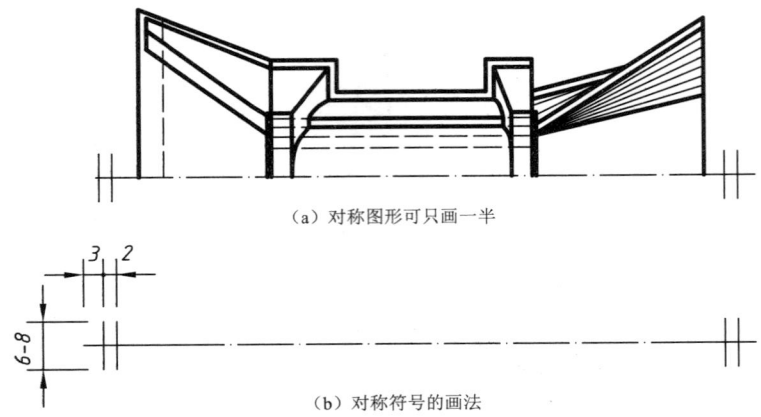

(a) 对称图形可只画一半

(b) 对称符号的画法

图 20-13 对称图形的简化画法

5. 拆卸画法

当视图、剖视图中所要表达的结构被另外的结构遮挡时，可假想将这些结构拆掉，然后再进行投影，如图 20-14 中水闸的平面图，水闸一个闸孔的桥面板及胸墙被假想拆掉。

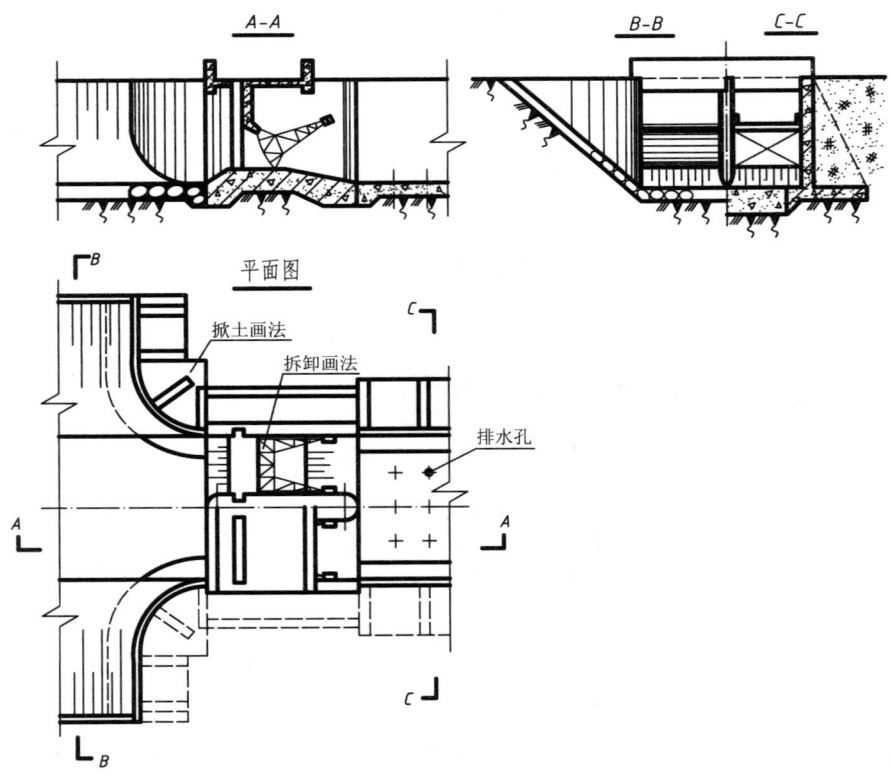

图 20-14 拆卸画法示例

6. 掀土画法

被土层覆盖的结构,在平面图中是不可见的。为了清楚地表达这部分结构,可假想将覆盖的土层掀开然后再画图,这种画法叫掀土画法。如图 20-14 中平面图所示。

7. 展开画法

当建筑物的轴线是曲线或折线时,可以沿轴线将曲线或折线展开成直线后,绘制成视图、剖视图或断面图,这种画法称为展开画法,如图 20-15 所示。当用展开画法画图时,应在图名后注写"展开"二字。

8. 连接画法

当图形比较长但又必须画出全长时,可以采用连接画法,即将图形分成两段绘制,再用连接符号和字母表示图形的连接关系,如图 20-16 所示。

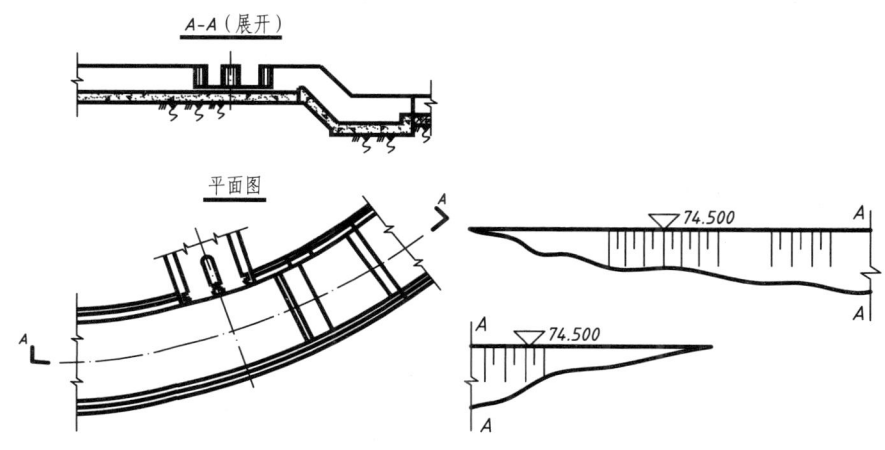

图 20-15 展开画法示例　　图 20-16 连接画法示例

9. 分层画法

当建筑物有几层结构时,可按其结构层次分层绘图,将相邻层用波浪线作分界线,并用文字标注各层的名称,如图 20-17 所示,这种画法称为分层画法。

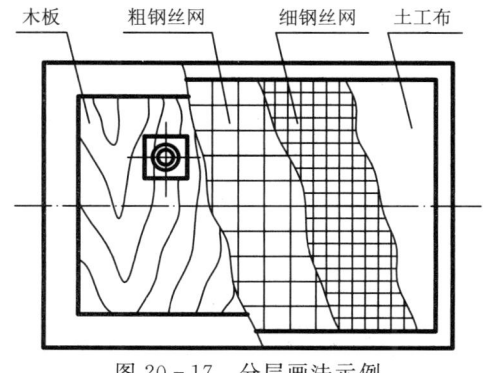

图 20-17 分层画法示例

10. 缝线的画法

建筑物中有各种缝线,如沉陷缝、伸缩缝、施工缝和材料分界线等。虽然缝线两边的表面在同一平面内,但在画图时仍按轮廓线处理,用一条粗实线表示。在混凝土强度等级分区图中的分区线和土坝断面图中筑坝材料的分区线,应用中粗实线绘制。

第三节 水利工程图的尺寸

一、长度尺寸

对于大坝、隧洞、渠道等较长的水工建筑物，沿轴线的长度尺寸一般采用"桩号"的标注方法，标注形式为 K+M，K 为公里数，M 为米数。如图 20-18 中起点桩号为 0+000，而桩号 0+121.820 则表示距离起点零公里 121.82m。

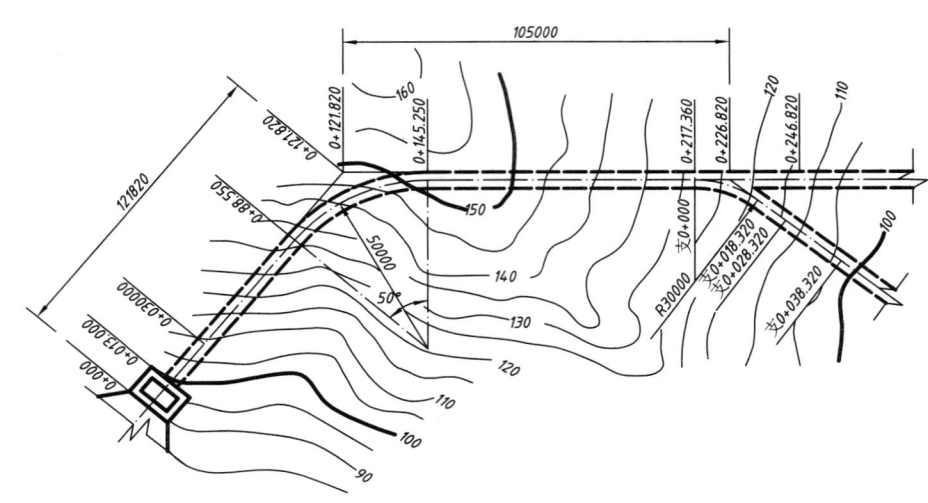

图 20-18 桩号的标注方法示例

二、高度尺寸

水工建筑物的高度尺寸与水位、地面高度密切相关，且尺寸较大，多采用测量仪器确定，因此常用高程标注高度尺寸，如图 20-19 所示。

三、非圆曲线尺寸

如图 20-21 所示的溢流坝，坝面曲线的尺寸由以下三部分组成：

(1) 溢流坝面曲线方程：$Y=0.0205761X^2$。

(2) 坐标系 OX、OY。

(3) 溢流坝面曲线上特征点的坐标值。

四、多层结构尺寸

如图 20-21 所示，多层结构的尺寸用引出线的形式进行标注。在标注时引出线必须垂直通过被引的各层，文字说明和尺寸数字应按结构的层次顺序注写。

五、均布结构尺寸

均匀分布的相同结构尺寸可按图 20-22 所示的方法进行标注。如：6×1000 表示 6 个相等的 1000mm 长度尺寸。

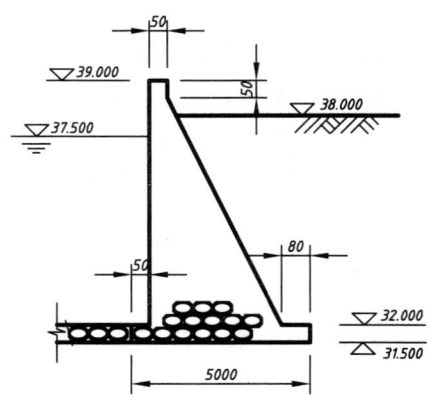

图 20-19 高程的标注方法示例（单位：cm）

第三节 水利工程图的尺寸

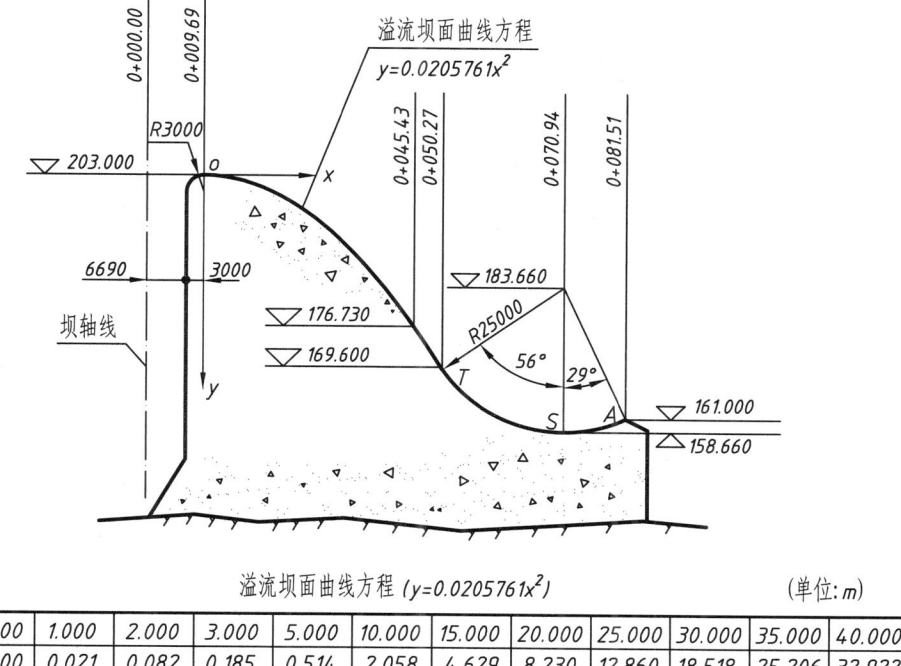

溢流坝面曲线方程 ($y=0.0205761x^2$)　　　　　（单位:m）

x	0.000	1.000	2.000	3.000	5.000	10.000	15.000	20.000	25.000	30.000	35.000	40.000
y	0.000	0.021	0.082	0.185	0.514	2.058	4.629	8.230	12.860	18.518	25.206	32.922

图 20-20　非圆曲线尺寸注法示例

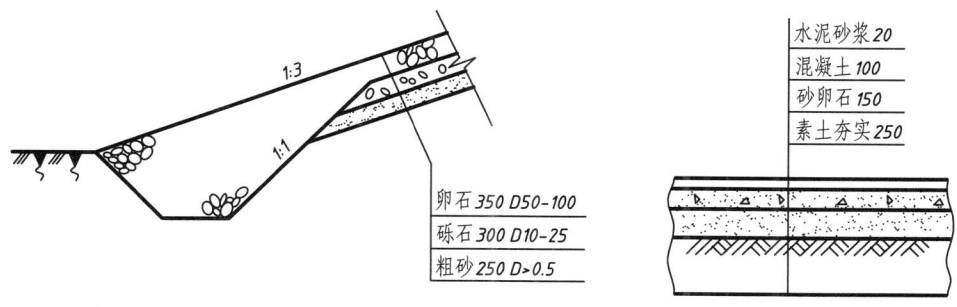

图 20-21　多层结构尺寸注法示例

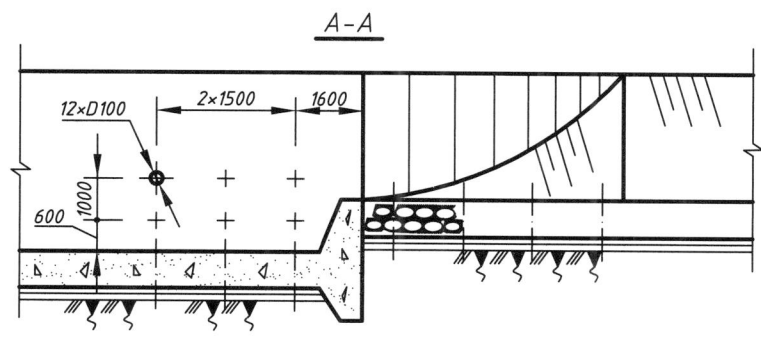

图 20-22（一）　均布结构尺寸注法示例

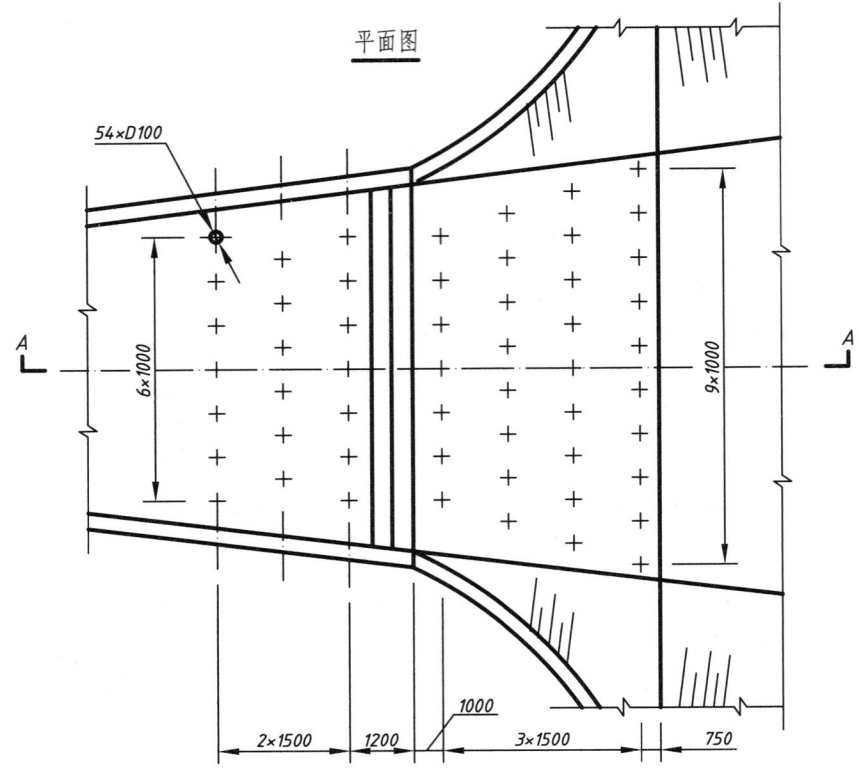

图 20-22（二） 均布结构尺寸注法示例

第二十一章 水利工程图的识读与绘制

学习目标
1. 掌握识读水利工程图的方法思路，了解水利工程图绘制步骤。
2. 熟悉进水闸、土石坝、重力坝等常见水工建筑物的基本组成和常用的表达方法。

素质目标
1. 养成遵规守矩的图学工程意识（熟悉水利行业标准规范）。
2. 传承精准严谨的工匠精神（会综合运用常见表达方法表达形体）。
3. 培养创新科学的探索精神（利用 CAD 三维建模，可各角度观察水利工程形体，便于分析识读形体）。

第一节 读图方法与步骤

一、概括了解
从标题栏和图样上的说明中了解建筑物的名称、作用、绘图比例、尺寸单位等内容。

二、分析表达方案
分析各视图的视向，剖视图、断面图的剖切位置、投影方向、详图的索引部位和名称、在每个图中哪些地方采用了特殊表达方法等，弄清每个视图的作用，以及各个视图之间的关系。

三、了解图示内容进行形体分析
这一步是读图的关键环节。首先了解每个图所表达的主要内容，根据这些内容进行形体分析，将建筑物分成几个部分，运用形体分析法深入细致的读懂建筑物的形状、构造、尺寸、材料等内容。

四、综合整理
根据建筑物各部分的形状及位置关系，综合整理，想象出建筑物的整体结构和形状。

第二节 识读进水闸结构设计图

识读附录图 1 所示：进水闸结构设计图。

一、概括了解
水闸可分为进水闸、分洪闸、泄水闸等。修建在引水渠首的水闸叫进水闸，又称渠首闸。进水闸的作用是控制水位和调节引水流量。水闸有许多类型，结构大同小异，一般由上游连接段、闸室段和下游连接段三部分组成。

（1）上游连接段。上游连接段位于河流与闸室之间，作用是引导水流平顺地进入闸室，并防止水流冲刷河床。上游连接段主要有上游块石护底、铺盖及上游翼墙等组成。

（2）闸室段。闸室是水闸的主要组成部分，通过关闭和开启闸门来调节上游水位和过闸水流的流量。闸室的结构比较复杂，闸室段主要由底板、闸墩、边墩、闸门、交通桥、排架、工作桥等组成。

（3）下游连接段。下游连接段主要有两个作用，一是减小流速消除过闸水流多余的能量，防止水流冲刷下游河道；二是改变过流断面的形状，即由矩形变成梯形，保证水流平顺的进入下游渠道。下游连接段主要由消力池护坦及边墙、海漫、下游翼墙及两岸护坡等组成。

二、分析进水闸的表达方案

该进水闸用一组建筑物结构图表达。

（1）平面图。由于平面图前后对称，因此采用省略画法，以对称中心线为界只画出左岸一半的图形，主要表达各段的平面布置、平面形状，如翼墙呈"八"字形和圆弧形、闸墩形状、主门槽、检修门槽位置等；还表达了各段长度、宽度尺寸，剖视图、断面图的标注等内容。

（2）$A-A$纵剖视图。该图采用单一全剖视图表达，平行于水闸纵向轴线剖切，剖切了整个水闸。它主要表达底板的纵断面实形，如铺盖、闸室底板、消力池底板、海漫、上下游护底等；还表达了底板的构造及材料，边墙的侧立面形状，闸门槽位置及各部分的长度、高度尺寸以及排架的形状等。

（3）上、下游立视图（立面图）。由于上游立视图和下游立视图是两个视向相反且对称的图形，因此各取一半画成合成视图，该图主要表达水闸进出口立面形状、排架和工作桥、交通桥以及各部分的尺寸等。

（4）断面图。采用$B-B$、$C-C$、$D-D$、$E-E$、$F-F$五个断面图，分别表达闸室、上游翼墙、挡土墙、消力池边墙、圆柱面翼墙等部位的断面实形、细部构造、尺寸和材料等。

（5）特殊表达方法。该进水闸结构设计图中，有多处采用了特殊表达方法，其中平面图中采用拆卸画法将闸室上的排架、工作桥、交通桥、闸门等拆去。排水孔、工作桥的扶梯和桥栏杆均采用简化画法；闸门采用示意画法，平面图中用粗实线表示各种缝线等。

三、图示内容与识读

因为该图主要表达进水闸各部分的形体结构，因此在读图时应以形体为主线，结合各个视图，分段、分块进行形体分析，弄清楚各部分形状、构造、尺寸、材料等内容。

（1）上游连接段。如图21-1所示，能够表达出上游连接段的视图有：$A-A$纵剖视图、平面图、上游立视图、$C-C$断面图。

从平面图和$A-A$纵剖视图可知：铺盖的平面形状为梯形，铺盖是厚30cm，两端带齿墙，长1025cm的钢筋混凝土板。上游翼墙在平面上呈"八"字形，采用斜降式挡土墙，即墙顶随岸坡逐渐下降。下降坡度为1:2.5。在上游立视图中也可以看

第二节 识读进水闸结构设计图

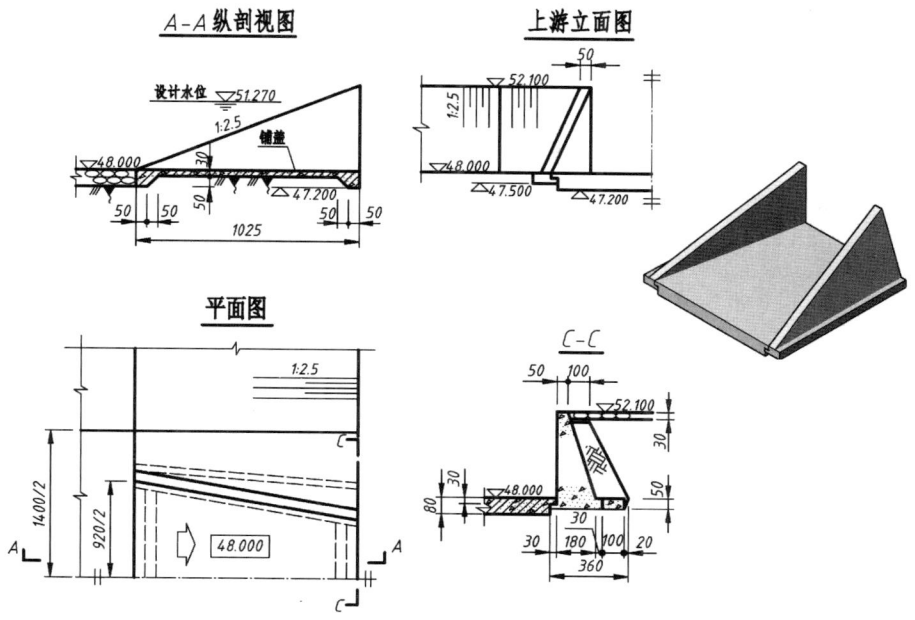

图 21-1 上游连接段的表达（单位：cm）

到上游翼墙，内侧面为三角形，外上顶面为平行四边形。

$C-C$ 断面图表达出上游翼墙最大断面实形及尺寸，材料是混凝土，外侧有黏土防渗体，并表达了翼墙与铺盖的连接构造等。

(2) 闸室段。如图 21-2 所示，能够表达出闸室段的视图有：$A-A$ 纵剖视图、平面图、上下游立视图、$B-B$ 断面图、$D-D$ 断面图。

从平面图和 $A-A$ 纵剖视图可知：闸室底板长 700cm，厚 70cm，是前、后带齿墙的平板，其平面形状是矩形，材料为钢筋混凝土。闸底板上有两个边墩和一个中墩，将闸室分为两孔。中墩厚 60cm，两端分别做成半圆柱形，两侧有闸门槽及检修门槽。边墩是厚 60cm 的直棱柱体，靠内侧也有两个闸门槽，采用平板闸门。在闸门的正上方设有排架，排架上面是宽 200cm 的工作桥，在排架的下游设有宽 410cm 的交通桥，材料均为钢筋混凝土。

在上、下游立视图和 $A-A$ 纵剖视图上可以分别看出闸室段的立面形状和断面形状。

结合 $B-B$ 断面图、$D-D$ 断面图可知挡土墙的形状、尺寸和材料。

(3) 消力池段。如图 21-3 所示，能够表达出闸室段的视图有：$A-A$ 纵剖视图、平面图、上下游立视图、$E-E$ 断面图。

从平面图和 $A-A$ 纵剖视图可知：消力池的平面形状为梯形，长 1560cm，由底板和边墙形成了一个"水槽"，消力池底板顶部高程 46.90m，厚 70cm，进口端是 1:3 的斜坡，尾部设有高 1.1m 的消力坎。$E-E$ 断面图表示了消力池翼墙的断面形状和尺寸，该断面是顶宽 50cm，底宽 185cm 的直角梯形。为降低渗水压力，在消力池的底板和边墙上设有 ϕ50mm 的冒水孔，冒水孔处设有 20cm 厚的粗砂反滤层。

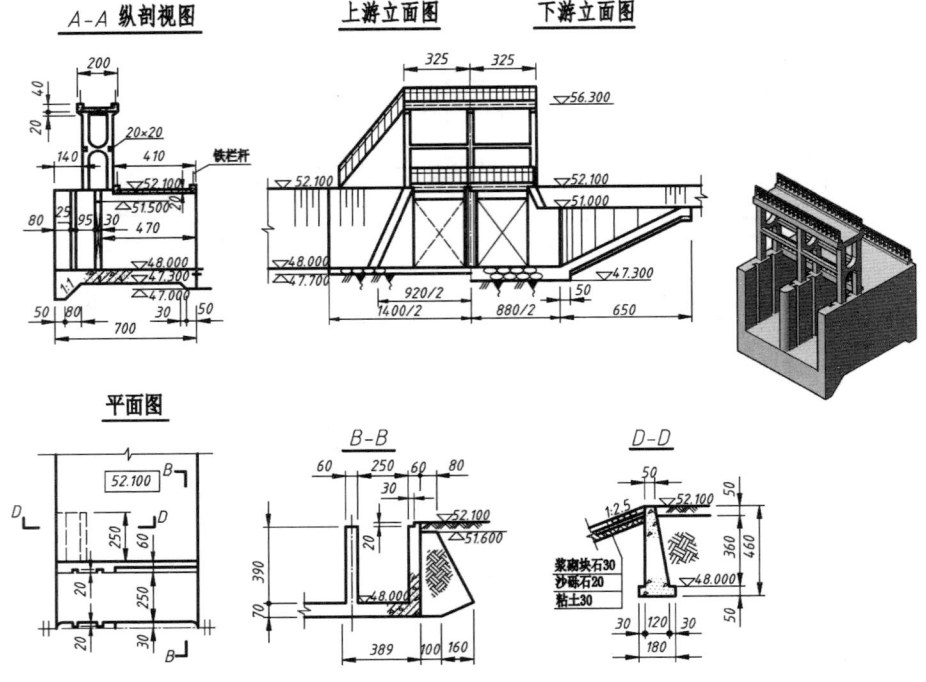

图 21-2 闸室段的表达（单位：cm）

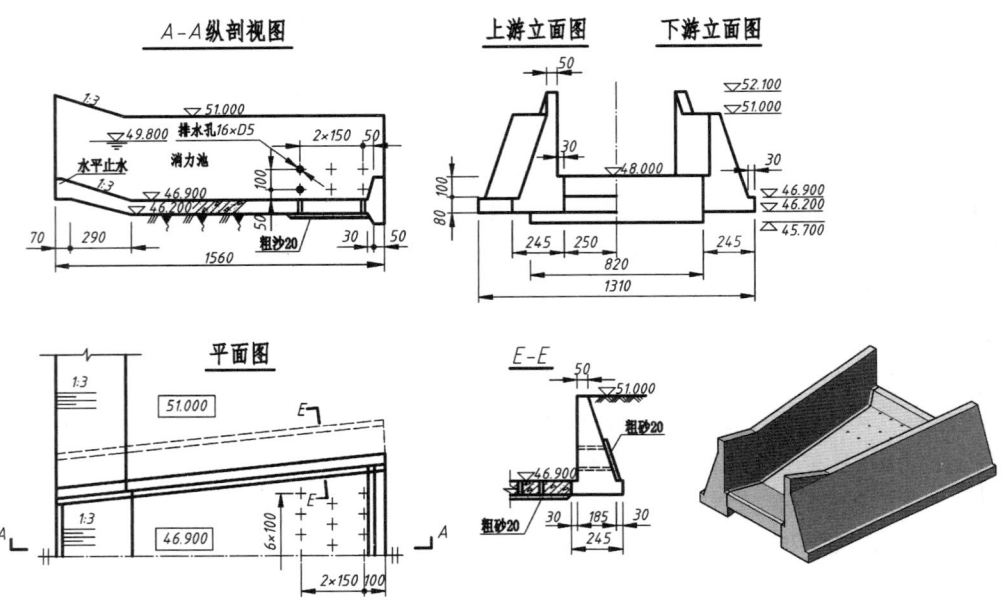

图 21-3 消力池段的表达（单位：cm）

(4) 海漫段。如图 21-4 所示，能够表达出海漫段的视图有：$A-A$ 纵剖视图、平面图、上下游立视图、$F-F$ 断面图。

第二节 识读进水闸结构设计图

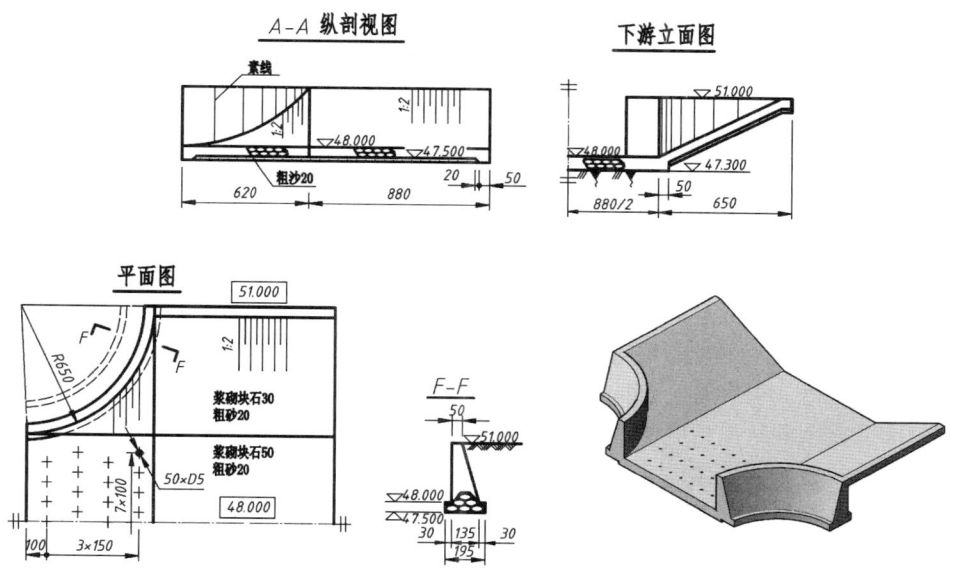

图 21-4 海漫段的表达（单位：cm）

海漫段进口处是矩形，出口处与梯形断面的尾水渠相连，海漫和下游护底长度分别为 620cm 和 880cm，用浆砌石做成，海漫上设有冒水孔，下有 20cm 厚的粗砂反滤层；翼墙由半径 650cm 的圆柱面做成，$F-F$ 断面图表达了翼墙的断面实形、尺寸和材料，护坡是由浆砌块石做成的 1∶2 的斜坡面。

四、综合整理

根据上述形体分析，弄清进水闸各部分的形状、位置关系及构造、尺寸、材料等内容，综合整理，想象出进水闸的整体结构和形状，如图 21-5 所示。

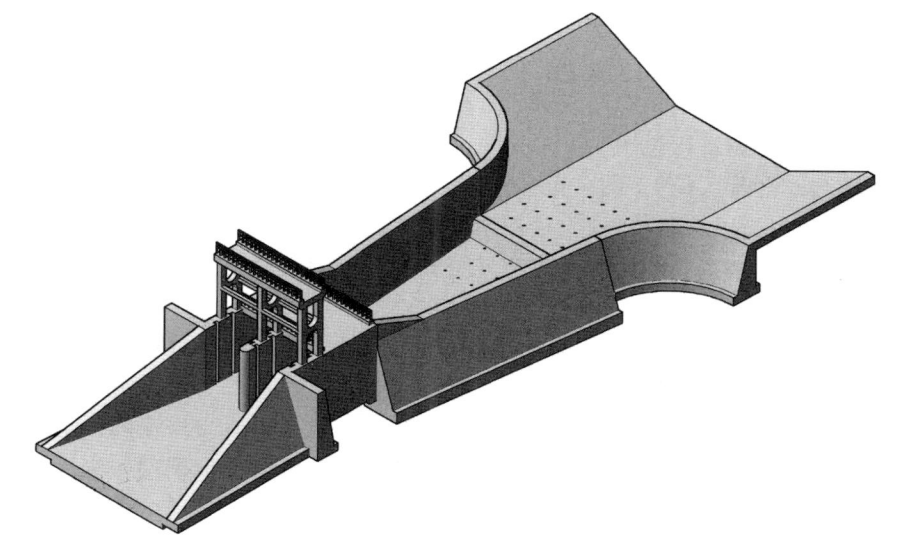

图 21-5 进水闸整体结构

21-1 进水闸识读

第三节　识读重力坝枢纽设计图

以识读附录图 2 所示重力坝枢纽设计图为例。

一、概括了解

重力坝是一种依靠自身重力保持稳定的大坝，坝身常采用混凝土材料或者浆砌块石浇筑而成。该重力坝由非溢流坝段、溢流坝段、电站厂房坝段组成。非溢流坝段的作用是挡水，抬高上游水位形成水库；溢流坝段由溢流坝曲面、闸墩、边墩、闸门、导墙、工作桥等部分组成，主要作用是关闭闸门挡水、开启闸门泄洪；电站厂房坝段结构较复杂，主要由坝体、引水管，包括拦污栅、喇叭状进水口、闸室、方圆渐变段、圆形引水钢管等部分；水电站包括电站厂房、发电机、蜗壳、水轮机、尾水管等部分，主要作用是引水发电，另外在坝体内布置有三条平行坝轴线的廊道，廊道内设有观测、排水设备，最低一层是灌浆廊道，用于向坝基灌注水泥浆，形成一道防渗帷幕。

二、分析重力坝枢纽表达方案

（1）枢纽总平面图。表达枢纽各建筑物的平面位置关系、平面形状及主要尺寸，以及建筑物与地面的连接关系等内容。

（2）下游立视图。表达建筑物的下游立视外形，主要部位的高程及沿轴线的长度尺寸，下游坝坡与地面的连接关系等内容。

（3）$A-A$ 非溢流坝段横断面图。表达非溢流坝段断面实形、构造、各部分的高程、尺寸及材料等内容。

（4）$B-B$ 溢流坝段横剖视图。表达溢流坝段的断面实形、工作桥、启闭机排架、闸墩、闸门槽、廊道等的布置，断面尺寸及材料等内容。

（5）$C-C$ 电站厂房坝段横剖视图。表达电站厂房坝段的断面实形、电站引水管道及进口的构造、电站厂房的断面形状、发电机、水轮机、尾水管的布置、各部分的尺寸及材料等内容。

三、枢纽总平面图的内容与识读

以图 21-6 为例进行说明。

（1）图名、比例、单位。图名为枢纽总平面图，比例为 1:1000，尺寸单位是 cm。

（2）地形、方位、河流流向。从图中地形等高线可知该枢纽坝址地形，两边为山坡，中间是河谷。根据指北针和水流符号可知坝轴线为西南至东北方向，河流自西北流向东南方向。

（3）各段的平面位置关系、平面形状及主要尺寸。大坝中间部分为溢流坝段，平面形状为矩形。该坝段工作桥一半采用了拆卸画法，靠左岸一半假想拆除，以表示闸墩形状，靠右岸一半画出了工作桥，但未画排架，由此可以看出溢流坝面上共布置有四个中墩、两个边墩，分为五个溢流孔，每个闸孔上安装有平板闸门。溢流坝段靠右岸一侧布置电站厂房坝段，其平面形状也是矩形，有三条引水管道（图中用管道的中心线表示）和三台发电机组（采用示意画法），管道中心距是 1000cm。靠左、右岸边分别布置了非溢流坝段，其平面形状大体上是三角形，整个大坝沿坝轴线总长用"桩

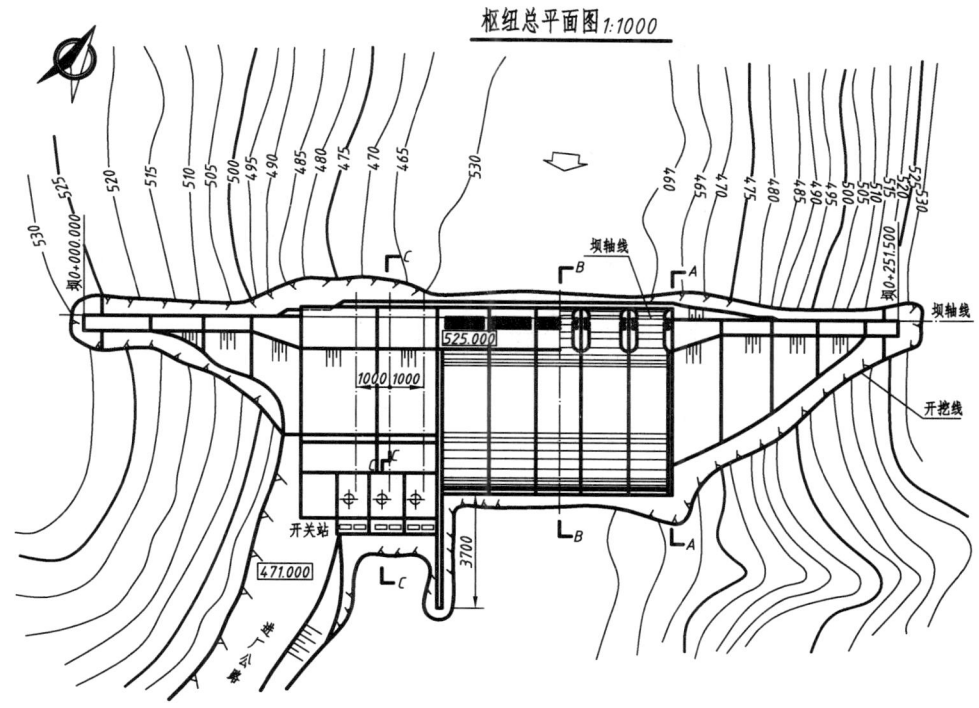

图 21-6 枢纽总平面布置图（单位：cm）

号"表示，坝顶长为 251.500m。

（4）建筑物与地面的交线。沿建筑物周边可以看到重力坝枢纽与地面的交线，该交线可用等高线法或地形断面法求出，其外边线是基坑开挖时的开挖线。

（5）剖视图、断面图的标注。图中标出了断面图 $A-A$、$B-B$、$C-C$ 的剖切位置和投射方向。

四、下游立视图的内容与识读

以图 21-7 为例进行说明。

（1）图名、比例、单位。在图形的下方注有下游立视图的名称，比例是 1：1000，沿高度方向标有绘图比例尺，绘图单位是 cm。

（2）下游立视形状。从左至右分析，该图表达了以下内容：1～4 号挡水坝段的下游立面形状，在斜面部分有示坡线；5～6 号电站坝段的下游立面形状，厂房部分采用简化画法画出了厂房外形、门、窗及尾水管的出口形状；7～11 号溢流坝段的下游立视形状，它包括工作桥、排架、闸墩、边墩、闸门、溢流坝面、边墙等部分，其中平板闸门采用示意画法；12～16 号挡水坝段的下游立视形状。

（3）沿坝轴线各坝段的长度尺寸，闸孔宽度尺寸，坝顶的高程等。如 5 号坝段长度为 2300cm；闸孔每孔宽度为 1500cm，净孔口宽为 1000cm；坝顶的高程为 525.000m。

（4）下游坡面的开挖线及坝轴线处地面线。

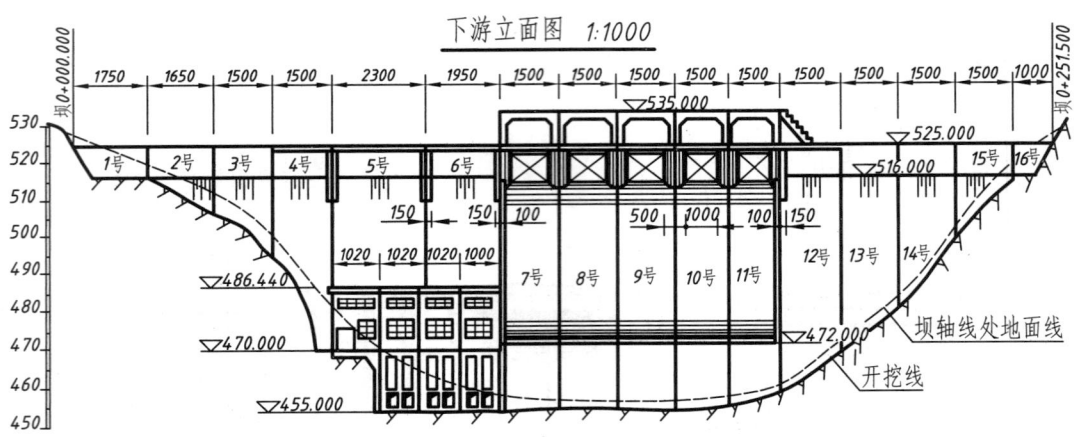

图 21-7 下游立面图(单位:cm)

五、溢流坝段剖视图的图示内容与识读

以图 21-8 为例进行说明。

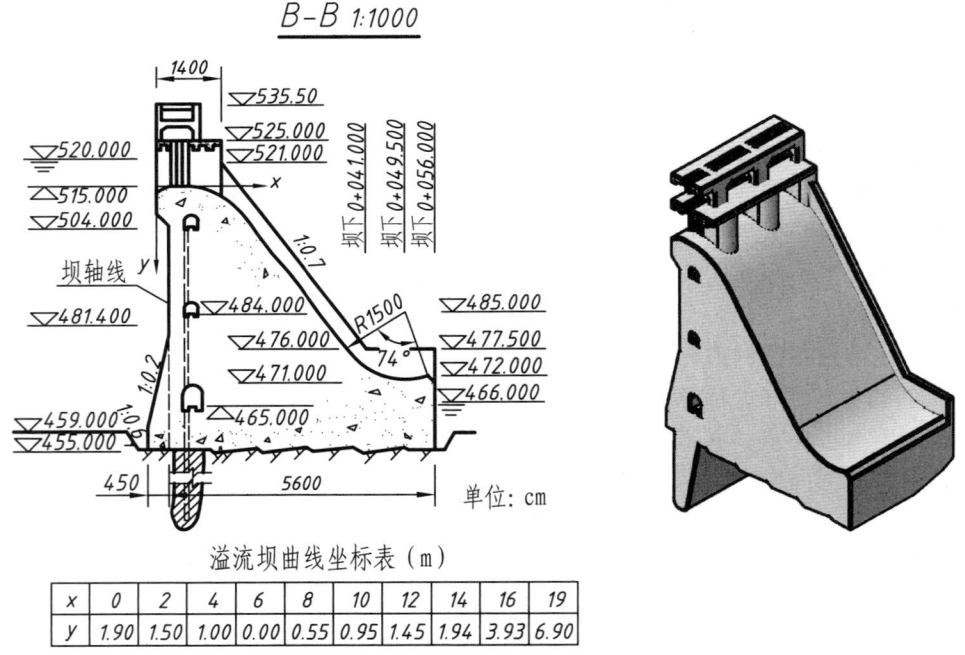

溢流坝曲线坐标表(m)

x	0	2	4	6	8	10	12	14	16	19
y	1.90	1.50	1.00	0.00	0.55	0.95	1.45	1.94	3.93	6.90

图 21-8 溢流坝段剖视图和立体效果图

(1) 图名、比例。溢流坝段的形状用剖视图表达,剖切面通过中间闸孔的中心线,图名是 $B-B$,比例 1:1000。

(2) 溢流坝的形状、尺寸、构造及材料。图中表达出溢流坝的断面实形,包括上游面的形状、溢流坝面曲线、挑流圆弧等。溢流坝面曲线的尺寸用 XOY 坐标系及坐标表示。下游斜坡面的坡度为 1：0.7，挑流圆弧标有圆心的位置尺寸、半径及圆心角，还有溢流坝顶、挑流鼻坎等处的高程，最大坝宽为 5600cm。坝体内靠上游布置有三条廊道，图中画出了廊道的断面形状及位置，坝体材料为混凝土。

(3) 工作桥、排架、闸墩、闸门槽、导墙的布置、形状及主要尺寸。

(4) 坝基与地面的交线、形状、帷幕灌浆的位置。

六、非溢流坝段图示内容与识读

以图 21-9 为例进行说明。

(1) 图名、比例。非溢流坝段的形状用断面图表达，剖切面通过 12 号坝段一侧，图名是 A-A，比例是 1：1000。

(2) 非溢流坝的断面形状、尺寸、构造和材料。非溢流坝段是直棱柱体，上游下部的坝坡为 1：0.2，下游坝坡为 1：0.7，坝顶高程为 525.000m，坝顶宽度 550cm，坝体内与溢流坝段对应布置有三条廊道，坝体材料为混凝土。

(3) 坝基与地面的交线形状及帷幕灌浆。

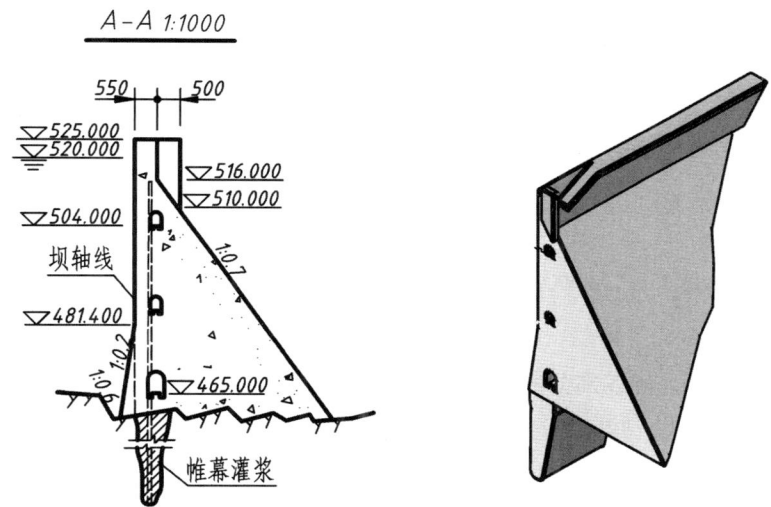

图 21-9 非溢流坝段断面图和立体效果图（单位：cm）

七、电站厂房坝段的内容与识读

以图 21-10 为例进行说明。

(1) 图名、比例。电站厂房坝段用剖视图 C-C 表达，剖切面通过引水管道及电站机组中心，比例为 1：500，单位为 cm。

(2) 挡水坝段的断面形状、尺寸、构造和材料。挡水坝段的断面形状、尺寸、构造及材料与上述非溢流坝段一样，坝顶宽度为 1400cm，图中表达了工作桥的断面形状、进口闸门吊孔的位置等。

(3) 引水管道进口的构造及尺寸。从图中可看出引水管道进口是喇叭口形状，并设有拦污栅，该图还反映了检修闸门、工作闸门的位置及方圆渐变段的形状等，图中

(4) 引水管道的布置、形状及尺寸。引水管道布置在坝体内，为"龙抬头"形式，其纵断面形状用两条轮廓线表示，直径是 300cm。

(5) 电站厂房及水轮机、发电机的布置。电站厂房及水轮机、发电机的结构复杂，另有专门的图纸表示，该图中画出了厂房、蜗壳、尾水管的主要形状及尺寸，采用示意画法画出了发电机、水轮机等。

(6) 坝基、厂房与地面的交线及帷幕灌浆等。

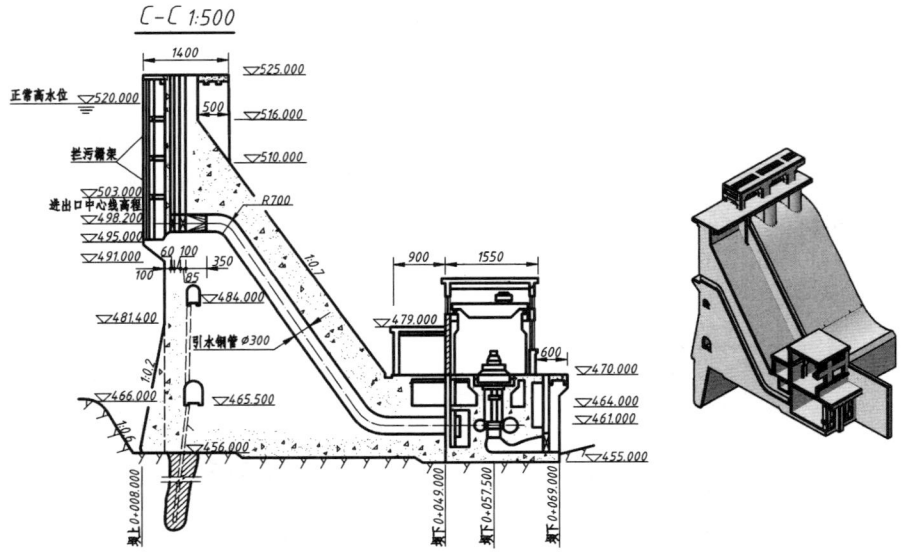

图 21-10　电站厂房坝段剖视图和立体效果图（单位：cm）

八、综合整理

根据上述分析，将各部分的内容及形状综合整理，想象出重力坝枢纽的整体结构和形状。如图 21-11 所示。

21-2 重力坝的识读

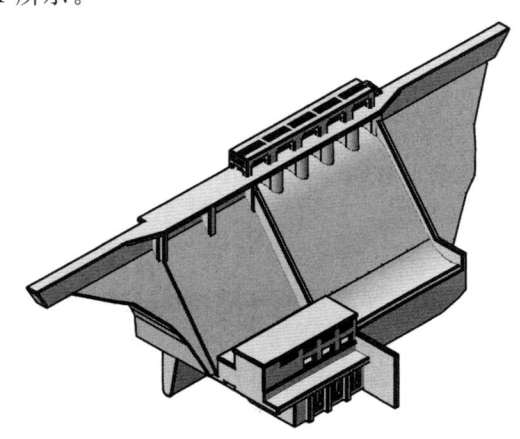

图 21-11　重力坝三维立体图

第四节 识读土石坝枢纽设计图

以识读附录图3所示土石坝枢纽设计图为例。

一、概括了解

土石坝枢纽由土石坝、溢洪道、隧洞三部分组成。

(1) 土石坝。土石坝是挡水建筑物，该土石坝由坝壳、黏土心墙、上下游坝面护坡、下游堆石棱体排水、坝顶等部分组成。黏土心墙的作用是防止水流渗透坝体，与坝壳形成一个整体，起挡水作用。上下游护坡起保护坝体的作用。坝坡上的戗台（又称马道）是为护坡的施工和维修设置的。下游坝脚处的棱体排水其作用是安全排出坝体的渗透水，保证大坝的稳定。

(2) 溢洪道。溢洪道是泄水建筑物，作用是在水库蓄满水期间排泄多余的洪水，保证大坝的安全。溢洪道主要由引水渠、控制段、泄槽、消能段、尾水渠等部分组成。

(3) 隧洞。隧洞是引水建筑物，主要作用是引水发电和灌溉，包括进口建筑物、洞身、出口建筑物等部分。

二、分析土石坝枢纽的表达方案

(1) 枢纽平面布置图。主要表达土石坝、溢洪道、隧洞的平面形状，位置关系及各建筑物的坡脚线和开挖线等内容。

(2) 土石坝结构设计图。包括最大横断面图、坝顶构造详图（即详图D）、棱体排水详图（即详图C）、坝坡（即详图B）、坝脚详图（即详图A）。主要表达土石坝的断面实形、尺寸和坝体的细部构造、材料等内容。

三、枢纽平面布置图的内容与识读

(1) 图名、比例、单位。在图样下方标注了枢纽平面布置图的名称。绘图比例是1∶8000，绘图单位为m。

(2) 地形、方位、河流方向。从图中的等高线可知地形形状，两岸为山峰，中间是河谷。由指北针和水流方向符号可知，方位是上北、下南，水流方向为自北流向南。

(3) 主要建筑物的位置关系。土石坝在河道正中间，左岸为引水隧洞，右岸为溢洪道。

(4) 土石坝的平面形状及交线、尺寸及坡度：从图中可以看出土石坝的平面形状，坝顶是矩形，高程是138m；坝轴线长880m，上游为三级坡、下游也为三级坡，并在高程为125m、112m处设有马道，图形的外边线是土石坝与地面的交线，即坡脚线。

(5) 溢洪道的平面形状、尺寸及开挖线。沿溢洪道的轴线可以看到溢洪道的平面形状及各段的宽度变化。在图中注有溢洪道底面高程及沿轴线各段的长度（用桩号表示），通过长度和高程可以了解斜坡面的坡度。溢洪道两侧为开挖线。

(6) 隧洞的平面位置、各部分的主要轮廓、图例。沿洞轴线可以看出隧洞、支洞的平面位置，洞身的轮廓用虚线表示，进口建筑物、调压井、电站机组等用图例表示。

四、土石坝结构图的内容及识读

(1) 图名、比例和单位。在每个图的上方都标有该图的名称及绘图比例，在标题栏附近注明了尺寸单位为 m。

(2) 土石坝最大横断面图。最大横断面图是在主河槽位置垂直于坝轴线剖切而得到的，土石坝是一个梯形棱柱体，坝体高度随河谷地形而变化，在河槽最凹处最大，向两侧岸坡沿轴线断面逐渐减小，最大横断面图充分表达了土石坝的形状，具体为以下四点：

1) 表达了断面实形及地基的连接情况。坝身断面为梯形，由图可知坝下地面线和基岩线的位置及黏土心墙与基岩的连接形式等。

2) 表达了断面各部分的尺寸、特征水位。坝顶高程为 138m，坝顶宽 8m；上游坝护坡度自上而下分别为 1∶2.75、1∶3 和 1∶3.5，变坡处高程分别为 122.000m 和 106.000m；下游坝坡坡度自上而下分别为 1∶2.7、1∶3 和 1∶3，并在 125.000m 和 112.000m 高程处设有 3m 宽的马道，坝脚高程为 90.000m，校核水位 137.000m，设计水位 134.000m。

3) 表达了坝体构造及各部分的材料。该土石坝坝壳为砂卵石材料堆筑，为防止漏水筑有直棱柱体的黏土材料心墙，在上下游面设有护坡。下游坝脚处设有棱体排水。

4) 标注有详图索引符号。在最大横断面图中无法表达清楚的部位另外画有详图，该图中用细实线圆圈和字母标出了详图 A、B、C、D 的部位及名称。

(3) 详图 A（坝脚详图）。该图清楚表达了坝脚的形状、尺寸及所用的材料。

(4) 详图 B（上游坝坡详图）。该图清楚表达了坝坡的形状、各组成部分的尺寸和材料。

(5) 详图 C（棱体排水详图）。该图清楚表达了棱体排水的形状、构造、各部分的详细尺寸和所用材料，及棱体排水与下游坝坡、坝壳的关系。

(6) 详图 D（坝顶构造详图）。坝顶构造详图清楚地反映了坝顶路面、防浪墙、

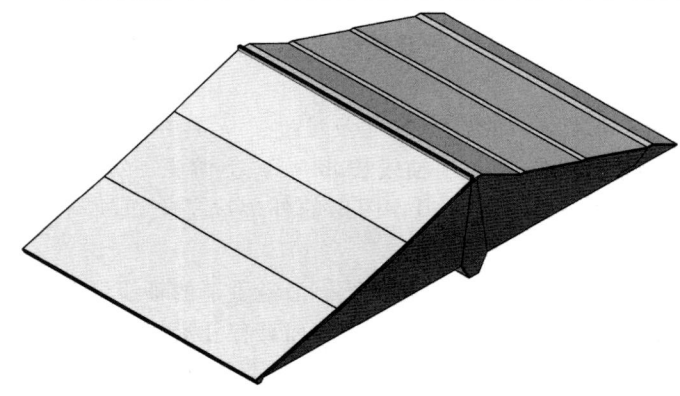

图 21-12　土石坝三维立体图

路肩石、上、下游边坡的形状、尺寸和材料，防浪墙和黏土心墙的连接关系等。

五、综合整理

根据上述分析，将各图的内容及土石坝的形状综合整理，想象出整个枢纽布置和土石坝的整体形状。本图中没有溢洪道结构图和隧洞结构图。如图 21-12 所示为土石坝三维立体图。

第五节　绘制水利工程图的方法

水工图的绘制一般分为以下三个阶段：

一、准备工作

（1）熟悉资料，确定表达内容。
（2）选择视图，确定表达方法。
（3）选择比例，确定图幅。

二、绘制底稿图

（1）合理布图，画出各视图的作图基准线。
（2）画各视图的轮廓线，一般先画大的轮廓，后画细部；先画主要部分，后画次要部分；先画特征视图，后画其它视图。画图时要注意各视图的联系。
（3）标注尺寸和注写文字说明。
（4）画剖面材料符号。

三、检查、加深

（1）检查、校对各视图有无错误。
（2）修饰图面。
（3）加深图线。